高等职业教育"十二五"规划教材

Yingyong Lixue
应用力学

张亚琴　马彦芹	主　编
陈伟利　李　冬	副主编
花　强 [河北大学] 舒国明 [河北交通职业技术学院]	主　审

人民交通出版社股份有限公司
China Communications Press Co.,Ltd.

内 容 提 要

本书编者结合多年的高职高专教学经验,对工程力学和结构力学内容进行了重新调整、组织和筛选,调整后的内容力求文字简练、深入浅出且密切联系工程实践。主要内容包括:绪论、工程构件受力分析、工程构件平衡条件分析、弹性变形体基本知识、轴向拉伸和压缩、剪切和扭转、梁的弯曲变形、工程构件破坏成因分析、工程结构几何组成分析、静定结构内力分析、静定结构的位移计算、超静定结构内力分析、影响线及其应用。

本书可作为高等职业教育道路桥梁工程技术专业及土建类相关专业的应用力学课程教材,也可作为相关工程技术人员的培训教材或自学用书。

图书在版编目(CIP)数据

应用力学 / 张亚琴,马彦芹主编. —北京:人民交通出版社股份有限公司,2016.6
高等职业教育"十二五"规划教材
ISBN 978-7-114-12943-8

Ⅰ.①应… Ⅱ.①张… ②马… Ⅲ.①应用力学 – 高等职业教育 – 教材 Ⅳ.①O39

中国版本图书馆 CIP 数据核字(2016)第 077209 号

高等职业教育"十二五"规划教材

书　　名:	应用力学
著 作 者:	张亚琴　马彦芹
责任编辑:	刘　倩
出版发行:	人民交通出版社股份有限公司
地　　址:	(100011)北京市朝阳区安定门外外馆斜街 3 号
网　　址:	http://www.ccpress.com.cn
销售电话:	(010)59757973
总 经 销:	人民交通出版社股份有限公司发行部
经　　销:	各地新华书店
印　　刷:	北京印匠彩色印刷有限公司
开　　本:	787×1092　1/16
印　　张:	17.25
字　　数:	434 千
版　　次:	2016 年 6 月　第 1 版
印　　次:	2020 年 10 月　第 4 次印刷
书　　号:	ISBN 978-7-114-12943-8
定　　价:	45.00 元

(有印刷、装订质量问题的图书由本公司负责调换)

前　言

《应用力学》是道路桥梁工程技术专业、城市轨道交通工程技术、铁道工程技术、建筑工程技术、地下工程与隧道工程技术、工程造价和工程监理等工程类专业的一门专业基础课。2000年《教育部关于加强高职高专教育人才培养工作的意见》中指出：教学内容要突出基础理论知识的应用和实践能力培养，基础理论教学要以应用为目的，以必需、够用为度，专业课教学要加强针对性和实用性。本书编者在上述意见的指导下，结合多年的高职高专教学经验，对工程力学和结构力学内容进行了重新调整、组织和筛选，调整后的内容力求文字简练、深入浅出且密切联系工程实际。

本书的主要内容包括：绪论、工程构件受力分析、工程构件平衡条件分析、弹性变形体基本知识、轴向拉伸和压缩、剪切和扭转、梁的弯曲变形、工程构件破坏成因分析、工程结构几何组成分析、静定结构内力分析、静定结构的位移计算、超静定结构内力分析、影响线及其应用。通过这门课程的学习，学生可以掌握工程构件的受力分析、平衡计算；平面杆件结构的组成规律；工程构件在静力、动力、移动荷载以及温度变化、支座沉降等作用下的受力分析与变形计算；超静定结构的内力计算方法；影响线的绘制等力学基础知识。

全书由河北交通职业技术学院张亚琴和马彦芹担任主编，河北交通职业技术学院陈伟利和李冬担任副主编，河北大学花强教授和河北交通职业技术学院舒国明教授主审。

具体编写分工为：张亚琴（单元1、3、5、6、9，附录Ⅰ、Ⅱ、Ⅲ），马彦芹（单元2、4），陈伟利（单元12、13），李冬（单元10），王道远（单元8、11），刘柳（单元7）。

本书在编写过程中，得到了河北交通职业技术学院土木系各位领导和教师的大力支持，在此一并表示感谢。

教材建设是一项长期而又艰巨的工作，既要锲而不舍，精益求精，又要善于探索，不断创新。本书是在继承原有教材建设成果的基础上，充分汲取了近几年在高职高专教育教材建设方面取得的成功经验，并结合工程类一些专业的调整认真编写而成。但由于编者水平有限，书中仍有许多不足之处，恳请各位教育界同仁和读者批评指正。

编　者
2016年3月

目 录

单元1 绪论 ··· 1
1.1 应用力学的研究内容、基本任务和研究方法 ······································· 1
1.2 荷载的分类 ·· 3
1.3 约束与约束反力 ·· 5
1.4 工程杆件结构计算简图 ··· 8
1.5 杆件结构的分类 ··· 12
单元小结 ·· 13
自我检测 ·· 13

第一部分 静 力 学

单元2 工程构件受力分析 ··· 14
2.1 静力学基本知识 ··· 14
2.2 工程构件受力分析和受力图 ··· 16
单元小结 ·· 19
自我检测 ·· 20

单元3 工程构件平衡条件分析 ·· 22
3.1 平面汇交力系 ·· 23
3.2 力矩 ··· 28
3.3 平面力偶系 ··· 30
3.4 力的平移定理 ·· 32
3.5 平面一般力系 ·· 33
单元小结 ·· 40
自我检测 ·· 41

第二部分 材 料 力 学

单元4 弹性变形体基本知识 ·· 46
4.1 可变形固体的性质及基本假设 ·· 46
4.2 杆件变形的基本形式 ·· 47
4.3 内力和截面法 ·· 48
4.4 应力和应变 ··· 50
单元小结 ·· 52
自我检测 ·· 52

单元5 轴向拉伸和压缩 ·· 53
5.1 轴向拉伸和压缩的概念 ··· 53

5.2 轴力、轴力图 ··· 53
5.3 拉(压)杆横截面上的应力 ··· 56
5.4 拉(压)杆的变形 ··· 58
5.5 材料在拉伸和压缩时的力学性能 ······································· 61
5.6 强度计算 ··· 67
单元小结 ·· 71
自我检测 ·· 72

单元6 剪切和扭转 ··· 76
6.1 剪切和挤压的实用计算 ·· 76
6.2 扭转的概念和扭矩 ··· 80
6.3 扭转应力和变形 ··· 85
6.4 扭转强度和刚度计算 ·· 89
单元小结 ·· 92
自我检测 ·· 93

单元7 梁的弯曲变形 ··· 95
7.1 梁弯曲变形时的内力 ·· 95
7.2 梁的剪力图和弯矩图 ·· 99
7.3 用微分关系绘制剪力图和弯矩图 ······································ 102
7.4 梁弯曲时横截面上的正应力 ··· 106
7.5 梁的变形 ·· 112
7.6 提高梁的强度和刚度的措施 ··· 120
单元小结 ··· 121
自我检测 ··· 122

单元8 工程构件破坏成因分析 ··· 126
8.1 平面应力状态分析 ··· 126
8.2 强度理论 ·· 132
单元小结 ··· 136
自我检测 ··· 137

第三部分 结构力学

单元9 工程结构几何组成分析 ··· 139
9.1 平面杆件体系的分类和几何组成分析的目的 ······················· 139
9.2 工程结构几何组成分析的几个重要概念 ····························· 141
9.3 平面体系的计算自由度 ·· 145
9.4 几何不变体系的基本组成规则 ·· 147
9.5 平面体系几何组成分析示例 ··· 150
9.6 静定结构与超静定结构 ·· 152
单元小结 ··· 153
自我检测 ··· 154

单元10 静定结构内力分析 ··· 156

10.1	多跨静定梁	156
10.2	静定平面刚架	159
10.3	静定平面桁架	164
10.4	三铰拱结构	169
10.5	静定组合结构	174
单元小结		175
自我检测		176

单元 11 静定结构的位移计算 … 179

11.1	结构位移计算的目的	179
11.2	变形体的虚功原理	180
11.3	荷载作用下的位移计算	184
11.4	图乘法	186
11.5	温度作用下的位移计算	191
11.6	支座移动时的位移计算	193
单元小结		194
自我检测		195

单元 12 超静定结构内力分析 … 197

12.1	力法	197
12.2	位移法	205
12.3	力矩分配法	215
单元小结		221
自我检测		222

单元 13 影响线及其应用 … 226

13.1	影响线的概念	226
13.2	静力法作简支静定梁的支座反力和截面内力影响线	227
13.3	机动法作静定梁的影响线	230
13.4	影响线的应用	231
13.5	简支梁的内力包络图和绝对最大弯矩	236
单元小结		239
自我检测		240

附录 I 材料力学试验 … 242

附录 II 截面的几何性质 … 249

附录 III 热轧型钢（GB/T 706—2008） … 252

参考文献 … 268

单元 1 绪 论

单元学习任务:

1. 了解应用力学的研究内容、基本任务和研究方法。
2. 熟悉杆件结构、荷载的类型。
3. 熟练掌握约束的类型和约束反力。
4. 掌握结构、结点、支座、荷载的简化要点。

1.1 应用力学的研究内容、基本任务和研究方法

在工程中,有大量的建筑物如桥梁、涵洞、房屋、水工结构物等都是由构件(梁、桁架、拱、墙、柱、基础等)所组成。这些构件在建筑物中相互支承、相互约束,直接或间接地、单独或协同地承受各种荷载作用,构成了一个结构整体——建筑结构。建筑结构是建筑物的骨架,是建筑物赖以存在的物质基础,它的质量好坏,对于建筑物的适用、安全和使用寿命等具有决定性的作用。

应用力学是为建筑结构提供受力分析方法和计算理论依据的一门科学,是道路、桥梁、隧道工程及土建各专业的一门重要的专业基础课。

1.1.1 应用力学的研究内容和基本任务

应用力学包括静力学、材料力学、结构力学三部分。

1)静力学(statics)

静力学主要研究物体在力的作用下处于平衡的规律,以及如何建立各种力系的平衡条件。

物体在空间的位置随时间的改变,称为机械运动,例如车辆的行驶、机器的运转等。若物体相对于地球静止或做匀速直线运动,则称物体处于平衡状态。物体处于平衡状态时,作用于物体上所有的力必须满足一定的条件。根据这种平衡条件,可以由作用于物体上的已知力求出未知的力,这一过程称为静力分析。

静力学的基本任务是对处于平衡状态的物体进行静力分析。

2)材料力学(mechanics of materials)

材料力学是研究材料在各种外力作用下产生的应变、应力、强度、刚度、稳定和导致各种材料破坏的极限。

工程结构和构件受力作用而丧失正常功能的现象,称为失效。在工程中,首先要求构件不发生失效而能安全正常工作。其衡量的标准主要有以下三个方面:

①构件应具有足够的强度(strength),即不发生破坏。
②构件应具有足够的刚度(rigidity),即发生的变形在工程容许的范围内。

③构件具有足够的稳定性(stability),即不丧失原来形状下的平衡状态。

材料力学的任务就是研究构件的强度、刚度和稳定性。

3)结构力学(structural mechanics)

结构力学主要研究工程结构受力和传力的规律,以及如何进行结构优化的学科。

建筑物和工程设施中承受、传递荷载而起骨架作用的部分称为工程结构,简称为结构。公路和铁路上的桥梁和隧道,房屋中的梁柱体系,水工建筑物中的闸门和水坝等,都是工程结构的典型例子。

结构力学的任务是根据力学原理研究在外力和外界因素作用下结构的内力和变形,结构的强度、刚度、稳定性和动力反应,以及结构的组成规律。

具体地说,包括以下几个方面:

①讨论结构的组成规律和合理形式等问题。

②讨论结构内力和变形的计算方法,以便进行结构的强度和刚度的验算。

③讨论结构的稳定性以及在动力荷载作用下的结构反应。根据高职院校的大纲要求,本书对这部分内容未做介绍。

结构按不同的特征可以分为以下不同的类型。

(1)按空间分类

①平面结构(图1-1)。

②空间结构(图1-2)。

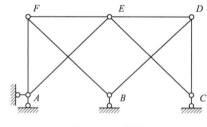
图1-1 平面结构

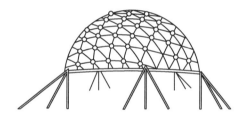
图1-2 空间结构

(2)按几何特征分类

①杆件结构——由杆件组成的结构。杆件结构的几何特征是横截面尺寸要比长度小很多。梁、刚架、桁架等都是杆件结构,如图1-3所示。

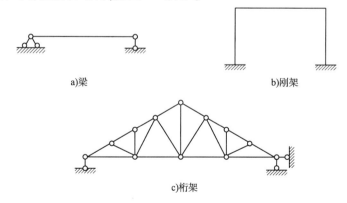
图1-3 杆件结构

②板壳结构,也称为薄壁结构。板壳结构的厚度要比长度和宽度小得多。房屋中的楼板和壳体屋盖、水工结构中的拱坝都是板壳结构,如图1-4所示。

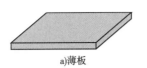 

图 1-4　板壳结构

③实体结构。实体结构的长、宽、厚三个尺度大小相仿。水坝、地基、挡土墙、桥墩都属于实体结构,如图 1-5 所示。

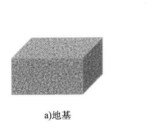 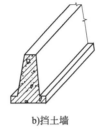 

图 1-5　实体结构

1.1.2　应用力学的研究方法

应用力学主要应用三种研究方法:理论分析、试验研究和数值计算。

理论分析是以基本概念和定理为基础,经过严密的数学演绎推理,得到问题的解答。它是广泛使用的一种方法。

构件的强度、刚度和稳定性问题都与所选材料的力学性能有关,因此,试验研究方法成了力学研究的重要方法之一。材料的力学性能是材料在力的作用下,抵抗变形和破坏时所表现出来的性能,它必须通过材料试验才能测定。另外,对于现有理论还不能解决的某些复杂的工程力学问题,有时也要依靠试验方法来解决。

数值计算方法是研究利用计算机求解各种力学问题的近似方法。电子计算机的出现,对结构力学学科产生了巨大的影响。过去由于缺乏现代化的计算手段,结构分析都是靠"手算"。现在随着计算机、网络的出现和飞速发展,为数学在力学中的应用提供了方便,使力学的计算手段发生了根本性的变化。例如大型桥梁和高层建筑的结构计算,利用计算机仅用几个小时便可得到全部结果。不仅如此,在理论分析中,可以利用计算机得到难以导出的公式;在试验分析中,计算机可以整理数据、绘制试验曲线、选用最优参数等。计算机分析已成为一种独特的研究方法,其地位将越来越重要。

应用力学的三种研究方法是相辅相成、互为补充、互相促进的。在学习力学经典内容的同时,掌握传统的理论分析与试验研究方法是很重要的,因为它是进一步学习工程力学其他内容以及掌握计算机分析方法的基础。

1.2　荷载的分类

主动使物体产生运动或运动趋势的力叫作**主动力**,如重力、风压力、土压力等。主动作用于结构的外力在工程上统称为**荷载**(load)。荷载按不同的特征有不同的分类。

1)按荷载作用的范围分类

(1)集中荷载(集中力)

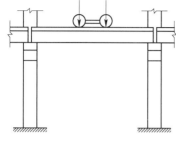

图1-6 集中荷载

集中作用于一点上的荷载称为集中荷载。如汽车的车轮作用在桥梁上的压力,面积较小的柱体传递到面积较大的基础上的压力等,都可看作是集中荷载(图1-6)。

(2)分布荷载(分布力)

力的作用面积较大的荷载称为分布荷载。如堆放在路面上的沙石、货物对于路面、路基的压力,建筑物承受的风压力等。

当荷载连续作用于整个物体的体积上时,称为体荷载。如物体的自重等。

当荷载连续作用于物体的某一表面积上时,称为面荷载。如风、雪、水等对物体的压力等。

当物体所受的力,是沿着一条线连续分布且相互平行的力系,称为线荷载。如梁的自重可以简化为沿梁的轴线分布的线荷载。

单位长度上所受的力,称为分布力在该处的荷载集度,通常用 q 表示,线荷载的荷载集度单位是 N/m 或 kN/m。体荷载的荷载集度单位是 N/m^3 或 kN/m^3。面荷载的荷载集度单位是 N/m^2 或 kN/m^2。如果 q 为一常数,则该分布力称为均布荷载,否则就是非均布荷载,如图1-7所示。

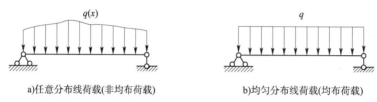

a)任意分布线荷载(非均布荷载)　　　　b)均匀分布线荷载(均布荷载)

图1-7 分布荷载

2)按荷载作用的时间长短分类

(1)恒载

长期或较长时间作用在结构上不变动的荷载。如结构自重力、固定设备重力、重力坝自重力、闸墩自重力、水压力等。

(2)活载

短期或临时作用在结构上可变动的荷载。如桥梁上的车辆荷载以及风载、雪载、人群荷载等。

活载按其作用在结构上的位置是否可变还可分为:

①定位活载:位置固定不变但大小或方向可变的活载。如水塔中水重力、风载、雪载等。

②移动活载:位置可移动的活载。如桥梁上的车辆荷载、人群荷载等。

3)按作用位置变化分类

(1)固定荷载

位置不变,包括恒载及定位活载。

(2)移动荷载

位置可变,如移动活载等。

4)按荷载作用的性质分类

(1)静力荷载

施加荷载的速度非常缓慢——荷载由零逐渐地增加到最后值。在这样的加载过程中,对结构不引起明显的加速度(或加速度很小,可以忽略不计),因此,认为没有惯性力产生(不考虑惯性力的影响)。如闸门自重力、水压力等。

(2)动力荷载

荷载的大小、方向、位置随时间迅速变化,结构产生加速度,必须考虑惯性力的影响。如高耸建筑物上的风力、波浪压力等。

在结构设计计算中,常采用动力荷载的峰值乘以动力系数(>1),按等效静力荷载计算;遇到特殊情况时,才按动力荷载进行计算。

5)其他外界因素——广义的荷载

包括温度变化、支座移动、构件制造误差、材料收缩等。

1.3 约束与约束反力

1.3.1 约束的概念

自然界中,运动的物体可分为两类:一类为自由体,一类为非自由体。在空间可以自由运动,其位移不受任何限制的物体称为**自由体**。例如,在空中飞行的飞机,在太空中飞行的飞船、卫星等。在空间中某些运动或位移受到限制的物体称为**非自由体**。例如,机车只能在铁轨上运行,其运动受到限制,故为非自由体。工程中大多数结构构件或机械零部件都是非自由体。

很显然,非自由体之所以不能在空间任意运动,是因为它的某些运动或位移受到限制,我们将这种限制称为**约束**。约束的作用总是通过某物体来实现的,因此也将约束定义为:对非自由体的某些运动或位移起限制作用的物体。例如,铁轨是机车的约束、车床中轴承是主轴的约束等。约束与非自由体(又称为被约束物体)相接触产生了相互作用力,约束作用于非自由体上的力称为**约束反力**或**约束力**,也简称为**反力**。约束反力总是作用在约束与被约束物体的接触处,其方向总是与约束所能限制的被约束物体的运动方向相反。

能主动地使物体运动或有运动趋势的力,称为**主动力**或**载荷**(亦称为**荷载**),例如重力、水压力、切削力等。物体所受的主动力一般是已知的,而约束反力是由主动力的作用而引起,是**被动力**,它是未知的。因此,对约束反力的分析就成为十分重要的问题。

1.3.2 工程中常见的约束及约束反力

1)柔性约束

各种柔体(如绳索、链条、皮带等)对物体所构成的约束统称为**柔性约束**。柔体本身只能承受拉力,不能承受压力。其约束特点是:限制物体沿着柔体伸长方向的运动。因此,它只能给物体以拉力,这类约束的约束反力常用符号 T 表示(图1-8)。

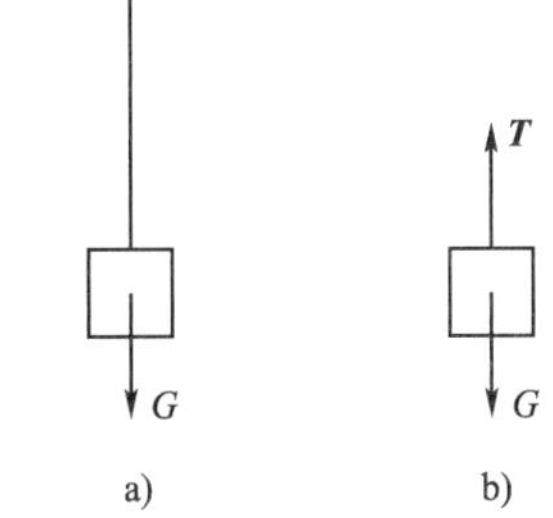

2)光滑接触面约束

若两个物体接触处的摩擦力很小,与其他力相比可以略去不计时,则可认为接触面是光滑的,由此形成的约束称为**光滑接触面约束**。与柔性约束相反,此类约束只能压物体,只能限制被约束物体沿两者接触面公法线方向的运动,而不限制沿接触面切线方向的运动。因此,光滑面约束的约束反力只能沿着接触面的公法线方向,并指向被约束物体。这类约束的约束力常用符号 N 表示,如图1-9所示。

图1-8 柔性约束

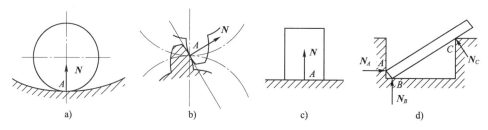

图1-9 光滑接触面约束

3) 光滑圆柱铰链约束

工程中,常将两个具有相同圆孔的物体用圆柱形销钉连接起来。如不计摩擦,受约束的两个物体都只能绕销钉轴线转动,销钉对被连接的物体沿垂直于销钉轴线方向的移动形成约束,这类约束称为**光滑圆柱铰链约束**。一般根据被连接物体的形状、位置及作用,可分为以下几种形式。

(1) 中间铰约束

如图1-10a)所示,1、2分别是具有相同圆孔的两个物体,将圆柱销穿入物体1和2的圆孔中,便构成中间铰,其简图通常用图1-10b)表示。

由于销与物体的圆孔表面都是光滑的,两者之间总有缝隙,产生局部接触,本质上属于光滑接触面约束,故销对物体的约束反力 N 必沿接触点的公法线方向,即通过销钉中心。但由于接触点不确定,故约束力 N 的方向也不能确定,通常用两个正交分力 N_x、N_y 表示,如图1-10c)所示。

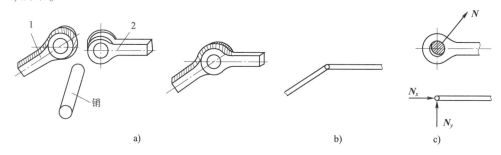

图1-10 中间铰约束

(2) 固定铰链支座约束

如图1-11a)所示,将中间铰结构中的一个物体换成支座,且与基础固定在一起,则构成固定铰链支座,计算简图如图1-11b)所示。约束反力的特点与中间铰相同,如图1-11c)所示。

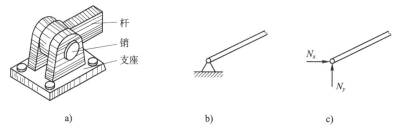

图1-11 固定铰链支座约束

机器中常见的支承传动轴的向心轴承,如图1-12a)所示,这类轴承允许转轴转动,但限制与转轴轴线垂直方向的位移,故亦可看成是一种固定铰支座约束,其简图与约束力如图1-12b)、c)所示。

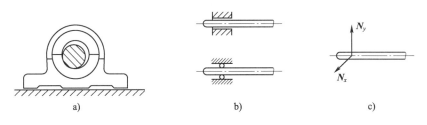

图1-12 支承传动轴的向心轴承

（3）活动铰链支座约束

将固定铰链支座底部安放若干辊子，并与支承面接触，则构成活动铰链支座，又称辊轴支座，如图1-13a)所示。这类支座常见于桥梁、屋架等结构中，通常简图如图1-13b)所示。活动铰链支座只能限制构件沿支承面垂直方向的移动，不能阻止物体沿支承面的运动或绕销钉轴线的转动。因此，活动铰链支座的约束反力通过销钉中心，垂直于支承面，如图1-13c)所示。

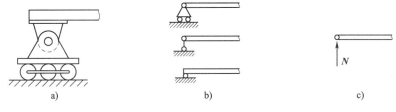

图1-13 活动铰链支座约束

4）固定端约束

工程中把使物体的一端既不能移动，又不能转动的这类约束称为**固定端约束**。例如图1-14a)中一端紧固地插入刚性墙内的阳台挑梁、图1-14b)中摇臂钻在图示平面内紧固于立柱上的摇臂、图1-14c)中夹紧在卡盘上的工件等，端部受到的约束都可视为固定端约束。固定端约束形式有多种多样，但都可简化为类似图1-14d)所示形式。

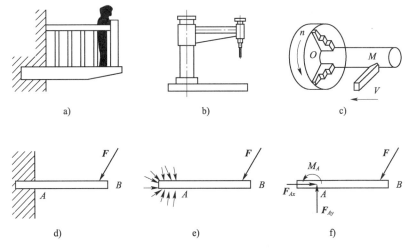

图1-14 固定端约束

固定端约束处的实际约束力分布比较复杂，当主动力为平面力系时，这些力也将组成平面力系。应用力的平移定理，将分布的约束力向固定端 A 点简化，得到一约束反力 F_A 和一约束反力偶 M_A。一般情况下，F_A 的方向是未知的，常用两个正交分力 F_{Ax}、F_{Ay} 或 X_A、Y_A 表示，如图1-14e)、f)所示。

1.4 工程杆件结构计算简图

实际结构是很复杂的,完全按照结构的实际情况进行力学分析是不可能的,也是不必要的。因此,对实际结构进行力学计算以前,必须加以简化,略去不重要的细节,显示其基本特点,用一个简化的图形来代替实际结构,这种图形称为结构的计算简图。

选择计算简图的原则是:

(1)从实际出发。计算简图要反映实际结构的主要功能。

(2)分清主次,略去细节。计算简图要便于计算。

计算简图的选取在结构的力学分析中占有相当重要的地位,它直接影响着计算工作量的大小和分析结构与实际结构间的差异。正确选择一个结构的计算简图不是一项容易的工作,它需要计算者对结构计算有丰富的经验和对实际结构的构造、受力情况等有正确的了解和判断。对初学者,应在学习和工作中逐步提高这方面的能力。

选取计算简图时,需要在多方面进行简化,下面简要地说明杆件结构计算简图的简化要点。

1.4.1 杆件的简化

当构件的长度大于它截面尺寸 5 倍以上时,就可以作为杆件来考虑。在计算简图中,不论是直杆还是曲杆,均可用轴线表示。

1.4.2 结点的简化

杆件间的连接区简化为结点,结点通常简化为以下三种情况。

1)铰结点

被连接的杆件在连接处不能相对移动,但可相对转动,即可以传递力,但不能传递力矩。这种理想情况在实际结构中并不存在,但螺栓、铆钉、榫头的连接处,其刚性不大,而变形、受力特征与此近似,可以简化为铰结点。

钢桁架中结点,各杆借助于结点板用焊接、铆接、螺栓连接,刚性较大,各杆之间不能相互转动[图 1-15a)、b)]。但桁架杆件比较细长,主要承受轴向力,弯曲变形所产生的弯曲应力较小,故可以当作铰结点来处理[图 1-15c)]。

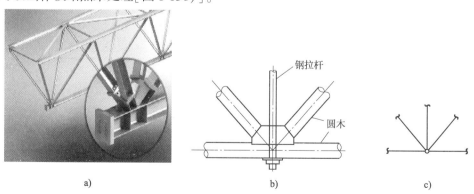

图 1-15 铰结点

2)刚结点

被连接的杆件在连接处既不能相对移动,又不能相对转动,即可以传递力,也可以传递力矩。如现浇钢筋混凝土框架结点或其他连接方法使连接点的刚性很大,可以简化为刚结点[图1-16]。

3)组合结点(又称不完全铰结点或半铰结点)

在同一结点上,部分刚结,部分铰结,此结点称为组合结点[图1-17]。

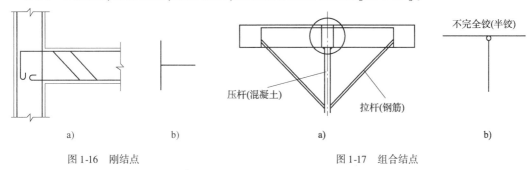

图1-16 刚结点　　　　　　　　　　图1-17 组合结点

1.4.3 支座的简化

结构与基础的连接区简化为支座。支座是支承结构或构件的各种装置,它具有两方面作用:一是限制位移(限制结构朝某方向移动或转动),二是传递力(将上部结构或构件的力传递给下部结构或构件)。按其受力特征,一般简化为以下五种情形。

1)活动铰链支座

活动铰链支座只约束结构的竖向移动,不约束其水平移动和转动[图1-18a]。可动铰支座只有竖向约束反力,可简化为一根竖向支杆[图1-18b]。一般实际结构中,对自由放于其他构件上的构件,其支座可简化为可动铰座,如放于墙上的梁等。

2)固定铰链支座

固定铰支座除了约束结构竖向移动外,还要约束结构

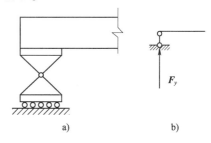

图1-18 活动铰链支座

水平移动,但不约束其转动[图1-19a]。固定铰支座除有竖向约束反力外,还有水平约束反力,可简化为交于一点的两根支杆[图1-19b]。实际结构中,如柱子插入预制杯形基础内,若柱子与杯口之间用沥青麻丝填实,可以简化为固定铰支座[图1-19c)、d)]。

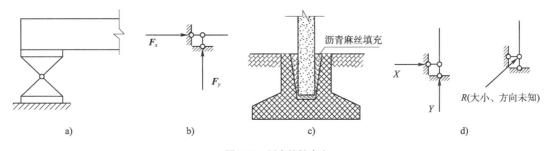

图1-19 固定铰链支座

3)定向支座

定向支座除了约束结构的转动,还约束结构垂直于其支承面的移动,但结构可沿其支承面

移动[图1-20a)]。定向支座的支座反力为一约束力矩和垂直于支承面的约束反力,可简化为两根平行支杆[图1-20b)]。

图1-20　定向支座

4)固定支座

固定支座约束结构的任何移动及转动[图1-21a)],支座反力有水平和竖向的约束反力,以及约束力矩[图1-21b)]。固定支座可简化为既不平行亦不交于一点的三根支杆[图1-21c)]。实际结构中,如柱子插入预制杯形基础内,若柱子与杯口之间用细石混凝土灌缝,可以认为是固定支座,如图1-21d)~f)所示。

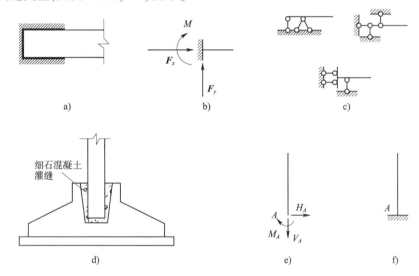

图1-21　固定支座

5)弹性支座

弹性支座主要约束结构的某种位移,同时其本身又要产生一定的位移,其约束反力与位移有关。在实际结构中,井字楼盖的交叉梁系之间及桥梁结构的纵梁支承于横梁上均属于此种情况,如图1-22所示。

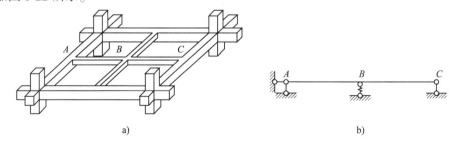

图1-22　弹性支座

在实际结构中,如果支承体的刚度远大于被支承体的刚度,则应将支座视为刚性支座,不考虑支座本身变形,按前4种支座形式简化。如果支承体的刚度与被支承体的刚度相近,则应将支座视为弹性支座,考虑支座本身变形,按第5种支座形式简化。另外,支座不是绝对的,应视分析对象而定,若只分析结构中的某一构件,则支承该构件的构件即为其支座;若分析整个结构,则基础为其支座。

1.4.4 材料性质的简化

在土木、水利工程中,结构所用的建筑材料通常为钢、混凝土、砖、石、木料等。在结构计算中,为了简化,对组成各构件的材料一般都假设为连续的、均匀的、各向同性的、完全弹性或弹塑性的。

上述假设对于金属材料,在一定受力范围内是符合实际情况的;对于混凝土、钢筋混凝土、砖、石等材料,则带有一定程度的近似性。至于木材,因其顺纹与横纹方向的物理性质不同,故应用这些假设时须予注意。

1.4.5 荷载的简化

作用于结构上的荷载可分为体荷载与面荷载。体荷载为分布于物体体积内的力,与物体体积有关,如自重力、惯性力等。面荷载为作用于物体外表面的力,由物体之间的接触而传递,如土压力、水压力、人作用于楼板上的力等。在杆件结构的受力分析中,由于杆件用其轴线代替,故不论体荷载还是面荷载,均简化为作用于杆轴上的力。当荷载作用区域与结构本身的区域相比很小时,可简化为集中荷载,反之,则简化为分布荷载。

下面给出两个选取结构计算简图的例子。

【例题 1-1】 如图 1-23a) 所示,一根梁两端搁在墙上,上面放一重力为 G 的重物。试选取其计算简图。

图 1-23 例题 1-1 图

【解】 (1) 梁本身用其轴线表示。

(2) 支座的简化。考虑到摩擦,梁不能左右移动,但受热膨胀时仍可伸长,故一端简化成固定铰支座,另一端简化成活动铰支座。

(3) 荷载的简化。重物简化成集中荷载,梁自重简化成均布荷载。

该梁的计算简图如图 1-23b) 所示。

【例题 1-2】 图 1-24a) 中横梁 AB 及竖杆 CD 由钢筋混凝土做成,但 CD 的截面远小于 AB,AD 及 BD 则为 16Mn 圆钢。试选取其计算简图。

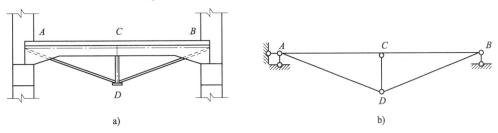

图 1-24 例题 1-2 图

【解】 (1)支座简化。将支座一端简化为固定铰支座,另一端简化为活动铰支座。

(2)结点简化。AB 杆截面抗弯刚度较大,看作连续杆,杆 CD、AD 及 BD 的抗弯刚度小,主要承受轴力,看成两端铰结的二力杆。

该结构的计算简图如图 1-24b)所示。

1.5 杆件结构的分类

结构的分类实际上是结构计算简图的分类。杆件结构通常可分为下列几类:

1)梁

梁是一种受弯构件,其轴线通常为直线。梁可以是单跨[图 1-25a)～c)]的或多跨[图 1-25d)]的。单跨梁是梁的一种较为简单和基本的结构形式,本书所涉及的单跨梁主要有简支梁[图 1-25a)]、外伸梁[图 1-25b)]、悬臂梁[图 1-25c)]三种。

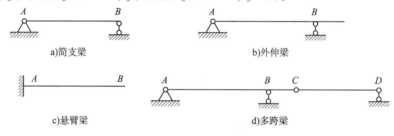

图 1-25 梁

2)拱

拱的轴线为曲线,其力学特点是在竖向荷载作用下有水平支座反力(推力),如图 1-26 所示。

3)桁架

桁架由直杆组成,所有结点都为铰结点,如图 1-27 所示。

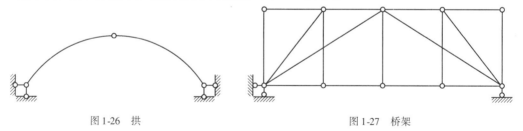

图 1-26 拱   图 1-27 桥架

4)刚架

刚架也是由直杆组成,并具有刚结点,如图 1-28 所示。

5)组合结构

组合结构是桁架和梁或刚架组合在一起形成的结构,其中含有组合结点,如图 1-29 所示。

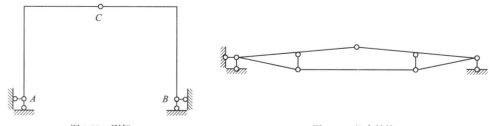

图 1-28 刚架   图 1-29 组合结构

杆件结构还可分为平面杆件结构和空间杆件结构两类。在平面杆件结构中,各杆的轴线和外力的作用线都在同一平面内,如图1-30a)所示。空间杆件结构则不能满足上述条件,如图1-30b)所示为一空间杆件结构。

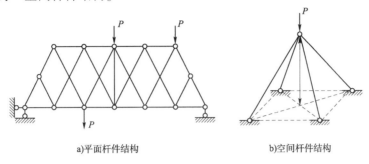

a)平面杆件结构　　　　b)空间杆件结构

图1-30　杆件结构

单 元 小 结

1)应用力学的研究对象和内容
(1)平面杆件结构:梁、拱、刚架、桁架等。
(2)静力学的研究对象为刚体,材料力学和结构力学的研究对象为变性固体。
(3)强度、刚度和稳定性。
(4)杆件变形的四种基本形式:拉伸与压缩、剪切、扭转、弯曲。

2)约束与约束反力
(1)柔性约束:绳索、链条、皮带等构成的约束,只能给物体以拉力。
(2)光滑接触面约束:两个物体光滑接触形成的约束,约束反力沿着接触面的公法线指向被约束物体。
(3)光滑圆柱铰链约束:圆柱与销钉构成的约束,约束反力可以分解为互相垂直的两个分力。
(4)固定端约束:与被约束物体联结较为牢固,同时限制被约束物体的移动和转动,有两个相互垂直的约束力分量和一个约束力偶。

3)工程杆件结构计算简图
(1)杆件的简化:杆件用其纵轴线来表示。
(2)结点的简化:根据杆和杆的联结方式可以简化为铰结点、刚结点和组合结点。
(3)支座的简化:根据结构与基础的连接方式可以简化为活动铰链支座、固定铰链支座、定向支座、固定支座、弹性支座。
(4)荷载的简化:根据作用区域可简化为集中荷载和分布荷载。

自 我 检 测

1-1　应用力学主要研究什么问题?
1-2　什么是集中荷载和均布荷载?
1-3　叙述柔性约束、光滑接触面约束、固定端约束和相应的约束反力的特征。
1-4　光滑圆柱铰链约束有哪些类型?约束反力分别是什么样的?
1-5　杆件结构计算简图的简化要点有哪些?

第一部分 静 力 学

单元2 工程构件受力分析

单元学习任务：

1.熟练掌握力、力系、二力平衡公理、加减平衡力系公理、平行四边形公理、作用与反作用力定律。

2.熟练画出物体和物体系统的受力图。

本单元主要介绍静力学的基本概念以及物体受力分析的方法与受力图的绘制等内容，这些基本概念是静力分析的基础，而物体的受力分析和画受力图是学习本课程必须首先掌握的一项重要基本技能。

2.1 静力学基本知识

2.1.1 基本概念

1）力（force）

力是物体之间的相互机械作用。作用的结果可以是物体的运动状态发生改变也可以是物体发生变形。力使物体运动状态发生改变的效应称为力的**外效应或运动效应**，而使物体发生形状改变的效应称为力的**内效应或变形效应**。静力学和运动力学只研究力的外效应，力的内效应则在材料力学中研究。

实践表明，力对物体的作用效应取决于三个因素：

(1)**力的大小**。它是指物体间机械作用的强弱，度量力的大小，本书采用国际单位制，力的单位是牛顿，用符号 N 来表示，或千牛顿，用符号 kN 表示。

(2)**力的方向**。它包含方位和指向两个方面，如谈到某钢索拉力竖直向上，竖直是指力的方位，向上是说它的指向。

(3)**力的作用点**。它是指力在物体上作用的地方，实际上它不是一个点，而是一块面积或体积。当力的作用面积很小时，就看成一个点。如钢索起吊重物时，钢索的拉力就可以认为力集中作用于一点，而称为**集中力**。当力的作用地方是一块较大的面积时，如蒸汽对活塞的推力，就称为**分布力**。当物体内每一点都受到力的作用时，如重力，就称为**体积力**。

上述三因素称为**力的三要素**。这三个要素中,只要有一个发生变化,力的作用效应就随之发生改变。

2) 力系(force systems)

实际的工程结构和机器,都是同时受到很多个力的作用,作用在物体上的一群力称为**力系**。按照力系中各力作用线间的相互关系,力系可分为:

(1) **汇交力系**。各力作用线或作用线的延长线相交于一点。

(2) **平行力系**。各力作用线相互平行。

(3) **任意力系**。各力作用线既不相交于一点,又不相互平行。

按照力系中各力作用线的分布范围,上述三种力系各自又可分为**平面力系**和**空间力系**两类,其中平面汇交力系是最简单、最基本的一种力系,而空间任意力系则是最复杂、最一般的力系。

如果一物体在力系作用下处于平衡状态,即物体相对于地球保持静止或做匀速直线运动,则称这一力系为**平衡力系**。如一力系用另一力系代替而对物体产生相同的外效应,则称这两个力系互为**等效力系**。若一个力与一个力系等效,则称此力为该力系的**合力**,而该力系中的各力称为此力的**分力**。

2.1.2 基本公理

1) 二力平衡公理

作用于一个刚体上的二力,使刚体保持平衡状态的必要与充分条件是:此二力大小相等、方向相反且沿同一直线。如图 2-1 所示,即 $F_1 = -F_2$。

工程上常遇到只受两个力作用而平衡的构件,称为**二力构件**或**二力杆**。如图 2-2a)所示三铰拱,其中 BC 杆在不计自重时,就可看成是二力构件。二力构件上的两个力必沿两力作用点的连线,且等值、反向,如图 2-2b)所示。

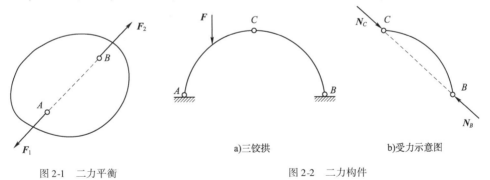

图 2-1 二力平衡　　　　图 2-2 二力构件

2) 加减平衡力系公理

在作用于刚体上的已知力系中,加上或减去任一平衡力系,不改变原力系对刚体的作用效应。

加减平衡力系原理只对刚体适用,对变形体增减平衡力系,就会影响其变形,所以不适用于变形体。

推论 1:力的可传性原理——作用于刚体上的力,可沿其作用线移动到刚体任一点,而不改变该力对刚体的作用效应。

力的可传性只适用于刚体。对刚体而言,力的三要素可改为大小、方向、作用线。

3)平行四边形公理

作用于物体上同一点的两个力,可以合成为一个合力,合力也作用在该点,合力的大小和方向由这两个力为边构成的平行四边形的对角线来确定,这一合成方法称为力的平行四边形法则。如图2-3a)所示,用矢量式可表示为:

$$R = F_1 + F_2 \tag{2-1}$$

即作用于物体上同一点的两个力的合力等于这两个力的矢量和。

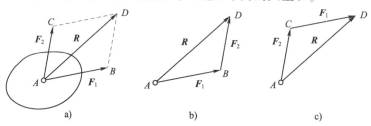

图2-3 力的平行四边形法则示意图

实际上,求合力 **R** 时不必作出整个平行四边形,如图2-3b)、c)所示,只需作出其中一个三角形 ABD 或 ACD 即可,亦即平行四边形法则可简化为**力的三角形法则**。

设平面汇交力系包含 n 个力,以 **R** 表示它们的合力,则有:

$$R = F_1 + F_2 + \cdots + F_n = \sum F \tag{2-2}$$

即平面汇交力系可简化为一合力,其合力的大小与方向等于各分力的矢量和,合力的作用线通过汇交点。

如力系中各力的作用线都沿同一直线,则此力系称为**共线力系**,它是平面汇交力系的特殊情况,它的力多边形在同一直线上。若沿直线的某一指向为正,相反为负,则力系合力的大小与方向决定于各分力的代数和,即

$$R = F_1 + F_2 + \cdots + F_n = \sum F \tag{2-3}$$

推论2:三力平衡汇交定理——刚体只受三个力作用而平衡,若其中两个力的作用线汇交于一点,则第三个力的作用线也必须通过该点,且三力作用线共面。

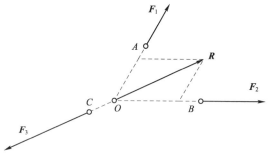

图2-4 三力平衡汇交示意图

此推论说明了不平行的三力平衡的必要条件,当两个力的作用线相交时,可用来确定第三个力的作用线方位,如图2-4所示。

4)作用与反作用定律

两个物体间的作用力和反作用力总是同时存在,且大小相等、方向相反,沿同一直线分别作用在这两个物体上。

此定律概括了自然界物体间相互作用的关系,表明一切力都是成对出现的。需要注意的是,作用与反作用定律中的二力与二力平衡条件中的二力是截然不同的,作用力与反作用力是分别作用在两个物体上,当然不能平衡,而一对平衡力是作用在同一个物体上的。

2.2 工程构件受力分析和受力图

工程上遇到的物体几乎全是非自由体,它们同周围物体相联系。在求解工程力学问题时,

一般首先需要根据问题的已知条件和待求量,选择一个或几个物体作为研究对象,然后分析它受到哪些力的作用,其中哪些是已知的,哪些是未知的,此过程称为受力分析。

对研究对象进行受力分析的步骤如下:

(1)为了能清晰地表示物体的受力情况,将研究对象从与其联系的周围物体中分离出来,单独画出(即解除约束),这种分离出来的研究对象称为分离体。

(2)在分离体上画出它所受的全部力(包括主动力及周围物体对它的约束力),称为受力图。

下面分别介绍单个物体和物体系统的受力图的画法。注意:凡图中未画出重力的就是不计自重;凡不提及摩擦时,则接触面视为光滑的。

2.2.1 单个物体的受力图

画单个物体受力图的一般步骤:

(1)明确研究对象,取出分离体。
(2)将已知的主动力画到分离体上。
(3)分析研究对象在哪些地方受到约束,依约束的性质,在分离体上正确地画出约束反力。

【**例题 2-1**】 试分析图 2-5a)所示球的受力。

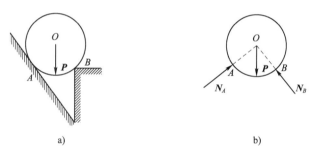

图 2-5 例题 2-1 图

【**解**】 选取图示球为研究对象,画出其分离体。

在图 2-5a)中,圆球除受主动力 P 外,在 A、B 两点还受到约束,均属光滑接触,故约束力 N_A、N_B 应分别过接触点沿接触面的公法线方向,指向圆心(压力),如图 2-5b)所示。

【**例题 2-2**】 试分析图 2-6a)所示杆的受力。

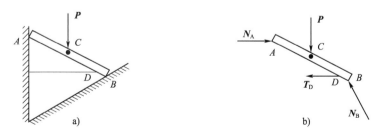

图 2-6 例题 2-2 图

【**解**】 在图 2-6a)中,杆 AB 受主动力 P,除在 A、B 两点受到约束外,还在 D 点受绳索约束。A、B 处为光滑接触,反力为 N_A、N_B;绳索对杆的约束力,只能沿绳索方向,为拉力 T_D,如图 2-6b)所示。

2.2.2 物体系统的受力图

物体系统受力图的画法与单个物体受力图的画法基本相同,区别只是在于所取的研究对象是由两个或两个以上的物体联系在一起的物体系统。研究时只需将物体系统看作为一个整体,在其上画出主动力和约束反力。注意,物体系统内各部分之间的相互作用力属于作用力和反作用力,其作用效果互相抵消,可不用画出来。

画物体系统受力图的步骤:

(1)明确研究对象,取出分离体。依题意可选取单个物体,也可选取由几个物体组成的系统作为分离体。

(2)分析研究对象在哪些地方受到约束,依约束的性质,在分离体上正确地画出约束反力,并将主动力也一并画出。

画受力图应注意的问题:

(1)在画两个相互作用物体的受力图时,要特别注意作用力和反作用力的关系。即作用力一经假设,反作用力必与之反向、共线,不可再行假设。

(2)画整个系统的受力图时,内力不画,因为内力成对出现,自成平衡力系,只需画出全部外力。内力、外力的区分不是绝对的。有些力当取部分为分离体时是外力,但当取整体为分离体时就可能是内力,可见内力和外力的区分,只有相对于某一确定的分离体才有意义。

(3)画受力图时,通常应先找出二力构件,画出它的受力图。还应经常注意三力平衡汇交定理的应用,以简化受力分析。

(4)画单个物体的受力图或画整个物体系统的受力图时,为方便起见,也可在原图上画,但画物体系统中某个物体或某一部分的受力图时,则必须取出分离体。

通过取分离体和画受力图,就可以把物体之间的复杂联系转化为力的联系,这样就为我们分析和解决力学问题提供了依据。因此,必须熟练地、牢固地掌握这种科学的抽象方法。

【例题 2-3】 如图 2-7a)所示三铰拱结构,试画出左、右拱及机构整体受力图。

【解】 分别取左、右拱以及三铰拱整体为研究对象,画出分离体。

(1)右拱 BC 由于不计自重,且又只在 B、C 两铰链处受到约束,故为二力构件。其约束反力 N_B、N_C 沿两铰链中心连线,且等值、反向(设为压力),如图 2-7b)所示。

(2)左拱 AB 受主动力 F 作用,B 铰处的约束反力依作用与反作用定律,$N'_B = -N_B$,拱在 A 铰处的反力为 N_{Ax}、N_{Ay},如图 2-7b)所示。

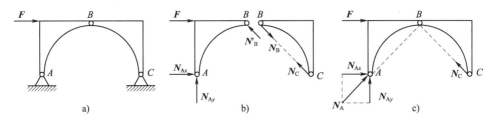

图 2-7 例题 2-3 图

(3)三铰拱整体 B 处所受力为内力,不画。其外力有主动力 F,约束力 N_C、N_{Ax}、N_{Ay},如图 2-7c)所示。如果注意到三力平衡汇交定理,则可肯定 N_{Ax} 和 N_{Ay} 的合力 N_A 必通过 B 处,且沿 A、B 两点的连线作用,这时可以用 N_A 代替 N_{Ax} 和 N_{Ay}。

【例题2-4】 一多跨梁 ABC 由 AB 和 BC 用中间铰 B 连接而成,支承和荷载情况如图2-8a)所示。试画出梁 AB、梁 BC、销 B 及整体的受力图。

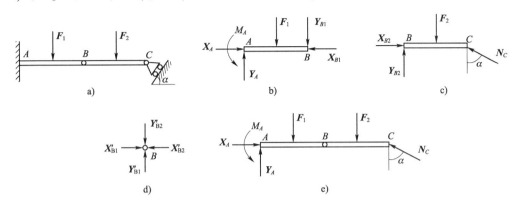

图 2-8 例题 2-4 图

【解】 (1)取出分离体梁 AB,受力图如图 2-8b)所示。其上作用有主动力 F_1,中间铰 B 的销钉对梁 AB 的约束力用两正交分力 X_{B1}、Y_{B1} 表示,固定端约束处有两个正交约束力 X_A、Y_A 和一个约束力偶 M_A。

(2)取出分离体梁 BC,受力图如图 2-81c)所示。其上作用有主动力 F_2,销钉 B 的约束力 X_{B2}、Y_{B2},活动铰支座 C 的约束力 N_C。

(3)取销 B 为研究对象,受力情况如图 2-8d)所示,销钉 B 受 X'_{B1}、Y'_{B1} 和 X'_{B2}、Y'_{B2} 四个力的作用。销钉为梁 AB 和梁 BC 的连接点,其作用是传递梁 AB 和 BC 之间的作用,约束两梁的运动。从图 2-8d)可看出,销 B 的受力呈现等值、反向的关系。因此,在一般情况下,若销钉处无主动力作用,则不必考虑销钉的受力,将梁 AB 和 BC 间点 B 处的受力视为作用力与反作用力即可。

(4)图 2-8e)所示为整体 ABC 的受力图,受到 F_1、F_2、N_C、X_A、Y_A 和 M_A 的作用,中间铰 B 处为内力作用,故不予画出。

单 元 小 结

1)基本概念
(1)力:力是物体之间的相互机械作用。
(2)力系:作用在物体上的一群力。
2)基本公理
(1)二力平衡公理说明了作用在一个刚体上的两个力的平衡条件。
(2)加减平衡力系公理是力系等效代换的基础。
(3)平行四边形公理反映了两个力合成的规律。
(4)作用与反作用定律说明了物体间相互作用的关系。
3)受力分析和受力图
物体的受力分析是先将物体从系统中隔离出来,根据约束的性质分析约束力,并应用作用与反作用定律,分析隔离体上所受各力的位置、作用线及可能方向,然后画受力图。

自 我 检 测

2-1 何谓二力杆？二力平衡公理能否应用于变形体？如对不可伸长的钢索施二力作用，其平衡的必要与充分条件是什么？

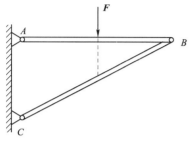

图 2-9 题 2-2 图

2-2 如图 2-9 所示三角架，作用于 AB 杆中点的铅垂力 F，能否沿其作用线移至 BC 杆的中点？为什么？

2-3 "分力一定小于合力"这种说法对不对？为什么？试举例说明。

2-4 试区别等式 $\boldsymbol{R} = \boldsymbol{F}_1 + \boldsymbol{F}_2$ 与 $R = F_1 + F_2$ 所表示的意义。

2-5 若根据平面汇交的四个力作出如图 2-10 所示的图形，问此四个力的关系如何？

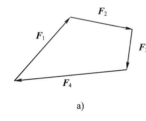
a)

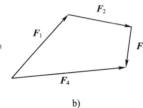
b)

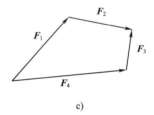
c)

图 2-10 题 2-5 图

2-6 画出图 2-11 所示指定物体的受力图。

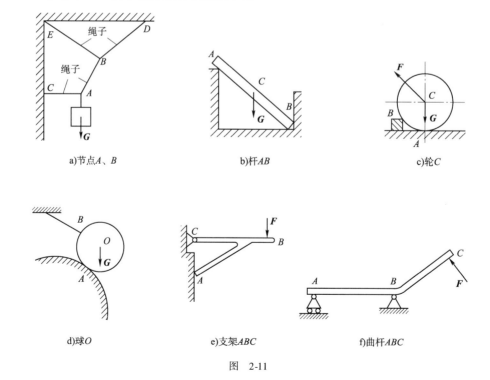

图 2-11

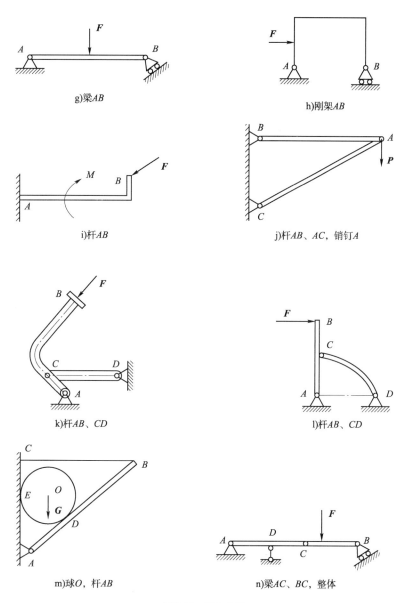

图 2-11 题 2-6 图

单元3 工程构件平衡条件分析

单元学习任务：

1. 熟练掌握平面汇交力系、平面力偶系、平面一般力系的合成方法和平衡方程。
2. 熟练应用平面力系的平衡方程求解约束反力。

在工程实际中，作用于物体上的力系往往是较为复杂的。研究物体的平衡问题，就必须在保证作用效应完全相同的前提下，将复杂力系简化为简单力系，这就是力系的简化。而力系的合成则是将一个力系简化成一个力，用一个力代替一个力系。因此，力系的简化与合成是研究平衡问题的前提和基础。

为了便于研究，我们将作用在构件上的力按其作用线的分布情况进行如下分类。

(1) 空间力系：各力作用线不在同一平面内的力系，如图3-1所示。

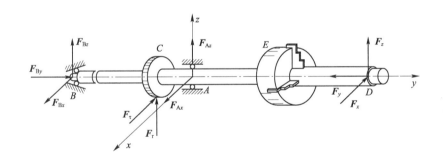

图3-1 空间力系

(2) 平面力系：各力作用线都在同一平面内的力系，如图3-2、图3-3b)、图3-4b)所示。

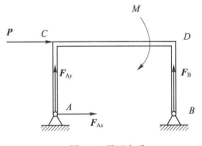

图3-2 平面力系

(3) 汇交力系：作用线交于一点的力系。

(4) 平行力系：作用线相互平行的力系。

(5) 一般力系：作用线既不完全交于一点又不完全平行的力系。

本单元将研究平面汇交力系、平面力偶系和平面一般力系的合成与平衡。平面力系的研究不仅在理论上而且在工程实际应用上都具有重要意义。首先，平面力系是工程中常见的一种力系。其次，许多工程结构和构件受力作用时，虽然力的作用线不都在同一平面内，但其作用力系往往具有一对称平面，可将其简化为作用在对称平面内的力系。

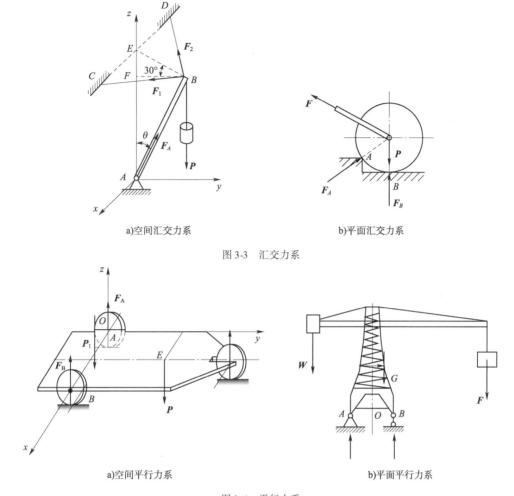

a) 空间汇交力系　　　　　　　　　b) 平面汇交力系

图 3-3　汇交力系

a) 空间平行力系　　　　　　　　　b) 平面平行力系

图 3-4　平行力系

3.1　平面汇交力系

平面汇交力系的合成方法可以分为几何法与解析法。几何法是应用力的平行四边形法则（或力的三角形法则），用几何作图的方法，研究力系中各分力与合力的关系，从而求力系的合力。解析法则是用列方程的方法，研究力系中各分力与合力的关系，然后求力系的合力。下面分别介绍。

3.1.1　平面汇交力系合成与平衡的几何法

1）平面汇交力系合成的几何法

首先回顾一下用几何法合成两个汇交力。如图 3-5a) 所示，设在物体上作用有汇交于 O 点的两个力 F_1 和 F_2，根据力的平行四边形法则，可知合力 R 的大小和方向是以两力 F_1 和 F_2 为邻边的平行四边形的对角线来表示，合力 R 的作用点就是这两个力的汇交点 O。也可以取平行四边形的一半即利用力的三角形法则求合力，如图 3-5b) 所示。

对于由多个力组成的平面汇交力系，可以连续应用力的三角形法则进行力的合成。设作用于物体上 O 点的力 F_1、F_2、F_3、F_4 组成平面汇交力系，现求其合力，如图 3-6a) 所示。应用力

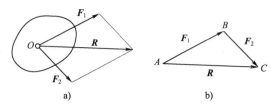

图 3-5 力的平行四边形法则和三角形法则

的三角形法则,首先将 F_1 与 F_2 合成得 R_1,然后把 R_1 与 F_3 合成得 R_2,最后将 R_2 与 F_4 合成得 R,力 R 就是原汇交力系 F_1、F_2、F_3、F_4 的合力。图 3-6b)所示即是此汇交力系合成的几何示意,矢量关系的数学表达式为:

$$R = F_1 + F_2 + F_3 + F_4 \tag{3-1}$$

实际作图时,可以不必画出图中虚线所示的中间合力 R_1 和 R_2,只要按照一定的比例尺将表达各力矢的有向线段首尾相接,形成一个不封闭的多边形,如图 3-6c)所示。然后再画一条从起点指向终点的矢量 R,即为原汇交力系的合力,如图 3-6d)所示。把由各分力和合力构成的多边形 abcde 称为力多边形,合力矢是力多边形的封闭边。按照与各分力同样的比例,封闭边的长度表示合力的大小,合力的方位与封闭边的方位一致,指向则由力多边形的起点至终点,合力的作用线通过汇交点。这种求合力矢的几何作图法称为力多边形法则。

从图 3-6e)还可以看出,改变各分力矢相连的先后顺序,只会影响力多边形的形状,但不会影响合成的最后结果。

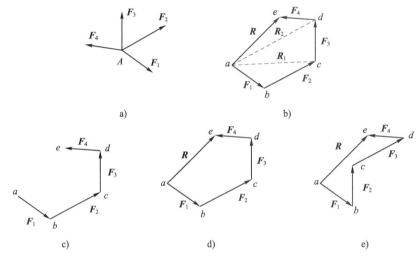

图 3-6 力多边形法则

将这一作法推广到由 n 个力组成的平面汇交力系,可得结论:平面汇交力系合成的最终结果是一个合力,合力的大小和方向等于力系中各分力的矢量和,可由力多边形的封闭边确定,合力的作用线通过力系的汇交点。矢量关系式为:

$$R = F_1 + F_2 + F_3 + \cdots + F_n = \sum F_i \tag{3-2}$$

或简写为:

$$R = \sum F \quad (\text{矢量和}) \tag{3-3}$$

需要指出的是,利用几何法对力系进行合成,对于平面汇交力系,并不要求力系中各分力的作用点位于同一点,因为根据力的可传性原理,只要它们的作用线汇交于同一点即可。另外,几何法只适用于平面汇交力系,而对于空间汇交力系来说,由于作图不方便,用几何法求解是不适宜的。

2)平面汇交力系平衡的几何法

作用在物体上的一个平面汇交力系可以成为一个合力,如果合力等于零,此平面汇交力系为一个平衡力系,物体处于平衡状态,由此得出结论:**平面汇交力系平衡的条件是力系的合力**

等于零。

由几何作图知,如果平面汇交力系是一个平衡力系,那么按力多边形法则将力系中各力依次首尾相接所得到的折线,一定是一个封闭的力多边形,这就是**平面汇交力系平衡的几何条件**。

对于由多个力组成的平面汇交力系,用几何法进行简化的优点是直观、方便、快捷,画出力多边形后,按与画分力同样的比例,用尺子和量角器即可量得合力的大小和方向。但是,这种方法要求作图精确,否则误差会较大。

3.1.2 平面汇交力系合成与平衡的解析法

1)平面汇交力系合成的解析法

(1)力在平面直角坐标轴上的投影

设力 F 用矢量 $\overrightarrow{AB}$ 表示,如图 3-7 所示。取直角坐标系 oxy,使 F 在 oxy 平面内。过力矢 $\overrightarrow{AB}$ 的两端点 A 和 B 分别向 x、y 轴作垂线,得垂足 a、b 及 a'、b',带有正负号的线段 ab 与 $a'b'$ 分别称为力 F 在 x、y 轴上的投影,记作 X、Y。并规定:当力的始端的投影到终端的投影的方向与投影轴的正向一致时,力的投影取正值;反之,力的投影取负值。

力的投影的值与力的大小及方向有关,设力 F 与 x 轴的夹角为 α,则从图 3-7 可知:

$$\begin{cases} X = F\cos\alpha \\ Y = -F\sin\alpha \end{cases} \quad (3-4)$$

图 3-7 力 F 与 x、y 轴上的投影

一般情况下,若已知力 F 与 x 和 y 轴所夹的锐角分别为 α、β,则该力在 x、y 轴上的投影分别为:

$$\begin{cases} X = \pm F\cos\alpha \\ Y = \pm F\cos\beta \end{cases} \quad (3-5)$$

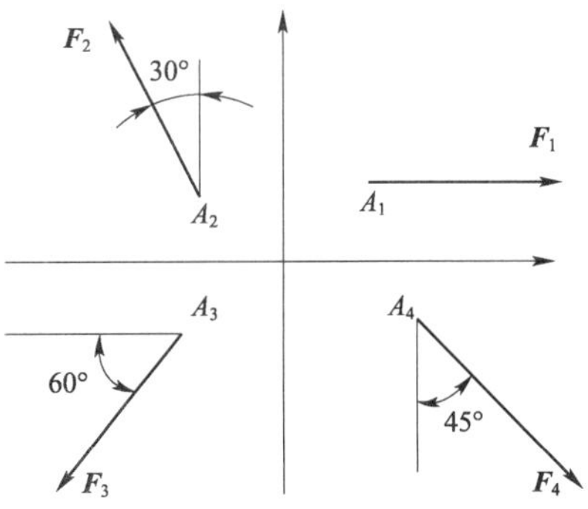

反过来,若已知力 F 在坐标轴上的投影 X、Y,亦可求出该力的大小和方向角:

$$\begin{cases} F = \sqrt{X^2 + Y^2} \\ \tan\alpha = \left|\dfrac{Y}{X}\right| \end{cases} \quad (3-6)$$

式中,α 为力 F 与 x 轴所夹的锐角,其所在的象限由 X、Y 的正负号来确定。

【例题 3-1】 如图 3-8 所示,已知 $F_1 = 100\text{N}$,$F_2 = 200\text{N}$,$F_3 = 300\text{N}$,$F_4 = 400\text{N}$,各力的方向如图,试分别求各力在 x 轴和 y 轴上的投影。

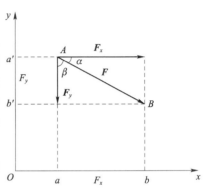

图 3-8 例题 3-1 图

【解】 $X_1 = 100 \times \cos 0° = 100\text{N}$ $Y_1 = 100 \times \sin 0° = 0$

$X_2 = -200 \times \cos 60° = -100\text{N}$ $Y_2 = 200 \times \sin 60° = 100\sqrt{3}\text{N}$

$X_3 = -300 \times \cos 60° = -150\text{N}$ $Y_3 = -300 \times \sin 60° = -150\sqrt{3}\text{N}$

$X_4 = 400 \times \cos 45° = 200\sqrt{2}\text{N}$ $Y_4 = -400 \times \sin 45° = -200\sqrt{2}\text{N}$

(2)合力投影定理

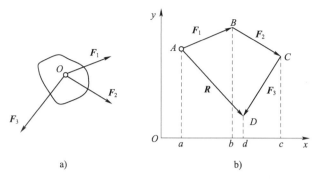

为了用解析法求平面汇交力系的合力,必须先讨论合力及其分力在同一坐标轴上投影的关系。

如图3-9a)所示,设有一平面汇交力系 F_1、F_2、F_3 作用在物体的 O 点,从任一点 A 作力多边形 $ABCD$,如图3-9b)所示,则矢量 $\overrightarrow{AB}$ 就表示该力系的合力 R 的大小和方向。取任一轴 x,把各力都投影在 x 轴上,并且令 x_1、x_2、x_3 和 R_x 分别表示各分力 F_1、F_2、F_3 和合力 R 在 x

图3-9 平面汇交力系中各分力在 x 轴上投影示意图

轴上的投影,由图3-9b)可知:

$$X_1 = ab, X_2 = bc, X_3 = cd, R_x = ad$$

而

$$ad = ab + bc - cd$$

因此可得

$$R_x = X_1 + X_2 + X_3$$

这一关系可推广到任意个汇交力的情形,即

$$R_x = X_1 + X_2 + \cdots + X_n = \sum X \tag{3-7}$$

由此可见,**合力在任一轴上的投影,等于各分力在同一轴上投影的代数和**,这就是合力投影定理。

(3)用解析法求平面汇交力系的合力

当平面汇交力系为已知时,如图3-10所示,我们可选直角坐标系,先求出力系中各力在 x 轴和 y 轴上的投影,再根据合力投影定理,求得合力 R 在 x、y 轴上的投影 R_x、R_y。从图3-10中的几何关系可见,合力 R 的大小和方向由下式确定:

$$\begin{cases} R = \sqrt{R_x^2 + R_y^2} = \sqrt{(\sum X)^2 + (\sum Y)^2} \\ \tan\alpha = \dfrac{|R_y|}{|R_x|} = \dfrac{|\sum Y|}{|\sum X|} \end{cases} \tag{3-8}$$

式中,α 为合力 R 与 x 轴所夹的锐角,R 在哪个象限由 $\sum X$ 和 $\sum Y$ 的正负号来确定,具体详见图3-11所示。合力的作用线通过力系的汇交点 O。

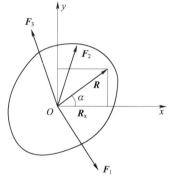

图3-10 合力 R 在 x、y 轴上的投影

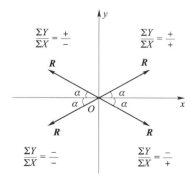

图3-11 合力 R 所在象限与 $\sum X$ 和 $\sum Y$ 正负号的关系

【例题3-2】 吊环上套有三根绳,如图3-12a)所示。已知三绳的拉力分别为:$F_1 = 500$N,

$F_2=1000\text{N},F_3=2000\text{N}$,试用解析法求其合力。

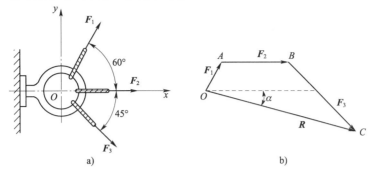

图 3-12 例题 3-2 图

【解】 选取坐标系 Oxy 如图 3-12a)所示。由合力投影定理得：

$$R_x = \sum F_x = (500 \times \cos 60° + 1000 + 2000 \times \cos 45°) = 2664.2\text{N}$$

$$R_y = \sum F_y = (500 \times \sin 60° + 0 - 2000 \times \sin 45°) = -981.2\text{N}$$

故合力的大小和方向分别为：

$$R = \sqrt{R_x^2 + R_y^2} = \sqrt{2664.2^2 + (-981.2)^2} = 2839.1\text{N}$$

$$\alpha = \arctan\left|\frac{R_y}{R_x}\right| = \arctan\left|\frac{-981.2}{2664.2}\right| = 20.2°$$

因 $\sum F_x$ 为正，$\sum F_y$ 为负，故合力 $\boldsymbol{R}$ 在第四象限，而合力 $\boldsymbol{R}$ 的作用线通过汇交力系的汇交点 O。计算结果表明，解析法较几何法精确，工程上应用较多。

2）平面汇交力系平衡的解析法

由公式(3-8)可知，要使 $\boldsymbol{R}=0$，必须 $R=0$，即

$$R = \sqrt{R_x^2 + R_y^2} = \sqrt{(\sum X)^2 + (\sum Y)^2} = 0$$

上面式中 $(\sum X)^2$ 和 $(\sum Y)^2$ 恒为正值，所以要使 $\boldsymbol{R}=0$，必须且只需：

$$\begin{cases} \sum X = 0 \\ \sum Y = 0 \end{cases} \tag{3-9}$$

因此，平面汇交力系的平衡条件是：**力系中各力在两个不平行的坐标轴中每一轴上的投影的代数和等于零。**

利用平衡方程求解实际问题时，受力图中的未知力指向有时可以任意假设，若计算结果为正值，表示假设的力的指向就是实际的指向；若计算结果为负值，表示假设的力的指向与实际指向相反。在实际计算中，适当地选取投影轴，可使计算简化。

【例题 3-3】 一物体重力为 $W=30\text{kN}$，用不可伸长的绳索 AB 和 BC 悬挂于如图 3-13a)所示的平衡位置。设绳索的重力不计，AB 与铅垂线的夹角 $\alpha=30°$，BC 水平，求绳索 AB 和 BC 的拉力。

【解】 (1)受力分析：取重物为研究对象，画受力图如图 3-13b)所示。
(2)建立直角坐标系 Oxy，如图 3-13b)所示。建立方程并求解：

$$\sum Y = 0: T_{BA}\cos 30° - W = 0 \qquad T_{BA} = 34.64\text{kN}$$

$$\sum X = 0: T_{BC} - T_{BA}\sin 30° = 0 \qquad T_{BC} = 17.32\text{kN}$$

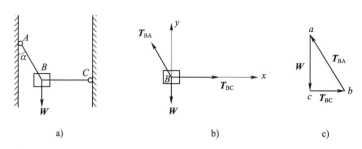

图 3-13 例题 3-3 图

【**例题 3-4**】 已知 $W=10\text{kN}$，求图 3-14a)所示三角支架中杆 AC 和杆 BC 所受的力。

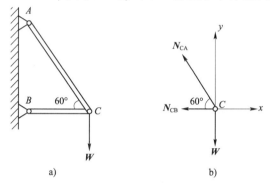

图 3-14 例题 3-4 图

【**解**】 （1）选结点 C 为研究对象，画受力图，如图 3-14b)所示。
（2）选取坐标系，如图 3-14b)所示。
（3）列平衡方程，求解未知力。

$$\sum Y = 0: N_{CA}\sin 60° - W = 0 \qquad N_{CA} = 11.55\text{kN} \quad （拉力）$$
$$\sum X = 0: -N_{CA}\cos 60° - N_{CB} = 0 \qquad N_{CB} = -5.78\text{kN} \quad （压力）$$

所以杆 AC 所受到的力为拉力，大小为 11.55kN；杆 BC 所受到的力为压力，大小为 5.78kN。

3.2 力　　矩

力对物体的作用效应，除移动效应外，还有转动效应。其移动效应取决于力的大小和方向，可用力在坐标轴上的投影来描述。那么力对物体的转动效应与哪些因素有关？又如何描述呢？

3.2.1 力对点之矩的概念

如图 3-15 所示，当我们用扳手拧螺母时，力 F 使螺母绕 O 点转动的效应不仅与力的大小 F 有关，而且还与转动中心 O 到 F 的作用线的距离 d 有关。大量实践表明，转动效应随 F 或 d 的增加而增强，可用 F 与 d 的乘积来度量。另外，转动方向不同，效应也不同，为了表示不同的转动方向，还应在乘积前加上适当的正负号。

在力学中，为度量力使物体绕某点（矩心 O）的转动效应，将力的大小（F）与矩心到力的作用线的距离（力臂 d）的

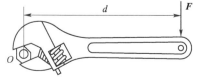

图 3-15 扳手拧螺母示意图

乘积 Fd 冠以适当的正负号所得的物理量称为力 F 对 O 点之矩，简称力矩，记作 $m_O(F)$，即
$$m_O(F) = \pm F \cdot d$$

力对点之矩是一个代数量，其正负号的规定为：力使物体绕矩心逆时针转动时，取正号；反之，取负号。其单位为 N·m 或 kN·m。

由力矩的定义可得出力矩具有如下性质：

(1) 力 F 对 O 点之矩不仅取决于力的大小 F，同时还与矩心的位置即力臂 d 有关。

(2) 力 F 对任一点之矩，不因该力的作用点沿其作用线移动而改变。

(3) 力的作用线通过矩心时，力矩等于零。

(4) 互成平衡的两个力对于同一点之矩的代数和为零。

3.2.2 合力矩定理

合力对平面内任意一点之矩，等于所有分力对同一点之矩的代数和。即

若
$$R = F_1 + F_2 + \cdots F_n$$

则
$$m_O(R) = m_O(F_1) + m_O(F_2) + \cdots + m_O(F_n)$$

此关系称为合力矩定理。该定理不仅适用于平面汇交力系，对任何有合力的力系均成立。

【例题 3-5】 如图 3-16 所示，每 1m 长挡土墙所受土压力的合力为 R，它的大小 $R=200\mathrm{kN}$，方向如图所示，求土压力 R 使墙倾覆的力矩。

【解】 土压力 R 可使挡土墙绕 A 点倾覆，求 R 使墙倾覆的力矩，就是求它对 A 点的力矩。由于 R 的力臂求解较麻烦，但如果将 R 分解为两个分力 F_1 和 F_2，则两分力的力臂是已知的。为此，根据合力矩定理，合力 R 对 A 点之矩等于 F_1、F_2 对 A 点之矩的代数和。则：

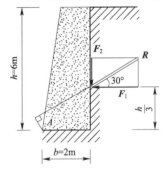

图 3-16 例题 3-5 图

$$M_A(R) = M_A(F_1) + M_A(F_2)$$
$$= F_1 \cdot \frac{h}{3} - F_2 \cdot b$$
$$= 200 \times \cos30° \times 2 - 200 \times \sin30° \times 2$$
$$= 146.41 \mathrm{kN \cdot m}$$

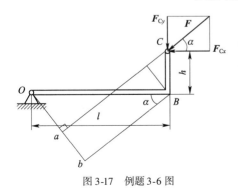

图 3-17 例题 3-6 图

【例题 3-6】 如图 3-17 所示，构件 OBC 的 O 端为铰链支座约束，力 F 作用于 C 点，其方向角为 α，又知 $OB=l$，$BC=h$，求力 F 对 O 点的力矩。

【解】 (1) 利用力矩的定义进行求解。

如图，过点 O 作出力 F 作用线的垂线，与其交于 a 点，则力臂 d 即为线段 Oa。再过 B 点作力作用线的平行线，与力臂的延长线交于 b 点，则有：

$$M_O(F) = -Fd = -F(Ob-ab) = -F(l\sin\alpha - h\cos\alpha)$$

29

(2)利用合力矩定理求解。

$$m_O(\boldsymbol{F}) = m_O(\boldsymbol{F}_{Cx}) + m_O(\boldsymbol{F}_{Cy}) = Fh\cos\alpha - Fl\sin\alpha$$

【例题 3-7】 求图 3-18 所示各分布荷载对 A 点的力矩。

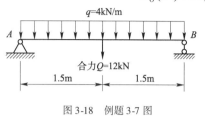

图 3-18 例题 3-7 图

【解】 沿直线平行分布的线荷载可以合成为一个合力。合力的方向与分布荷载的方向相同,合力作用线通过荷载图的重心,其合力的大小等于荷载图的面积。

均布荷载对 A 点的力矩为:

$$M_A(\boldsymbol{q}) = M_A(\boldsymbol{Q}) = -4 \times 3 \times 1.5 = -18\text{kN}$$

3.3 平面力偶系

3.3.1 力偶和力偶矩

在生产实践和日常生活中,经常遇到大小相等、方向相反、作用线不重合的两个平行力所组成的力系。这种力系只能使物体产生转动效应而不能使物体产生移动效应。例如,用拇指和食指开关自来水龙头[图 3-19a)],驾驶员用双手操纵转向盘[图 3-19b)],木工用丁字头螺丝钻钻孔[图 3-19c)]。这种大小相等、方向相反、作用线不重合的两个平行力称为**力偶**,用符号$(\boldsymbol{F},\boldsymbol{F}')$表示。力偶的两个力作用线间的垂直距离 d 称为**力偶臂**,力偶的两个力所构成的平面称为**力偶作用面**。

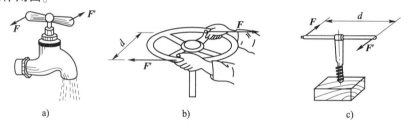

图 3-19 力偶实例

实践表明,当力偶的力 F 越大,或力偶臂越大,则力偶使物体的转动效应就越强,反之就越弱。因此,与力矩类似,我们用 F 与 d 的乘积来度量力偶对物体的转动效应,并把这一乘积冠以适当的正负号,称为**力偶矩**,用 m 表示,即

$$m = \pm Fd \tag{3-10}$$

式中正负号表示力偶矩的转向。通常规定:若力偶使物体作逆时针方向转动时,力偶矩为正,反之为负。在平面力系中,力偶矩是代数量。力偶矩的单位与力矩相同。

3.3.2 力偶的基本性质

(1)力偶没有合力,不能用一个力来代替。

力偶中的两个力大小相等、方向相反、作用线平行,如图 3-20 所示,如果求它们在任一轴 x 上的投影。设力与轴 x 的夹角为 α,可得:

$$\sum X = F\cos\alpha - F'\cos\alpha = 0$$

这说明,力偶在任一轴上的投影等于零。

因为力偶在轴上的投影为零,所以力偶对物体只能产生转动效应,而一个力在一般情况下,对物体可产生移动和转动两种效应。力偶和力对物体的作用效应不同,说明力偶不能用一个力来代替,即力偶不能简化为一个力,因而力偶也不能和一个力平衡,力偶只能与力偶平衡。

（2）力偶对其作用面内任一点之矩都等于力偶矩,与矩心位置无关。

力偶的作用是使物体产生转动效应,所以力偶对物体的转动效应可以用力偶的两个力对其作用面某一点的力矩的代数和来度量。图 3-21 所示力偶(F,F'),力偶臂为 d,逆时针转向,其力偶矩为 $m = Fd$。在该力偶作用面内任选一点 O 为矩心,设矩心与 F' 的垂直距离为 x,则力偶对 O 点的力矩为:

$$m_O(F,F') = F(d+x) - F' \cdot x = Fd = m$$

此值等于力偶矩。这说明力偶对其作用面内任一点的矩恒等于力偶矩,而与矩心的位置无关。

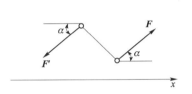 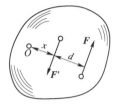

图 3-20　力偶平面示意图　　　　　图 3-21　力偶对 O 点的力矩

（3）同一平面内的两个力偶,如果它们的力偶矩大小相等、转向相同,则这两个力偶等效,称为力偶的等效性。

从以上性质还可得出以下两个推论：

推论 1：力偶可以在作用面内任意移转,而不会改变它对物体的转动效应。

如图 3-22a) 所示,作用在转向盘上的两个力偶(P_1,P'_1) 与 (P_2,P'_2) 只要它们的力偶矩大小相等,转向相同,作用位置虽不同,但转动效应是相同的。

推论 2：在保持力偶矩大小和转向不变的条件下,可以任意改变力偶中力的大小和力偶臂的长短,而不改变它对物体的转动效应。

例如图 3-22b) 所示,作用在纹杆上的(F_1,F'_1) 或 (F_2,F'_2),虽然 d_1 和 d_2 不相等,但只要调整力的大小,使力偶矩 $F_1 d_1 = F_2 d_2$,则两力偶的作用效果是相同的。

由以上分析可知,力偶对于物体的转动效应完全取决于力偶矩的大小、力偶的转向及力偶作用面,即**力偶三要素**。因此,在力学计算中,有时也用一带箭头的弧线表示力偶,如图 3-23 所示,其中箭头表示力偶的转向,m 表示力偶矩的大小。

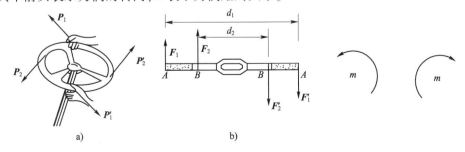

图 3-22　作用在汽车转向盘上的力偶　　　　　图 3-23　力偶的表示方法

3.3.3 平面力偶系的合成

作用在同一平面内的一群力偶称为平面力偶系。平面力偶系合成可以根据力偶等效性来进行。合成的结果是：平面力偶系可以合成为一个合力偶，其力偶矩等于各分力偶矩的代数和。即

$$M = m_1 + m_2 + \cdots + m_n = \sum m_i \tag{3-11}$$

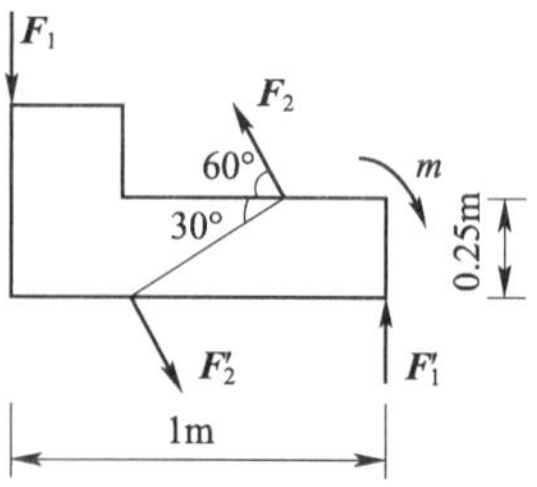

【例题 3-8】 如图 3-24 所示，在物体同一平面内受到三个力偶的作用，设 $F_1 = 200\mathrm{N}$，$F_2 = 400\mathrm{N}$，$m = 150\mathrm{N \cdot m}$，试求其合成的结果。

【解】 三个共面力偶合成的结果是一个合力偶，各分力偶矩为：

$$m_1 = F_1 d_1 = 200 \times 1 = 200 \mathrm{N \cdot m}$$

$$m_2 = F_2 d_2 = 400 \times \frac{0.25}{\sin 30°} = 200 \mathrm{N \cdot m}$$

$$m_3 = -m = -150 \mathrm{N \cdot m}$$

合力偶 $M = \sum m_i = m_1 + m_2 + m_3 = 200 + 200 - 150 = 250 \mathrm{N \cdot m}$

图 3-24 例题 3-8 图

即合力偶矩的大小等于 $250\mathrm{N \cdot m}$，转向为逆时针方向，作用在原力偶系的平面内。

3.3.4 平面力偶系的平衡

由式 (3-11) 可知，平面力偶系平衡的充要条件：

$$\sum m_i = 0$$

【例题 3-9】 如图 3-25 所示电动机联轴器，四个螺栓孔心均匀地分布在同一圆周上，孔的直径 $AC = BD = 150\mathrm{mm}$，电动机轴传给联轴器的力偶矩 $M_0 = 2.5\mathrm{kN \cdot m}$，试求每个螺栓所受的力为多少？

【解】 (1) 以联轴器为研究对象，假设四个螺栓受力均匀，每个螺栓反力相等，即 $F_1 = F_2 = F_3 = F_4$。四个反力组成两个力偶，并与电动机传给联轴器的力偶平衡。

(2) 列平面力偶系平衡方程：

$$\sum m_i = 0 : M_0 + 2F_1 \cdot AC = 0 \quad F_1 = 8.33\mathrm{kN}$$

所以每个螺栓所受到力为 $8.33\mathrm{kN}$。

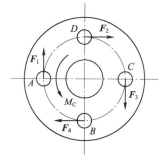

图 3-25 例题 3-9 图

3.4 力的平移定理

作用于刚体上的力可以平行移至刚体内任一点，欲不改变该力对刚体的作用效应，则必须在该力与新作用点所确定的平面内附加一力偶，其力偶矩等于原力对新作用点之矩，这就是**力的平移定理**。

根据力的平移定理，可以将一个力 $\boldsymbol{F}$ 等效为一个力 $\boldsymbol{F'}$ 和一个力偶 M；反之，也可以将同一平面内的一个力 $\boldsymbol{F'}$ 和一个力偶 M 合成为一个合力 $\boldsymbol{F}$，该合力 $\boldsymbol{F}$ 与力 $\boldsymbol{F'}$ 大小相等，方向相同，作用线相距 $d = \dfrac{|M|}{F'}$。合成的过程就是图 3-26 的逆过程。

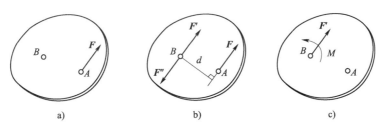

图 3-26 力的平移定理

3.5 平面一般力系

3.5.1 平面一般力系的简化

如果力系中各力的作用线同在一个平面内且任意分布,该力系称为**平面一般力系**。前面介绍的平面汇交力系和平面力偶系是平面一般力系的特殊情况。

1)平面一般力系向一点的简化

设刚体上作用有一平面任意力系 F_1、F_2、$\cdots$、F_n,如图 3-27a)所示,在平面内任意取一点 O,称为**简化中心**。根据力的平移定理,将各力都向 O 点平移,得到一个汇交于 O 点的平面汇交力系 F'_1、F'_2、$\cdots$、F'_n,以及平面力偶系 M_1、M_2、$\cdots$、M_n,如图 3-27b)所示。

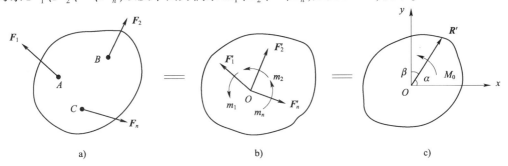

图 3-27 平面一般力系向一点的简化

平面汇交力系 F'_1、F'_2、$\cdots$、F'_n,可以合成为一个作用于 O 点的合矢量 R',如图 3-27c)所示。

$$R' = \sum F' = \sum F \tag{3-12}$$

它等于力系中各力的矢量和。显然,单独的 R' 不能和原力系等效,它被称为原力系的**主矢**。将式(3-12)写成直角坐标系下的投影形式:

$$\begin{cases} R'_x = X_1 + X_2 + \cdots + X_n = \sum X \\ R'_y = Y_1 + Y_2 + \cdots + Y_n = \sum Y \end{cases} \tag{3-13}$$

因此,主矢 R' 的大小及其与 x 轴正向的夹角分别为:

$$\begin{cases} R' = \sqrt{R'^2_x + R'^2_y} = \sqrt{(\sum X)^2 + (\sum Y)^2} \\ \theta = \arctan\left|\dfrac{R'_y}{R'_x}\right| = \arctan\left|\dfrac{\sum Y}{\sum X}\right| \end{cases} \tag{3-14}$$

附加平面力偶系 M_1、M_2、$\cdots$、M_n 可以合成为一个合力偶矩 M_O，即

$$M_O = M_1 + M_2 + \cdots + M_n = \sum M_O(\boldsymbol{F}) \tag{3-15}$$

显然，单独的 M_O 也不能与原力系等效，因此，它被称为原力系对简化中心 O 的**主矩**。

综上所述，得到如下结论：平面一般力系向平面内任一点简化可以得到一个力和一个力偶，这个力等于力系中各力的矢量和，作用于简化中心，称为原力系的主矢；这个力偶的矩等于原力系中各力对简化中心之矩的代数和，称为原力系的主矩。

原力系与主矢 $\boldsymbol{R}'$ 和主矩 M_O 的联合作用等效。主矢 $\boldsymbol{R}'$ 的大小和方向与简化中心的选择无关，主矩 M_O 的大小和转向与简化中心的选择有关。

在工程实际中，平面任意力系的简化方法可用来解决许多力学问题，如固定端约束问题等。

2）平面任意力系的简化结果分析

平面一般力系向任意点简化，一般可得主矢 $\boldsymbol{R}'$ 与主矩 M_O，根据主矢与主矩是否存在，可能出现以下四种情况：

(1) $R' \neq 0$，$M_O \neq 0$，此时力系没有简化为最简单的形式，根据力平移定理的逆过程，可将它们进一步合成为一个合力，合力 $R = R'$，合力至简化中心的距离为 $d = \left|\dfrac{M_O}{R}\right|$，如图 3-28 所示。

(2) $R' \neq 0$，$M_O = 0$，此时主矢为原力系的合力，即原力系合力的作用线通过简化中心。

(3) $R' = 0$，$M_O \neq 0$，此时主矩可单独代表原力系作用而称为原力系的合力偶，在此时简化结果与简化中心的位置无关。

(4) $R' = 0$，$M_O = 0$，物体在此力系下处于平衡状态。

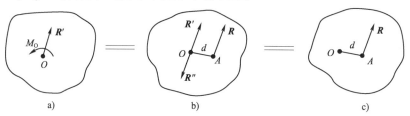

图 3-28 力平移定理的逆过程

3.5.2 平面一般力系的平衡方程

1）平面一般力系平衡方程的基本形式

由上节讨论结果可知，当平面一般力系向平面内任一点简化后，若主矢和主矩都为零时，则说明原力系是平衡力系，即：

$$R = \sqrt{(\sum X)^2 + (\sum Y)^2} = 0$$
$$M_O = \sum m_O(\boldsymbol{F}_i) = 0$$

由此得平面一般力系的平衡方程为：

$$\begin{cases} \sum X = 0 \\ \sum Y = 0 \\ \sum m_O = 0 \end{cases} \tag{3-16}$$

2）平面一般力系平衡方程的其他形式

平面一般力系平衡方程除式(3-16)基本形式外，另外还可表示为二矩式和三矩式。

二矩式：
$$\begin{cases} \sum X = 0 \\ \sum m_A(\boldsymbol{F}) = 0 \\ \sum m_B(\boldsymbol{F}) = 0 \end{cases} \tag{3-17}$$

其中 A、B 两点的连线不垂直于 x 轴。

三矩式：
$$\begin{cases} \sum m_A(\boldsymbol{F}) = 0 \\ \sum m_B(\boldsymbol{F}) = 0 \\ \sum m_C(\boldsymbol{F}) = 0 \end{cases} \tag{3-18}$$

其中 A、B、C 三点不共线。

3.5.3 平面一般力系平衡方程的应用

1）单个物体的平衡问题

平面力系平衡问题的解题步骤为：

(1) 选取研究对象。根据已知量和待求量，选择适当的研究对象。

(2) 画研究对象的受力图。将作用于研究对象上的所有的力画出来。

(3) 建立坐标系。

(4) 列平衡方程。在列平衡方程时，为使计算简单，选取坐标系时，应尽可能使力系中多数未知力的作用线平行或垂直投影轴，矩心选在两个（或两个以上）未知力的交点上；尽可能多地用力矩方程，并使一个方程中只包括一个未知数。注意，对于同一个平面力系来说，最多只能列出三个平衡方程，只能解三个未知量。

(5) 解方程，求解未知力。

【例题 3-10】 简支梁如图 3-29a) 所示，其中 $P = 10\text{kN}$，$M = 6\text{kN} \cdot \text{m}$，求 A、B 处的支座反力。

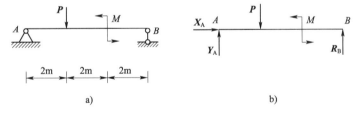

图 3-29 例题 3-10 图

【解】 (1) 取梁为研究对象，进行受力分析，如图 3-29b) 所示。

(2) 建立坐标系，列平衡方程并求解：

$$\sum X = 0 : X_A = 0$$
$$\sum M_A(\boldsymbol{F}) = 0 : -P \times 2 + M + R_B \times 6 = 0$$
$$\sum Y = 0 : Y_A + R_B - P = 0$$

解得：$X_A = 0$，$Y_A = 7.67\text{kN}(\uparrow)$，$R_B = 2.33\text{kN}(\uparrow)$。

【例题 3-11】 外伸梁如图 3-30a) 所示，其中 $q = 5\text{kN/m}$，$M = 20\text{kN} \cdot \text{m}$，求 A、B 处的支座反力。

【解】 (1) 取梁为研究对象，进行受力分析，如图 3-30b) 所示。

(2) 建立坐标系，列平衡方程并求解：

$$\sum X = 0 : X_A = 0$$
$$\sum M_A(\boldsymbol{F}) = 0 : -5 \times 10 \times 5 - 20 + R_B \times 10 = 0$$
$$\sum Y = 0 : Y_A + R_B - 5 \times 10 = 0$$

解得:$X_A = 0, Y_A = 23\text{kN}(\uparrow), R_B = 27\text{kN}(\uparrow)$。

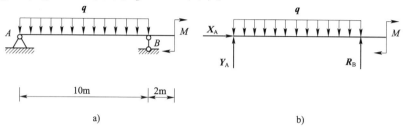

图 3-30 例题 3-11 图

【例题 3-12】 悬臂梁如图 3-31a)所示,$q = 2\text{kN/m}, p = 10\text{kN}, M = 15\text{kN}\cdot\text{m}$,求 A 点的支座反力。

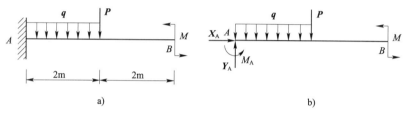

图 3-31 例题 3-12 图

【解】 (1)取梁为研究对象,进行受力分析,如图 3-31b)所示。
(2)建立坐标系,列平衡方程并求解:
$$\sum X = 0 : X_A = 0$$
$$\sum M_A(\boldsymbol{F}) = 0 : M_A - 2 \times 2 \times 1 - 10 \times 2 + 15 = 0$$
$$\sum Y = 0 : Y_A - 2 \times 2 - 10 = 0$$

解得:$X_A = 0, Y_A = 14\text{kN}(\uparrow), M_A = 9\text{kN}\cdot\text{m}$(逆时针方向)。

【例题 3-13】 水平外伸横梁 AB 的受力如图 3-32a)所示,其中 $F = 20\text{kN}, m = 16\text{kN}\cdot\text{m}, q = 20\text{kN/m}, a = 0.8\text{m}$。求 A、B 处的支座反力。

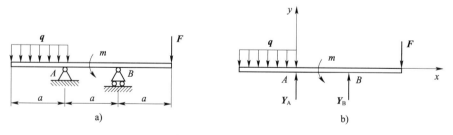

图 3-32 例题 3-13 图

【解】 (1)取梁为研究对象,进行受力分析,如图 3-32b)所示。
(2)建立坐标系,列平衡方程并求解:
$$\sum M_A(\boldsymbol{F}) = 0 : Y_B a + m - F \times 2a + qa \times \frac{a}{2} = 0$$
$$\sum Y = 0 : Y_A + Y_B - qa - F = 0$$

解得：$Y_A = 24\text{kN}(\uparrow), Y_B = 12\text{kN}(\uparrow)$。

【例题3-14】 悬臂刚架受力如图3-33所示，已知 $m = 15\text{kN} \cdot \text{m}, P = 25\text{kN}$，求 A 端的支座反力。

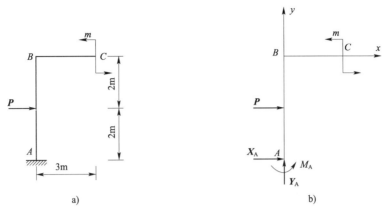

图3-33　例题3-14图

【解】 （1）取刚架为研究对象，进行受力分析，如图3-33b)所示。
(2)建立坐标系，列平衡方程：

$$\sum X = 0: P + X_A = 0$$

$$\sum Y = 0: Y_A = 0$$

$$\sum M_A(\boldsymbol{F}) = 0: M_A - 2P + m = 0$$

解得：$X_A = -25\text{kN}(\leftarrow), Y_A = 0, M_A = 35\text{kN} \cdot \text{m}(逆时针方向)$。

【例题3-15】 图3-34所示的刚架用铰支座 B 和支座链杆 A 固定。$F = 2\text{kN}, q = 500\text{N/m}$，求支座 A 和 B 的约束力。

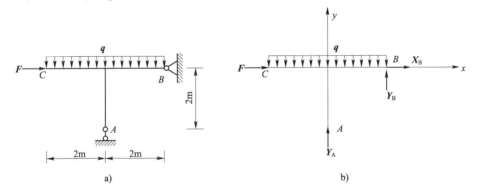

图3-34　例题3-15图

【解】 （1）取刚架为研究对象，进行受力分析，如图3-34b)所示。
(2)建立坐标系，列平衡方程：

$$\sum X = 0: F + X_B = 0$$

$$\sum M_B(\boldsymbol{F}) = 0: 4q \times 2 - 2Y_A = 0$$

$$\sum Y = 0: Y_A + Y_B - 4q = 0$$

解得：$Y_A = 2\text{kN}(\uparrow), X_B = -2\text{kN}(\rightarrow), Y_B = 0$。

2）物体系统的平衡问题

前面研究的都是单个物体的平衡问题,但工程中的结构,多为由构件组成的物体系统,即由几个物体通过约束组成的系统,简称**物系**。在研究物系中平衡问题时,不仅要研究外界物体对整个系统所作用的外力,往往还要求出系统内部各物体之间相互作用的力,即内力。这样就需要将系统中某个物体或系统局部单独取出来作为研究对象,才能求出所需的未知力。

【例题 3-16】 如图 3-35a)所示,组合梁的 AC 和 CD 在 C 点铰结,已知 $P_1 = 10$kN,$P_2 = 20$kN,P_2 与水平方向夹角为60°,不计梁的自重,求支座 A、B、D 及 C 处的约束反力。

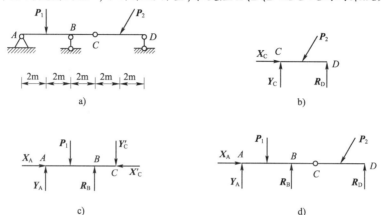

图 3-35 例题 3-16 图

【解】 此题要求解的未知量共有6个,最少需要选择2个研究对象。

(1) 将梁在 C 点假想的拆成两部分,由于 AC 部分的未知力较多,而 CD 部分只有3个未知力,因此,先以 CD 部分为研究对象,画受力图如图 3-35b)所示,列平衡方程:

$$\sum X = 0: X_C - P_2\cos 60° = 0$$

$$\sum M_C(\boldsymbol{F}) = 0: -P_2 \times 2\sin 60° + R_D \times 4 = 0$$

$$\sum Y = 0: Y_C + R_D - P_2\sin 60° = 0$$

解得:$X_C = 10$kN($\rightarrow$),$R_D = 8.66$kN($\uparrow$),$Y_C = 8.66$kN($\uparrow$)。

(2) 以 AC 部分为研究对象,画受力图如图 3-35c)所示,列平衡方程如下:

$$\sum X = 0: X_A - X'_C = 0$$

$$\sum M_A(\boldsymbol{F}) = 0: -P_1 \times 2 - Y'_C \times 6 + R_B \times 4 = 0$$

$$\sum Y = 0: Y_A + R_B - P_1 - Y'_C = 0$$

解得:$X_A = 10$kN($\rightarrow$),$R_B = 17.99$kN($\uparrow$),$Y_A = 0.67$kN($\uparrow$)。

(3) 校核:取整体梁为研究对象,画受力图如图 3-35d)所示,列平衡方程:

$$\sum X = X_A - P_2\cos 60° = 0$$

$$\sum Y = Y_A - P_1 + R_B - P_2\sin 60° + R_D = 0.67 - 10 + 17.99 - 17.32 + 8.66 = 0$$

校核结果说明计算正确。

【例题 3-17】 如图 3-36a)所示三铰刚架,求支座 A、B 的约束反力和铰 C 处的相互作用力。

【解】 (1) 取整体刚架为研究对象,画受力图如图 3-36b)所示,列平衡方程:

$$\sum M_A(\boldsymbol{F}) = 0: Y_B \times 12 - 10 \times 12 \times 6 = 0$$

$$\sum Y = 0: Y_A + Y_B - 10 \times 12 = 0$$

$$\sum X = 0: X_A - X_B = 0$$

解得:$Y_B = 60\text{kN}(\uparrow), Y_A = 60\text{kN}(\uparrow), X_A = X_B$。

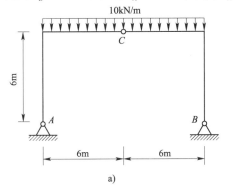
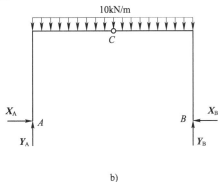
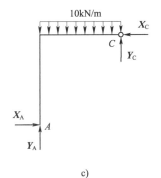
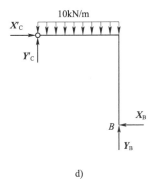

图 3-36 例题 3-17 图

(2) 以 AC 部分为研究对象,画受力图如图 3-36c) 所示,列平衡方程:

$$\sum M_C(\boldsymbol{F}) = 0: -Y_A \times 6 + X_A \times 6 + 10 \times 6 \times 3 = 0$$

$$\sum X = 0: X_A - X_C = 0$$

$$\sum Y = 0: Y_A + Y_C - 10 \times 6 = 0$$

解得:$X_A = 30\text{kN}(\rightarrow), X_B = 30\text{kN}(\leftarrow), X_C = 30\text{kN}(\leftarrow), Y_C = 0$。

(3) 校核:取 BC 部分为研究对象,画受力图如图 3-36d) 所示,列平衡方程:

$$\sum Y = Y_B - Y'_C - 10 \times 6 = 0$$

$$\sum M_C(\boldsymbol{F}) = -10 \times 6 \times 3 - X_B \times 6 + Y_B \times 6 = 0$$

校核结果说明计算正确。

【例题 3-18】 求图 3-37a) 所示人字梯 A、B 处的约束力和绳 DE 的拉力。

【解】 (1) 以人字梯整体为研究对象,作受力图如图 3-37b) 所示,建立平衡方程,求出 A、B 两处光滑面的约束力。

$$\sum M_A(\boldsymbol{F}) = 0: F_{NB} \times 2l\cos\theta - F\cos\theta \times 2l/3 = 0$$

$$\sum Y = 0: F_{NA} + F_{NB} - F = 0$$

解得:$F_{NB} = F/3, F_{NA} = 2F/3$。

(2)以 BC 部分为研究对象,作受力图如图 3-37c)所示,建立平衡方程,求绳子拉力 F_T。

$$\sum M_C(F) = 0 \quad F_{NB} \times l\cos\theta - F_T \times h = 0$$

解得:$F_T = Fl\cos\theta/(3h)$。

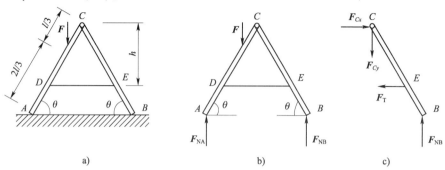

图 3-37 例题 3-18 图

(3)校核。可取 AC 部分为研究对象,列出其平衡方程,并将已求出的数值代入,验算是否满足平衡条件(请读者自己完成)。

通过上述问题的求解可以看到,物体系平衡问题的解法与单个物体平衡问题的解法并无实质性的区别,只是解物体系的平衡问题时需注意计算顺序而已。现将物体系问题的解题特点归纳如下:

(1)适当选取研究对象。物体系的未知量超过 3 个时,必须拆开物体系才能求出全部未知量。通常先选择受力情形最简单的某一部分(一个物体或几个物体)作为研究对象,且最好这个研究对象所包含的未知量个数不超过 3 个。需要将系统拆开时,要在各个物体连接处拆开,而不应将物体或杆件切断,但对二力杆可以切断。

(2)画受力图。画出研究对象整体或局部受力图,两个研究对象间相互作用的力要符合作用力与反作用力关系。

(3)根据选取的研究对象,建立平衡方程,求解未知力。

(4)校核计算结果。将计算未知力结果代入计算过程中未用过的平衡方程,计算是否满足平衡条件。若满足,说明计算结果正确,否则,应重新计算。

单 元 小 结

1)平面汇交力系

平面汇交力系平衡的充要条件是力系的合力等于零。

平面汇交力系的平衡方程为:

$$\begin{cases} \sum X = 0 \\ \sum Y = 0 \end{cases}$$

2)力矩

$m_O(F) = \pm F \cdot d$,力使物体绕矩心逆时针转动时,取正号;反之,取负号。

3)平面力偶系

平面力偶系的合力偶矩等于各分力偶矩的代数和,平衡的充要条件是各分力偶矩的代数和为零。

4）平面一般力系

平面一般力系可以最终合成一个合力或一个合力偶。

平面一般力系平衡的充要条件是力系的合力等于零,合力偶矩等于零。

平面一般力系的平衡方程为：

$$\begin{cases} \sum X = 0 \\ \sum Y = 0 \\ \sum m_O = 0 \end{cases} \quad 或 \quad \begin{cases} \sum X = 0 \\ \sum m_A(\boldsymbol{F}) = 0 \\ \sum m_B(\boldsymbol{F}) = 0 \end{cases} \quad 或 \quad \begin{cases} \sum m_A(\boldsymbol{F}) = 0 \\ \sum m_B(\boldsymbol{F}) = 0 \\ \sum m_C(\boldsymbol{F}) = 0 \end{cases}$$

自 我 检 测

3-1 已知 $F_1 = 30\text{kN}, F_2 = 20\text{kN}, F_3 = 50\text{kN}, F_4 = 40\text{kN}$,各力方向如图 3-38 所示,试分别求各力在 x 轴和 y 轴上的投影。

3-2 已知 $F_1 = F_2 = F_3 = 200\text{N}, F_4 = 100\text{N}$,各力方向如图 3-39 所示。求：

(1) 选取适当的坐标系计算力在坐标轴上的投影。

(2) 求该力系的合力。

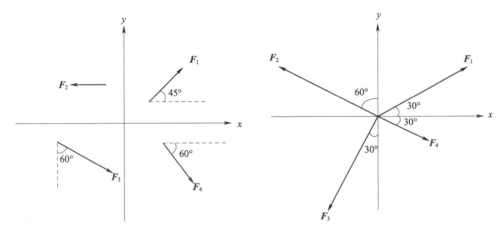

图 3-38 题 3-1 图   图 3-39 题 3-2 图

3-3 已知 $P = 10\text{kN}, A、B、C$ 三处都是铰结,杆自重不计,求图 3-40 所示三角支架各杆所受的力。

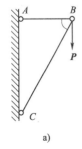 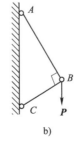 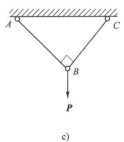

a)   b)   c)

图 3-40 题 3-3 图

3-4 如图 3-41 所示,已知重力为 G 的钢管被吊索 AB、AC 吊在空中,不计吊钩和吊索的自重,当重力 G 和夹角 α 已知时,求吊索 AB、AC 所受的力。

3-5 简易起吊机构如图 3-42 所示,重物吊在钢丝绳的一端,钢丝绳的另一端跨过定滑轮 A,绕在绞车 D 的鼓轮上,定滑轮用直杆 AB、AC 支撑。定滑轮的直径很小,可忽略不计,设重物的重力 $W=2\text{kN}$,其余各构件的自重不计,忽略摩擦,求直杆 AB、AC 所受的力。

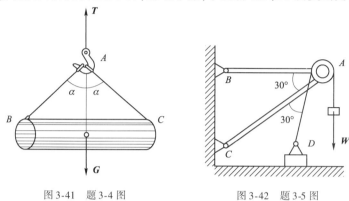

图 3-41 题 3-4 图　　图 3-42 题 3-5 图

3-6 求图 3-43 所示各杆件的作用力对杆端 O 点的力矩。

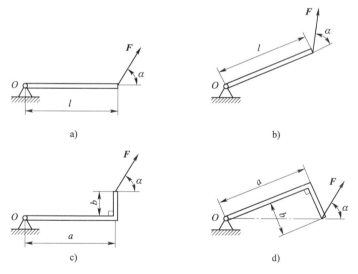

图 3-43 题 3-6 图

3-7 已知 $F=50\text{kN}$,试求图 3-44 中力 F 对点 A 和 B 的力矩。

3-8 如图 3-45a)、b)所示的单跨梁受力情况,试求梁上均布荷载 q 对 A 点的力矩。

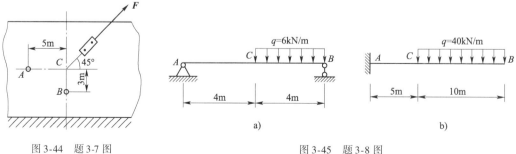

图 3-44 题 3-7 图　　图 3-45 题 3-8 图

3-9 已知梁 AB 上作用一力偶,力偶矩为 M,梁长为 l,梁重不计。求在图 3-46a)、b)、c) 三种情况下,支座 A 和 B 的约束力。

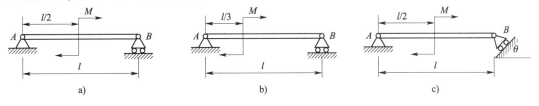

图 3-46 题 3-9 图

3-10 不计自重,水平梁的支撑和荷载如图 3-47 所示,求各梁的支座反力。

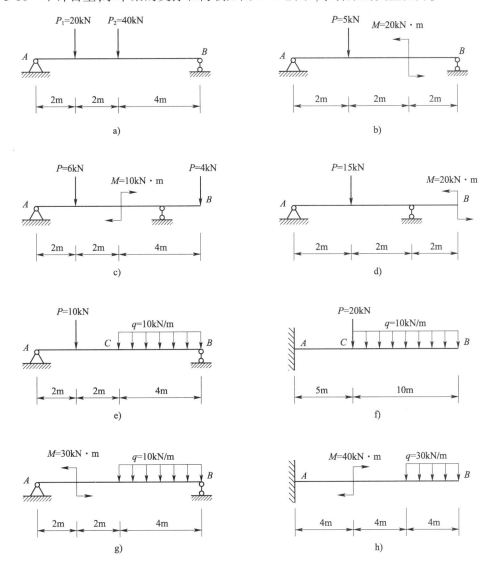

图 3-47 题 3-10 图

3-11 在图 3-48 所示刚架中,已知 $q=3\text{kN/m}$,$F=6\sqrt{2}\text{kN}$,不计刚架自重,求固定端 A 的约束力。

3-12 刚架的受力和尺寸如图 3-49 所示,求 A、B 处的约束反力。

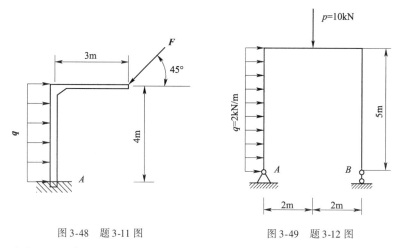

图 3-48 题 3-11 图　　　　图 3-49 题 3-12 图

3-13　不计自重,组合梁的支撑和荷载如图 3-50 所示,求支座反力。

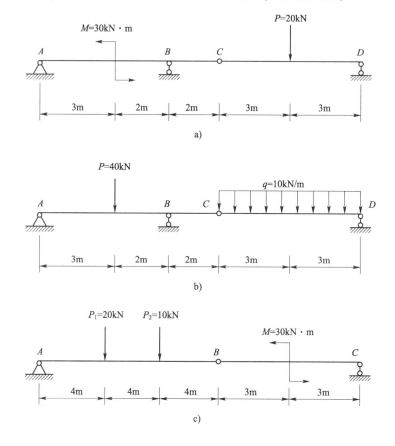

图 3-50　题 3-13 图

3-14　如图 3-51 所示三铰刚架,求支座 A、B 的约束反力和铰 C 处的相互作用力。

3-15　如图 3-52 所示,刚架 ABC 和刚架 CD 通过铰链 C 连接,并与地面通过铰链 A、D 连接,试求刚架的支座约束力。

3-16　如图 3-53 所示构架中,斜杆 BD 为二力杆,各杆均不计自重。荷载 $W = 1000\text{N}$,A 处为固定端,B、C、D 处为铰链。求固定端 A 的约束力和杆 BD 所受的力。

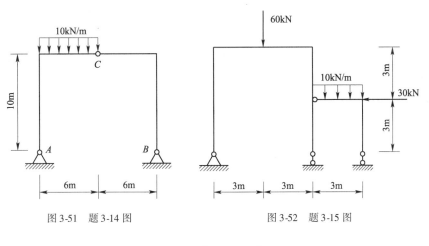

图 3-51　题 3-14 图　　　　　　图 3-52　题 3-15 图

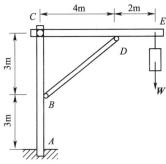

图 3-53　题 3-16 图

第二部分 材料力学

单元4 弹性变形体基本知识

单元学习任务：

1. 了解可变形固体的基本假设。
2. 掌握杆件四种基本变形的受力特点和变性特点。
3. 掌握内力、应力、变形和应变的含义。

从本单元开始，讨论的研究对象是变形体，属于固体力学的范畴。

本单元介绍变形体力学的基础知识，包括变形体力学的基本假设、分析杆件内力的截面法、应力和应变的初步概念以及单向胡克定律。

4.1 可变形固体的性质及基本假设

组成机械的零件和构成结构的元件，统称构件。制作构件所用的材料多种多样，其共同点是在受力后构件的形状和尺寸会产生改变，这种变化称为变形。在外力作用下会发生变形的固体称为变形体。

在外力撤去后，变形体的变形完全消失，变形体能恢复到未变形状态，则该变形称为**弹性变形**，此时变形体是处于弹性状态，或变形体是弹性体；而卸载后在变形体内遗留的或不能恢复的变形称为**塑性变形**。相对于构件尺寸，变形按大小可分为小变形和大变形。对小变形构件可不考虑变形对构件尺寸的影响，仍按构件的原始尺寸进行分析计算，从而使分析计算得到很大的简化。本书只研究变形体在弹性状态下的小变形问题。

在前面3个单元中，主要研究物体和物体系统在外力作用下的平衡问题，所以把物体看成刚体。所谓的刚体，实际上是变形很小时的理想模型。当研究构件的强度、刚度和稳定性问题时，构件的变形就成了主要影响因素。因此，必须把构件看作是变形固体。

工程中使用的固体材料是多种多样的，研究变形体，常常需要涉及材料本身。在力的作用下，不同的材料有着不同的变形性能。例如，在同样的拉伸荷载作用下，橡皮筋的变形大，铁丝的变形小等。材料的物质结构和性质比较复杂，为了研究的方便，通常采用下述假设建立可变形固体的理想化模型。

(1) 连续性假设

根据物质结构理论,固体是由不连续的粒子构成的,但粒子之间的空隙与构件的尺寸相比极其微小,可以忽略不计,因此,认为构件的整个体积内毫无空隙地充满了物质,即连续性假设。这样,物体内诸如位移、温度、密度等物理量可用坐标的连续函数来表示,并可采用无限小的分析方法。

(2) 均匀性假设

虽然组成固体的粒子彼此的物理性质并不完全相同,但因构件的任一部分都包含为数极多的微小粒子,而且无规则地排列着,从统计平均的角度看,同一材料所组成的构件,各处的物理性质完全相同。因此,认为构件内任取一部分,不论其体积大小如何,其力学性能完全相同,即均匀性假设。

(3) 各向同性假设

材料沿不同方向上的力学性能都相同,称为各向同性;沿不同方向的力学性能不同,称为各向异性。绝大多数材料,如金属、工程塑料、搅拌均匀的混凝土等,都可视作各向同性材料。例如,金属从微观上看是多晶体材料,单个晶体是各向异性的,但由于各晶体是随机排列的,在宏观上表现为各向同性。

在人们运用材料进行建筑、工业生产的过程中,需要对材料的实际承受能力和内部变化进行研究,这就催生了材料力学。运用材料力学知识,可以分析材料的强度、刚度和稳定性。材料力学还可用于机械设计,在相同的强度下,可以减少材料用量,优化机构设计,以达到降低成本、减轻重量等目的。在材料力学中,将研究对象看作均匀、连续且具有各向同性的线性弹性物体,但在实际研究中,不可能会有符合这些条件的材料,所以需要采用各种理论与实际方法对材料进行试验比较。

4.2 杆件变形的基本形式

杆件是工程实际中最常见、最基本的构件。在杆件上某处的所有截面中,面积最小的截面称为杆件的横截面。若杆件各处横截面都相同,则称为**等截面杆**,反之为**变截面杆**。横截面形心的连线称为杆件的轴线。轴线为直线的杆件为直杆,反之为曲杆。显然,轴线和横截面正交,如图4-1所示。

作用在杆件上的外力是多种多样的,所以,杆件的变形也是多种多样的。但分析后发现,杆件的基本变形形式有四种:**轴向拉伸(压缩)、剪切、扭转**和**弯曲**。

(1) 轴向拉伸(压缩)

在一对大小相等、方向相反、与杆件轴线重合的外力

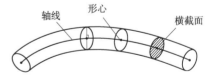

图4-1 杆的横截面和轴线

作用下,杆件将发生拉伸或压缩变形。如果这两个力相对,那么杆件会被压缩,变得短而粗;如果这两个力相反,那么杆件会被拉伸,变得长而细,如图4-2所示。桌子腿、椅子腿都是发生压缩变形的代表。我们的大小腿,在行走奔跑时也是处于受压缩状态,而系在我们腰间的皮带或者腰带,则处于受拉伸的状态。

(2) 剪切

在一对大小相等、方向相反、作用线相距很近的横向外力作用下,杆件的横截面将沿外力作用方向发生相对错动。用剪刀剪纸,纸发生的就是剪切变形,如图4-3所示。

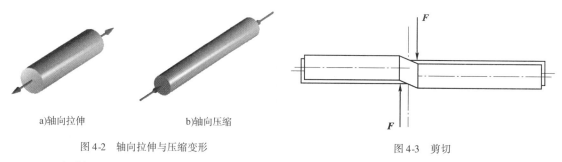

a)轴向拉伸　　　　b)轴向压缩

图 4-2　轴向拉伸与压缩变形

图 4-3　剪切

(3)扭转

在一对大小相等、转向相反、作用平面与杆轴线垂直的力偶作用下,杆件的任意两横截面将发生相对转动,如图 4-4 所示。

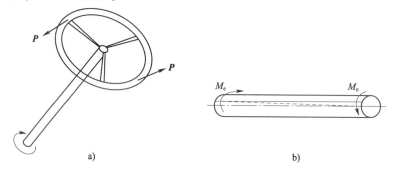

图 4-4　扭转

(4)弯曲

在一对大小相等、转向相反、位于杆件的纵向对称平面内的力偶作用下或受垂直于杆轴线的横向力作用,杆的轴线由直线弯曲成曲线,如图 4-5 所示。

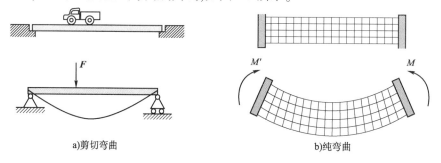

a)剪切弯曲　　　　　　　　　　　　　b)纯弯曲

图 4-5　弯曲

杆件的变形是多种多样的,可能是一种基本变形,也可能是两种或两种以上基本变形的组合,称为组合变形。本书中我们将主要研究四种基本变形。

4.3　内力和截面法

为了研究杆件在外力作用下的变形,首先需要了解杆件内部的受力情况。构件内部各质点之间存在着相互作用力,这种相互作用力使构件保持一定的形状。构件在外力作用下产生变形,同时也引起内部各质点间相互作用力的改变。

内力是指杆件内部两相邻部分之间的相互作用力。内力是由于外力(或其他外部因素)

作用而引起物体内部作用力的改变量,因此,材料力学把构件不受外力作用时的内力看作零,而把外力作用后引起的内力改变量称为附加内力,简称内力。

构件的强度、刚度和稳定性与内力的大小及其在构件内的分布方式密切相关,所以,内力分析是解决构件强度、刚度和稳定性问题的基础。

与理论力学里通过取分离体对物体进行受力分析的方法类似,分析构件的内力需采用截面法。如图4-6a)所示,假想截面$m-m$将该构件切开,即解除它们间的相互约束,相应的内力即显示出来。由连续性假设可知,内力是作用在切开面上的连续分布力,如图4-6b)所示。利用任一部分的平衡条件,便可确定其主矢和主矩的大小和方向。为研究方便起见,如图4-6c)所示,以横截面形心O为坐标原点,以杆件轴线为x轴,横截面即为Oyz平面。将内力向点O简化,并将得到的主矢和主矩沿坐标轴分解,得到6个内力分量:主矢分量F_N、F_{Sy}和F_{Sz},主矩分量T、M_y和M_z。

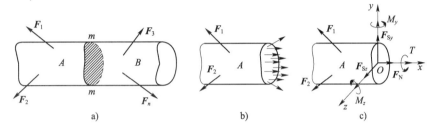

图4-6 截面法

单个内力分量将使杆件产生某一基本变形,如图4-7所示,分别叙述如下:

轴力F_N沿杆件轴线,使杆件产生轴向伸长或缩短,如图4-7a)所示。

剪力F_{Sy}、F_{Sz}在横截面内,使杆件的相邻横截面产生相对错动,如图4-7b)所示。

弯矩M_y、M_z分别沿y轴和z轴,使杆件轴线变弯曲,如图4-7c)所示。

扭矩T沿杆件轴线,使横截面绕轴线作相对旋转的趋势,如图4-7d)所示。

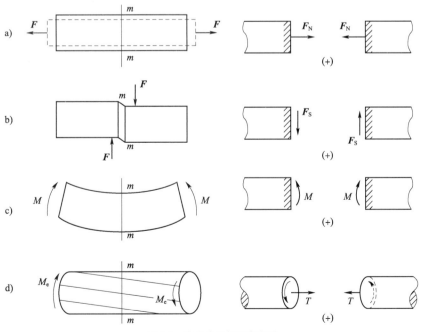

图4-7 内力分量与基本变形

4.4 应力和应变

要了解构件在外力作用下的强度,不但要知道当外力达到一定数值时构件在哪一个截面上破坏,而且还要知道在该截面上各点处内力的分布情况及内力密集程度(简称为内力集度),故引入有关应力的概念。

应力和应变是变形体力学中最重要的两个基本概念。应力刻画了截面上任一点处内力的强弱程度,应变则描述了构件内一点在不同方向上的变形程度。对于大多数材料,应力和应变之间存在线性关系。

4.4.1 应力

如图 4-8a)所示,在截面 $m-m$ 上任一点 K 的周围取微小面积 ΔA,设作用在 ΔA 上的内力为 ΔF。根据连续性假设,当 ΔA 趋近零时,ΔF 与 ΔA 的比值应存在一极限,该极限值称为截面 $m-m$ 上 K 点处的应力或总应力,即

$$p = \lim_{\Delta A \to 0} \frac{\Delta F}{\Delta A} \tag{4-1}$$

截面上一点处的应力 p 是一个矢量,为分析方便,将应力 p 沿截面的法向和切向分解成两个分量 σ 和 τ,如图 4-8b)所示。沿截面法向的应力分量 σ 称为正应力,沿截面切向的应力分量 τ 称为剪应力。

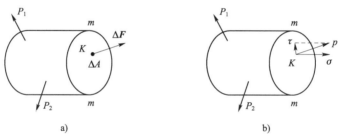

图 4-8 应力

在国际单位中,应力的基本单位是 N/m^2(牛顿/米^2),其代号为 Pa(帕斯卡、帕),应力的常用单位为 MPa(兆帕),这些单位之间的关系为 $1MPa = 10^6 Pa$。

构件内的任意点沿不同的截面具有不同的应力,一般随着截面的方位不同而变化。一点处各个截面上应力的集合,统称为该点的应力状态。

4.4.2 应变

物体在受到外力作用而产生变形时,通常内部各点的变形程度并不相同。为了研究物体内某点处的变形,设想围绕该点截取一微小的正方体,受力变形后,微体各棱边的长度将发生改变,如图 4-9 所示。例如,平行于 x 轴的棱边 AB 原长为 Δx,变形之后长度为 $\Delta x + \Delta u$,如图 4-9b)所示。Δu 为 Δx 上的总变形量,为精确描述 A 点处的变形程度,定义极限值:

$$\varepsilon_x = \lim_{\Delta x \to 0} \frac{\Delta u}{\Delta x} \tag{4-2}$$

ε_x 表示 A 点处沿 x 方向的**线应变**或**正应变**,它表示在 A 点处每单位长的伸长或缩短。线应变是无量纲的量。

另一方面,微体变形之后,原来相互垂直的各棱边之间的直角也要发生改变,如图4-9c)所示。直角的改变量称为**切应变**,用 γ 表示。例如,x、y 方向直角的改变量,即剪应变,用 γ_{xy} 来表示。切应变用弧度表示,也是无量纲的量。

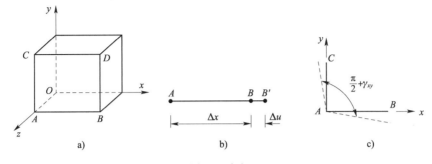

图4-9 应变

一般来说,构件内任一点处沿不同方向线应变的大小和任意两正交线段的剪应变的大小都是不相同的。构件内任一点所有线应变和剪应变的集合,统称为该点的**应变状态**。

4.4.3 胡克定律

由特定材料制成的构件受力变形后,应力和应变之间呈现出确定的函数关系,这是由材料本身性质所确定的,称为材料的**本构关系**。对于工程中常用的材料,材料的力学性能试验表明,当应力不超过某一限度时,应力与应变之间存在正比关系,这一关系也称为**胡克定律**。

图4-10a)表示单向(单轴)应力状态,单向拉伸(压缩)情况下的胡克定律为:

$$\sigma = E\varepsilon \tag{4-3}$$

其中,正比系数 E 称为弹性模量或杨氏模量。

图4-10b)表示纯剪剪应力状态,这种应力状态下的胡克定律为:

$$\tau = G\gamma \tag{4-4}$$

其中,正比系数 G 称为剪切模量。

E 和 G 的量纲与应力的量纲相同,单位是 Pa 或 GPa($1\text{GPa} = 1.0 \times 10^9 \text{Pa}$),其具体数值可通过材料力学性能试验测定。

满足胡克定律的材料称为线弹性材料。线弹性材料的力学性能由 E 和 G 完全确定。对于 E 和 G,存在如下关系:

$$G = \frac{E}{2(1+\mu)} \tag{4-5}$$

其中,μ 称为材料的横向收缩系数或泊松比,也是线弹性材料的物性参数。在实际应用中,通常使用 E 和 μ 来描述材料性质。

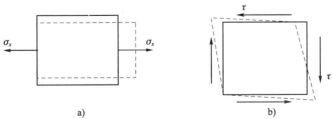

图4-10 胡克定律

单 元 小 结

1）变性固体的性质及基本假设
(1) 连续性假设。
(2) 均匀性假设。
(3) 各向同性假设。

2）杆件变形的四种基本形式
(1) 轴向拉伸（压缩）。在一对大小相等、方向相反、与杆件轴线重合的外力作用下，杆件将发生拉伸或压缩变形。
(2) 剪切。在一对大小相等、方向相反、作用线相距很近的横向外力作用下，杆件的横截面将沿外力作用方向发生相对错动。
(3) 扭转。在一对大小相等、转向相反、作用平面与杆轴线垂直的力偶作用下，杆件的任意两横截面将发生相对转动。
(4) 弯曲。在一对大小相等、转向相反、位于杆件的纵向对称平面内的力偶作用下或受垂直于杆轴线的横向力作用，杆的轴线由直线弯曲成曲线。

3）内力和截面法
内力是指杆件内部两相邻部分之间的相互作用力。内力是由于外力（或其他外部因素）作用而引起物体内部作用力的改变量。分析构件的内力需采用截面法。

4）应力和应变
应力刻画了截面上任一点处内力的强弱程度，沿截面法向的应力分量 σ 称为正应力，沿截面切向的应力分量 τ 称为剪应力。

应变描述了构件内一点在不同方向上的变形程度，分为线应变（正应变）ε 和切应变 γ，应变是无量纲的量。当应力不超过某一限度时，应力与应变之间存在正比关系，这一关系也称为胡克定律。

自 我 检 测

4-1 杆件变形四种基本形式的受力特点和变形特点各是什么？
4-2 什么是应力和应变？

单元 5　轴向拉伸和压缩

单元学习任务：

1. 正确理解拉(压)杆的内力、应力、变形、应变、许用应力、安全系数等概念。
2. 熟练求解拉(压)杆的内力、变形、应力、应变。
3. 熟练绘制拉(压)杆的轴力图。
4. 熟练应用拉(压)杆的强度条件进行强度计算。

5.1　轴向拉伸和压缩的概念

工程实际中，发生轴向拉伸或压缩变形的构件很多，例如，钢木组合桁架中的钢拉杆(图 5-1)和三角支架 ABC(图 5-2)中的杆。作用于杆上的外力(或外力合力)的作用线与杆的轴线重合，在这种轴向荷载作用下，杆件以轴向伸长或缩短为主要变形形式，称为**轴向拉伸**或**轴向压缩**。以轴向拉压为主要变形的杆件，称为拉(压)杆。

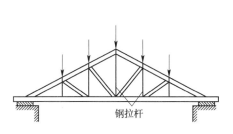

图 5-1　钢木组合桁架

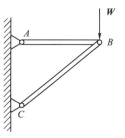

图 5-2　三角支架

实际拉(压)杆的端部连接情况和传力方式是各不相同的，但在讨论时可以将它们简化为一根等截面的直杆(等直杆)，两端的力系用合力代替，其作用线与杆的轴线重合，则其计算简图如图 5-3 所示。

本单元主要研究拉(压)杆的内力、应力及变形的计算，同时还将通过拉伸和压缩试验，来研究材料在拉伸与压缩时的力学性能。

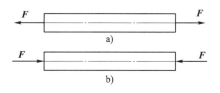

图 5-3　拉(压)杆计算简图

5.2　轴力、轴力图

在研究杆件的强度、刚度等问题时，都需要首先求出杆件的内力。关于内力的概念及其计算方法，已在上一单元中阐述。如图 5-4a)所示，等直杆在拉力的作用下处于平衡，欲求某横

截面 $m-m$ 上的内力。按截面法,先假想将杆沿 $m-m$ 截面截开,留下任一部分作为脱离体进行分析,并将去掉部分对留下部分的作用以分布在截面 $m-m$ 上各点的内力来代替,如图5-4b)所示。对于留下部分而言,截面 $m-m$ 上的内力就成为外力。由于整个杆件处于平衡状态,杆件的任一部分均应保持平衡。于是,杆件横截面 $m-m$ 上的内力系的合力(轴力) N 与其左端外力 F 形成共线力系,由平衡条件得: $N=F$。

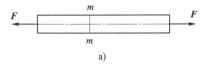

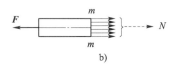

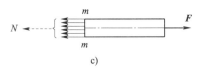

图 5-4 轴力

N 为杆件任一横截面上的内力,其作用线与杆的轴线重合,即垂直于横截面并通过其形心。这种内力称为轴力,用 N 表示。

若在分析时取右段为脱离体,如图5-4c)所示,则由作用与反作用原理可知,右段在截面上的轴力与前述左段上的轴力数值相等而指向相反。当然,同样也可以由右段的平衡条件来确定轴力。

对于压杆,同样可以通过上述过程求得其任一横截面上的轴力 N。为了研究方便,给轴力规定一个正负号:当轴力的方向与截面的外法线方向一致时,杆件受拉,规定轴力为正,称为拉力;反之,杆件受压,轴力为负,称为压力。

当杆受到多个轴向外力作用时,在杆不同位置的横截面上,轴力往往不同。为了形象而清晰地表示横截面上的轴力沿轴线变化的情况,可用平行于轴线的坐标表示横截面的位置,称为基线,用垂直于轴线的坐标表示横截面上轴力的数值,正的轴力(拉力)画在基线的上侧,负的轴力(压力)画在基线的下侧。这样绘出的轴力沿杆件轴线变化的图线,称为**轴力图**。

【**例题 5-1**】 一等截面直杆所受外力如图5-5a)所示,试求各段截面上的轴力,并作杆的轴力图。

【**解**】 在 AB 段范围内任一横截面处将杆截开,取左段为脱离体,如图5-5b)所示,假定轴力 N 为拉力(以后轴力都按拉力假设),由平衡方程:

$$\sum X = 0: N_1 - 30 = 0$$

得:

$$N_1 = 30\text{kN} \quad (拉力)$$

同理,如图5-5c)所示,可求得 BC 段内任一横截面上的轴力为:

$$N_2 = 30 + 40 = 70\text{kN} \quad (拉力)$$

在求 CD 段内的轴力时,将杆截开后取右段为脱离体,如图5-5d)所示,因为右段杆上包含的外力较少。由平衡方程:

$$\sum X = 0: -N_3 - 30 + 20 = 0$$

得:

$$N_3 = -30 + 20 = -10\text{kN} \quad (压力)$$

同理,可得 DE 段内任一横截面上的轴力:

$$N_4 = 20\text{kN} \quad (拉力)$$

按上述作轴力图的规则,作出杆件的轴力图如图5-5f)所示。$N_{\max}$ 发生在 BC 段内的任一横截面上,其值为70kN。

由上述计算可见,在求轴力时,先假设未知轴力为拉力,则得数前的正负号,既表明所设轴力的方向是否正确,也符合轴力的正负号规定。

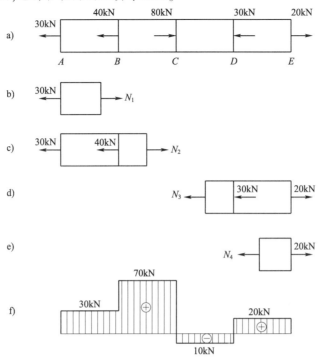

图 5-5　例题 5-1 图

【例题 5-2】 变截面杆受力情况如图 5-6 所示,试求杆各段轴力并作轴力图。

【解】（1）计算杆各段的轴力

$$N_1 = 2 - 3 + 5 = 4\text{kN}$$
$$N_2 = 2 - 3 = -1\text{kN}$$
$$N_3 = 2\text{kN}$$

(2) 作轴力图

以平行于轴线的 x 轴为横坐标,垂直于轴线的 N 轴为纵坐标,将两段轴力标在坐标轴上,作出轴力图,如图 5-6b) 所示。

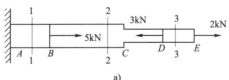

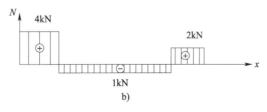

图 5-6　例题 5-2 图

【例题 5-3】 图 5-7a) 表示一等直木柱,若此柱在横截面 A 和 B 的中心受有轴向荷载 $P_1 = P_2 = 100\text{kN}$,试求柱中各段的轴力并作出轴力图。

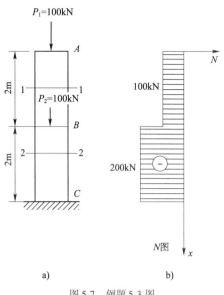

图 5-7 例题 5-3 图

【解】 (1) 计算杆各段的轴力

$$N_1 = -100\text{kN}$$

$$N_2 = -100 - 100 = -200\text{kN}$$

(2) 作轴力图

取直角坐标系,以与杆轴线平行的坐标为 x 轴,表示截面位置,与杆轴线垂直的坐标轴为 N 轴,表示横截面上轴力的大小,作出轴力图,如图 5-7b) 所示。

5.3 拉(压)杆横截面上的应力

要确定拉(压)杆横截面上的应力,必须了解其内力系在横截面上的分布规律。由于内力与变形有关,因此,首先通过实验来观察杆的变形。取一等截面直杆,如图 5-8a) 所示,事先在其表面刻两条相邻的横截面的边界线(ab 和 cd)和若干条与轴线平行的纵向线,然后在杆的两端沿轴线施加一对拉力 F,使杆发生变形,此时可观察到:①所有纵向线发生伸长,且伸长量相等;②横截面边界线发生相对平移。ab、cd 分别移至 a_1b_1、c_1d_1,但仍为直线,并仍与纵向线垂直,如图 5-8b) 所示。根据这一现象可作如下假设:变形前为平面的横截面,变形后仍为平面,只是相对地沿轴向发生了平移,这个假设称为**平面假设**。

根据这一假设,任意两横截面间的各纵向纤维的伸长均相等。根据材料均匀性假设,在弹性变形范围内,变形相同时,受力也相同,于是可知内力系在横截面上均匀分布,即横截面上各点的

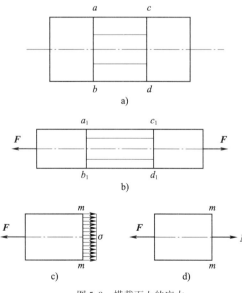

图 5-8 横截面上的应力

应力可用求平均值的方法得到。由于拉(压)杆横截面上的内力为轴力,其方向垂直于横截面,且通过截面的形心,而截面上各点处应力与微面积 dA 之乘积的合成即为该截面上的内力。显然,截面上各点处的剪应力不可能合成为一个垂直截面的轴力。所以,与轴力相应的只可能是垂直于截面的正应力 σ,设轴力为 N,横截面面积为 A,由此可得:

$$\sigma = \frac{N}{A} \tag{5-1}$$

式中,若 N 为拉力,则 σ 为拉应力;若 N 为压力,则 σ 为压应力。σ 的正负规定与轴力相同,拉应力为正,压应力为负,如图 5-8c)和 d)所示。

【例题 5-4】 一正方形截面的阶梯形砖柱,其受力情况、各段长度及横截面尺寸如图 5-9a)所示。已知 $P=40\text{kN}$,试求荷载引起的最大工作应力。

【解】 首先作柱的轴力图,如图 5-9b)所示。由于此柱为变截面杆,应分别求出每段柱的横截面上的正应力,从而确定全柱的最大工作应力。

Ⅰ、Ⅱ 两段柱横截面上的正应力,分别由已求得的轴力和已知的横截面尺寸算得:

$$\sigma_1 = \frac{N_1}{A_1} = \frac{-40 \times 10^3}{240 \times 240} = -0.69\text{MPa} \quad (压应力)$$

$$\sigma_2 = \frac{N_2}{A_2} = \frac{-120 \times 10^3}{370 \times 370} = -0.88\text{MPa} \quad (压应力)$$

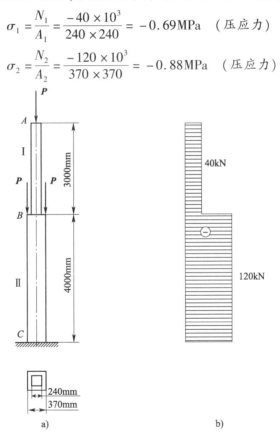

图 5-9 例题 5-4 图

由上述结果可见,砖柱的最大工作应力在柱的下段,其值为 0.88MPa,是压应力。

【例题 5-5】 图 5-10a)所示桁架,已知 $F=791\text{N}$,AB 和 BC 杆的横截面均为圆形,直径分别为 10mm 和 8mm,试求 AB 和 BC 杆的正应力。

【解】 (1)计算两杆轴力。以 A 点为研究对象,画受力图,如图 5-10b)所示,建立坐标系,列平衡方程:

$$\sum X = 0: N_{BC} - F\cos 60° = 0 \quad N_{BC} = 395.5\text{N} \quad (拉力)$$
$$\sum Y = 0: N_{BA} - F\sin 60° = 0 \quad N_{BA} = 685\text{N} \quad (拉力)$$

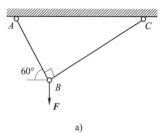 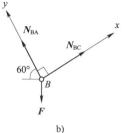

图 5-10 例题 5-5 图

(2) 求 AB 和 BC 杆的正应力 σ_{AB}、σ_{BC}。

$$\sigma_{AB} = \frac{N_{BA}}{A_{BA}} = \frac{4 \times 685}{\pi \times 10^2} = 8.73 \text{MPa} \quad (拉应力)$$

$$\sigma_{BC} = \frac{N_{BC}}{A_{BC}} = \frac{4 \times 395.5}{\pi \times 8^2} = 7.87 \text{MPa} \quad (拉应力)$$

5.4 拉(压)杆的变形

5.4.1 绝对变形、胡克定律

试验表明,当拉杆沿其轴向伸长时,其横向将缩短,如图 5-11a) 所示;压杆则相反,轴向缩短时,横向增大,如图 5-11b) 所示。

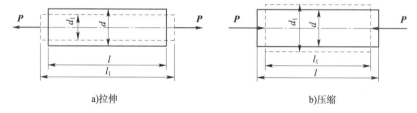

a)拉伸　　　　　　　　　　　　b)压缩

图 5-11 拉(压)变形

设 l、d 为直杆变形前的长度与直径,l_1、d_1 为直杆变形后的长度与直径,则轴向和横向变形分别为:

$$\Delta l = l_1 - l \tag{5-2}$$
$$\Delta d = d_1 - d \tag{5-3}$$

Δl 与 Δd 称为绝对变形。由式(5-2)、式(5-3)可知,Δl 与 Δd 符号相反。

试验结果表明:如果所施加的荷载使杆件的变形处于弹性范围内,杆的轴向变形 Δl 与杆所承受的轴向荷载 P、杆的原长 l 成正比,而与其横截面面积 A 成反比,写成关系式为:

$$\Delta l \propto \frac{Pl}{A}$$

引进比例常数 E,则有 $\Delta l = \frac{Pl}{EA}$。

由于 $P = N$,故上式可改写为:

$$\Delta l = \frac{Nl}{EA} \tag{5-4}$$

这一关系式称为**胡克定律**。式中的比例常数 E 称为杆材料的**弹性模量**，其单位为 Pa。E 的数值随材料而异，是通过试验测定的，其值表征材料抵抗弹性变形的能力。EA 称为杆的拉伸(压缩)刚度，对于长度相等且受力相同的杆件，其拉伸(压缩)刚度越大，则杆件的变形越小。Δl 的正负与轴力 N 一致。

当拉(压)杆有两个以上的外力作用时，需先画出轴力图，然后按式(5-4)分段计算各段的变形，各段变形的代数和即为杆的总变形。

5.4.2 相对变形、泊松比

绝对变形的大小只反映杆的总变形量，而无法说明杆的变形程度。因此，为了度量杆的变形程度，还需计算单位长度内的变形量。对于轴力为常量的等截面直杆，其变形处处相等。可将 Δl 除以 l，Δd 除以 d 表示单位长度的变形量，即

$$\varepsilon = \frac{\Delta l}{l} \tag{5-5}$$

$$\varepsilon' = \frac{\Delta d}{d} \tag{5-6}$$

ε 称为纵向线应变，ε' 称为横向线应变。应变是单位长度的变形，是没有单位的量。由于 Δl 与 Δd 具有相反符号，因此，ε 与 ε' 也具有相反的符号。将式(5-4)代入式(5-5)，得胡克定律的另一表达形式为：

$$\varepsilon = \frac{\sigma}{E} \tag{5-7}$$

显然，式(5-7)中的纵向线应变 ε 和横截面上正应力的正负号也是相对应的。式(5-7)是经过改写后的胡克定律。

试验表明，当拉(压)杆内应力不超过某一限度时，横向线应变 ε' 与纵向线应变 ε 之比的绝对值为一常数，即

$$\mu = \left| \frac{\varepsilon'}{\varepsilon} \right| \tag{5-8}$$

μ 称为**横向变形因数**或**泊松比**，是无因次的量，其数值随材料而异，也是通过试验测定的。
弹性模量 E 和泊松比 μ 都是材料的弹性常数。几种常用材料的 E 和 μ 值可参阅表5-1。

常用材料的 E、μ 的数值　　　　　　表5-1

材料名称	E(GPa)	μ
低碳钢	196~216	0.25~0.33
中碳钢	205	—
合金钢	186~216	0.24~0.33
灰口铸铁	78.5~157	0.23~0.27
球墨铸铁	150~180	—
铜及其合金	72.6~128	0.31~0.742
铝合金	70	0.33
混凝土	15.2~36	0.16~0.18
木材(顺纹)	9~12	0.33

【例题 5-6】 已知阶梯形直杆受力如图 5-12a)所示,材料的弹性模量 $E=200\text{GPa}$,杆各段的横截面面积分别为 $A_{AB}=A_{BC}=1500\text{mm}^2$,$A_{CD}=1000\text{mm}^2$。要求:(1)作轴力图;(2)求各段的纵向(轴向)变形;(3)求 D 截面的位移;(4)求各段的线应变。

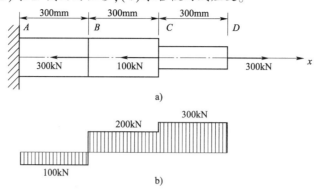

图 5-12 例题 5-6 图

【解】 (1)画轴力图。因为在 A、B、C、D 处都有集中力作用,所以 AB、BC 和 CD 三段杆的轴力各不相同。应用截面法得:

$$N_{AB} = 300 - 100 - 300 = -100\text{kN}$$
$$N_{BC} = 300 - 100 = 200\text{kN}$$
$$N_{CD} = 300\text{kN}$$

轴力图如图 5-12b)所示。

(2)求各段的纵向(轴向)变形。因为杆各段轴力不等,且横截面面积也不完全相同,因而必须分段计算各段的变形,然后求和。各段杆的轴向变形分别为:

$$\Delta l_{AB} = \frac{N_{AB} l_{AB}}{E A_{AB}} = \frac{-100 \times 10^3 \times 300}{200 \times 10^3 \times 1500} = -0.1\text{mm}$$

$$\Delta l_{BC} = \frac{N_{BC} l_{BC}}{E A_{BC}} = \frac{200 \times 10^3 \times 300}{200 \times 10^3 \times 1500} = 0.2\text{mm}$$

$$\Delta l_{CD} = \frac{N_{CD} l_{CD}}{E A_{CD}} = \frac{300 \times 10^3 \times 300}{200 \times 10^3 \times 1000} = 0.45\text{mm}$$

(3)求 D 截面的位移。

$$\Delta l_D = \Delta l_{AB} + \Delta l_{BC} + \Delta l_{CD} = -0.1 + 0.2 + 0.45 = 0.55\text{mm}$$

(4)求各段的线应变。

$$\varepsilon_{AB} = \frac{\Delta l_{AB}}{l_{AB}} = -\frac{0.1}{300} = -3.33 \times 10^{-4}$$

$$\varepsilon_{BC} = \frac{\Delta l_{BC}}{l_{BC}} = \frac{0.2}{300} = 6.67 \times 10^{-4}$$

$$\varepsilon_{CD} = \frac{\Delta l_{CD}}{l_{CD}} = \frac{0.45}{300} = 15 \times 10^{-4}$$

【例题 5-7】 短柱承受荷载 $P_1 = 580\text{kN}$,$P_2 = 660\text{kN}$,如图 5-13a)所示,其上面部分的长度

$l_1 = 0.6\text{m}$,截面为正方形(边长为70mm),下面部分的长度 $l_2 = 0.7\text{m}$,截面也为正方形(边长为120mm)。设 $E = 200\text{GPa}$,要求:(1)作轴力图;(2)求短柱顶面的位移;(3)求上面部分的线应变和下面部分的线应变之比值。

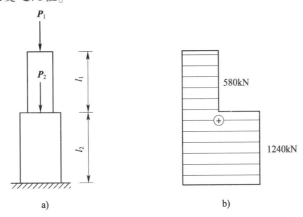

图 5-13 例题 5-7 图

【解】 (1)画轴力图。

$$N_1 = -580\text{kN}$$
$$N_2 = -1240\text{kN}$$

轴力图如图 5-13b)所示。
(2)短柱顶面的位移。

$$\Delta l_1 = \frac{N_1 l_1}{EA_1} = \frac{580 \times 600}{200 \times 70^2} = 0.355\text{mm}$$

$$\Delta l_2 = \frac{N_2 l_2}{EA_2} = \frac{1240 \times 700}{200 \times 120^2} = 0.301\text{mm}$$

短柱顶面的总位移为:

$$\Delta l = \Delta l_1 + \Delta l_2 = 0.355 + 0.301 = 0.656\text{mm}$$

(3)上、下两部分应变之比。

$$\varepsilon_1 = \frac{\Delta l_1}{l_1} = \frac{0.355}{600} = 59.16 \times 10^{-5}$$

$$\varepsilon_2 = \frac{\Delta l_2}{l_2} = \frac{0.301}{700} = 43 \times 10^{-5}$$

$$\frac{\varepsilon_1}{\varepsilon_2} = \frac{59.16 \times 10^{-5}}{43 \times 10^{-5}} = 1.375$$

5.5 材料在拉伸和压缩时的力学性能

材料力学是研究受力构件的强度和刚度等问题的。而构件的强度和刚度,除了与构件的几何尺寸及受力情况有关外,还与材料的力学性能有关。实验指出,材料的力学性能不仅取决于材料本身的成分、组织以及冶炼、加工、热处理等过程,而且与加载方式、应力状态和温度有关。本节主要介绍工程中常用材料在常温、静载条件下的力学性能。

在常温、静载条件下,材料常分为塑性材料和脆性材料两大类,本节重点讨论它们在拉伸和压缩时的力学性能。

5.5.1 材料的拉伸和压缩试验

在进行拉伸试验时,先将材料加工成符合国家标准的试样。为了避开试样两端受力部分对测试结果的影响,试验前先在试样的中间等直部分上画两条横线,如图5-14所示。当试样受力时,横线之间的一段杆中任何横截面上的应力均相等,这一段即为杆的工作段,其长度称为**标距**。在试验时就量测工作段的变形。常用的试样有圆形截面和矩形截面两种。为了能比较不同粗细的试样其工作段在拉断后的变形程度,通常对圆形截面标准试样的标距长度 l 与其横截面直径 d 的比例加以规定。矩形截面标准试样,则规定其标距长度 l 与横截面面积 A 的比例。常用的标准比例有两种,即

$$l = 10d \text{ 和 } l = 5d \quad (对圆形截面试样)$$

或

$$l = 11.3\sqrt{A} \text{ 和 } l = 5.65\sqrt{A} \quad (对矩形截面试样)$$

压缩试样通常用圆形截面或正方形截面的短柱体,如图5-15所示,其长度 l 与横截面直径 d 或边长 b 的比值一般规定为 1~3,这样才能避免试样在试验过程中被压弯。

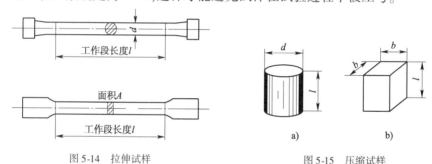

图5-14 拉伸试样　　　　　图5-15 压缩试样

拉伸或压缩试验时使用的设备是多功能万能试验机。万能试验机由机架、加载系统、测力示值系统、载荷位移记录系统以及夹具、附具等组成,关于其具体构造和原理,可参阅有关材料力学实验书籍。

5.5.2 低碳钢拉伸时的力学性能

将准备好的低碳钢试样装到试验机上,开动试验机使试样两端受轴向拉力 F 的作用。当力 F 由零逐渐增加时,试样逐渐伸长,用仪器测量标距 l 的伸长值 Δl,将各 F 值与相应的 Δl 值记录下来,直到试样被拉断时为止。然后,以 Δl 为横坐标,F 为纵坐标,在纸上标出若干个点,以曲线相连,可得一条 $F-\Delta l$ 曲线,如图5-16所示,称为低碳钢的拉伸曲线或拉伸图。一般万能试验机可以自动绘出拉伸曲线。

低碳钢试样的拉伸图只能代表试样的力学性能,因为该图的横坐标和纵坐标均与试样的几何尺寸有关。为了消除试样尺寸的影响,将拉伸图中的 F 值除以试样横截面的原面积,即用应力来表示:$\sigma = F/A$;将 Δl 除以试样工作段的原长 l,即用应变来表示:$\varepsilon = \Delta l/l$。这样,所得曲线即

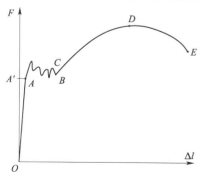

图5-16 低碳钢拉伸图($F-\Delta l$ 曲线)

与试样的尺寸无关,而可以代表材料的力学性质,称为应力—应变曲线或 σ—ε 曲线,如图 5-17 所示。

低碳钢是工程中使用最广泛的材料之一,同时,低碳钢试样在拉伸试验中所表现出的变形与抗力之间的关系也比较典型。由 σ—ε 曲线图可见,低碳钢在整个拉伸试验过程中大致可分为 4 个阶段。

(1) 弹性阶段(图 5-17 中的 Oa' 段)

这一阶段试样的变形完全是弹性的,全部卸除荷载后,试样将恢复其原长,这一阶段称为弹性阶段。该阶段曲线有两个特点:一是 Oa 段是一条直线,它表明在这段范围内,应力与应变成正比,即

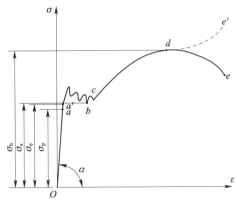

图 5-17 低碳钢拉伸 σ—ε 曲线图

$\sigma = E\varepsilon$。比例系数 E 即为弹性模量,在图 5-17 中 $E = \tan\alpha$,此式所表明的关系即胡克定律。成正比关系的最高点 a 所对应的应力值 σ_p,称为**比例极限**,Oa 段称为线性弹性区。低碳钢的 $\sigma_p = 200\text{MPa}$。

另一特点是 aa' 段为非直线段,它表明应力与应变成非线性关系。试验表明,只要应力不超过 a' 点所对应的应力 σ_e,其变形是完全弹性的,称 σ_e 为**弹性极限**。σ_e 与 σ_p 接近,所以在应用上,对比例极限和弹性极限不作严格区别。

(2) 屈服阶段

在应力超过弹性极限后,试样的伸长急剧地增加,而万能试验机的荷载读数却在很小的范围内波动,即试样的荷载基本不变而试样却不断伸长,好像材料暂时失去了抵抗变形的能力,这种现象称为屈服,这一阶段则称为屈服阶段。屈服阶段出现的变形是不可恢复的塑性变形。若试样经过抛光,则在试样表面可以看到一些与试样轴线成 45° 角的条纹,如图 5-18 所示,这是由材料沿试样的最大剪应力面发生滑移而出现的现象,称为滑移线。

在屈服阶段内,应力 σ 有幅度不大的波动,称最高点 c 为上屈服点,称最低点 b 为下屈服点。试验指出,加载速度等很多因素对上屈服值的影响较大,而下屈服值则较为稳定。因此将下屈服点所对应的应力 σ_s 称为**屈服强度**或**屈服极限**。低碳钢的 $\sigma_s \approx 240\text{MPa}$。

(3) 强化阶段

试样经过屈服阶段后,材料的内部结构得到了重新调整。在此过程中,材料不断发生强化,试样中的抗力不断增长,材料抵抗变形的能力有所提高,表现为变形曲线自 c 点开始又继续上升,直到最高点 d 为止,这一现象称为强化,这一阶段称为强化阶段。其最高点 d 所对应的应力 σ_b,称为**强度极限**。低碳钢的 $\sigma_b \approx 400\text{MPa}$。

对于低碳钢来讲,屈服极限 σ_s 和强度极限 σ_b 是衡量材料强度的两个重要指标。

若在强化阶段某点 m 停止加载,并逐渐卸除荷载,如图 5-19 所示,变形将退到点 n。如果立即重新加载,变形将重新沿直线 nm 到达点 m,然后大致沿着曲线 mde 继续增加,直到拉断。材料经过这样处理后,其比例极限和屈服极限将得到提高,而拉断时的塑性变形减少,即塑性降低了。这种通过卸载的方式而使材料的性质获得改变的做法称为**冷作硬化**。在工程中常利用冷作硬化来提高钢筋和钢缆绳等构件在线弹性范围内所能承受的最大荷载。值得注意的是,若试样拉伸至强化阶段后卸载,经过一段时间后再受拉,则其线弹性范围的最大荷载还有所提高,如图 5-19 中 $nfgh$ 所示,这种现象称为**冷作时效**。

钢筋冷拉后,其抗压的强度指标并不提高,所以在钢筋混凝土中,受压钢筋不用冷拉。

63

（4）颈缩断裂阶段

试样从开始变形到 σ—ε 曲线的最高点 d，在工作长度 l 范围内沿横纵向的变形是均匀的。但自 d 点开始，到 e 点断裂时为止，变形将集中在试样的某一较薄弱的区域内，如图 5-19 所示，该处的横截面面积显著地收缩，出现**颈缩现象**。在试样继续变形的过程中，由于颈缩部分的横截面面积急剧缩小，因此，荷载读数（即试样的抗力）反而降低，如图 5-16 中的 DE 线段。在图 5-17 中实线 de 是以变形前的横截面面积除拉力 F 后得到的，所以其形状与图 5-16 中的 DE 线段相似，也是下降。但实际颈缩处的应力仍是增长的，如图 5-17 中虚线 de' 所示。

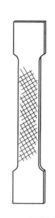

图 5-18 屈服现象

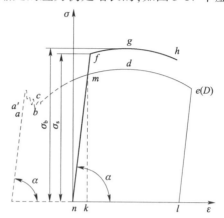

图 5-19 冷作硬化与冷作时效

为了衡量材料的塑性性能，通常以试样拉断后的标距长度 l_1 与其原长 l 之差除以 l 的比值（表示成百分数）来表示。

$$\delta = \frac{l_1 - l}{l} \times 100\%$$

δ 称为**延伸率**，低碳钢的 $\delta = 20\% \sim 30\%$。此值的大小表示材料在拉断前能发生的最大塑性变形程度，是衡量材料塑性的一个重要指标。工程上一般认为 $\delta \geqslant 5\%$ 的材料为塑性材料，$\delta < 5\%$ 的材料为脆性材料。

衡量材料塑性的另一个指标为截面收缩率，用 ψ 表示，其表达式为：

$$\psi = \frac{A - A_1}{A} \times 100\%$$

其中，A_1 为试样拉断后断口处的最小横截面面积。低碳钢的 ψ 一般在 60% 左右。

5.5.3 其他金属材料在拉伸时的力学性能

对于其他金属材料，σ—ε 曲线并不都像低碳钢那样具备 4 个阶段。如图 5-20 所示为另外几种典型的金属材料在拉伸时的 σ—ε 曲线。可以看出，这些材料的共同特点是延伸率 δ 均较大，它们和低碳钢一样都属于塑性材料。但是有些材料（如铝合金）没有明显的屈服阶段，相关国家标准规定，取塑性应变为 0.2% 时所对应的应力值作为**名义屈服极限**，以 $\sigma_{0.2}$ 表示，如图 5-21 所示。确定 $\sigma_{0.2}$ 的方法是：在 ε 轴上取 0.2% 的点，过此点作平行于 σ—ε 曲线的直线段的直线（斜率亦为 E），与 σ—ε 曲线相交的点所对应的应力即为 $\sigma_{0.2}$。

有些材料如铸铁、陶瓷等，发生断裂前没有明显的塑性变形，这类材料称为脆性材料。图 5-22 是铸铁在拉伸时的 σ—ε 曲线，这是一条微弯曲线，即应力应变不成正比。但由于直到拉断时试样的变形都非常小，且没有屈服阶段、强化阶段和颈缩断裂阶段，因此，在工程计算中，通常取总应变为 0.1% 时 σ—ε 曲线的割线(如图 5-22 所示的虚线)斜率来确定其弹性模量，称为**割线弹性模量**。衡量脆性材料拉伸强度的唯一指标是材料的拉伸强度 σ_b。

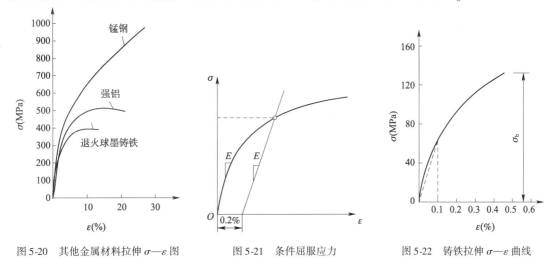

图 5-20 其他金属材料拉伸 σ—ε 图　　图 5-21 条件屈服应力　　图 5-22 铸铁拉伸 σ—ε 曲线

5.5.4 金属材料在压缩时的力学性能

下面介绍低碳钢在压缩时的力学性能。将短圆柱体压缩试样置于万能试验机的承压平台间，并使之发生压缩变形。与拉伸试验相同，可绘出试样在试验过程中缩短量 Δl 与抗力 F 之间的关系曲线，称为试样的压缩图。为了使得到的曲线与所用试样的横截面面积和长度无关，同样可以将压缩图改画成 σ—ε 曲线，如图 5-23 实线所示。为了便于比较材料在拉伸和压缩时的力学性能，在图中以虚线绘出了低碳钢在拉伸时的 σ—ε 曲线。

由图 5-23 可以看出：低碳钢在压缩时的弹性模量、弹性极限和屈服极限等与拉伸时基本相同，但过了屈服极限后，曲线逐渐上升。这是因为在试验过程中，试样的长度不断缩短，横截面面积不断增大，而计算名义应力时仍采用试样的原面积。此外，由于试样的横截面面积越来越大，使得低碳钢试样的压缩强度 σ_{bc} 无法测定。

从图 5-23 可知，低碳钢拉伸试验的结果可以了解其在压缩时的力学性能。多数金属都有类似低碳钢的性质，所以塑性材料压缩时，在屈服阶段以前的特征值，都可用拉伸时的特征值，只是把"拉"换成"压"而已。但也有一些金属，例如铬钼硅金钢，在拉伸和压缩时的屈服极限并不相同，因此，对这些材料需要做压缩试验，以确定其压缩屈服极限。

塑性材料的试样在压缩后的变形如图 5-24 所示。试样的两端面由于受到摩擦力的影响，变形后呈鼓状。

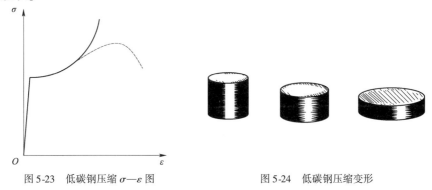

图 5-23 低碳钢压缩 σ—ε 图　　图 5-24 低碳钢压缩变形

与塑性材料不同,脆性材料在拉伸和压缩时的力学性能有较大的区别。图 5-25 绘出了铸铁在拉伸(虚线)和压缩(实线)时的 σ—ε 曲线,比较这两条曲线可以看出:①无论拉伸还是压缩,铸铁的 σ—ε 曲线都没有明显的直线阶段,所以应力—应变关系只是近似地符合胡克定律;②铸铁在压缩时无论强度还是延伸率都比在拉伸时要大得多,因此这种材料宜用作受压构件。

铸铁试样受压破坏的情形如图 5-26 所示,其破坏面与轴线大致成 35°～40°倾角。

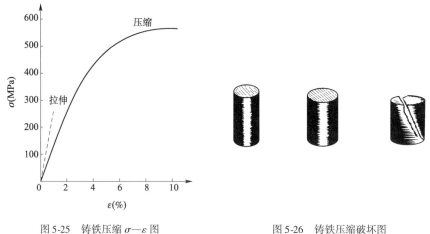

图 5-25　铸铁压缩 σ—ε 图　　　　图 5-26　铸铁压缩破坏图

5.5.5　几种非金属材料的力学性能

(1)混凝土

混凝土是由水泥、石子和砂加水搅拌均匀,经水化作用后而成的人造材料,是典型的脆性材料。混凝土的拉伸强度很小,为压缩强度的 1/5～1/20,如图 5-27 所示,因此,一般用作压缩构件。混凝土的强度等级也是根据其压缩强度标定的。

试验时将混凝土做成正立方体试样,两端由压板传递压力,压坏时有两种形式:①压板与试样端面间加润滑剂以减小摩擦力,压坏时沿纵向开裂,如图 5-28a)所示;②压板与试样端面间不加润滑剂,由于摩擦力大,压坏时是靠近中间剥落而形成两个对接的截锥体,如图 5-28b)所示。两种破坏形式所对应的压缩强度也有差异。

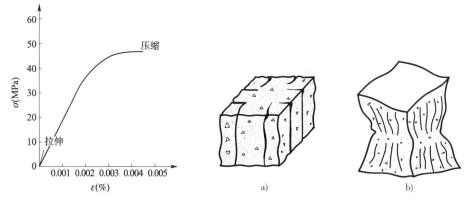

图 5-27　混凝土压缩 σ—ε 图　　　　图 5-28　混凝土压缩破坏现象

(2)木材

木材的力学性能随应力方向与木纹方向间倾角大小的不同而有很大的差异,即木材的力学性能具有方向性,称为各向异性材料。如图 5-29 所示为木材顺纹拉伸、顺纹压缩和横纹压缩的 σ—ε 曲线。由图可见,顺纹压缩强度要比横纹压缩的高,顺纹压缩强度稍低于顺纹拉伸强度。受木节等缺陷的影响较小,因此木材在工程中广泛用作柱、斜撑等承压构件。由于木材的力学性能具有方向性,因而在设计计算中,其弹性模量 E 和许用应力 $[\sigma]$,都应随应力方向与木纹方向间倾角的不同而采用不同的数量,详情可参阅《木结构设计规范》(GB 50005—2003)。

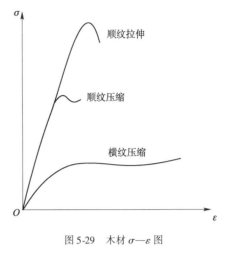

图 5-29　木材 σ—ε 图

(3) 玻璃钢

玻璃钢是由玻璃纤维作为增强材料,与热固性树脂黏合而成的一种复合材料。玻璃钢的主要优点是质量轻、强度高、成型工艺简单、耐腐蚀、抗震性能好,且拉、压时的力学性能基本相同,因此,玻璃钢作为结构材料在工程中得到广泛应用。

5.5.6　塑性材料和脆性材料的主要区别

综合上述关于塑性材料和脆性材料的力学性能,归纳其区别如下。

(1) 多数塑性材料在弹性变形范围内,应力与应变成正比关系,符合胡克定律;多数脆性材料在拉伸或压缩时,σ—ε 图一开始就是一条微弯曲线,即应力与应变不成正比关系,不符合胡克定律,但由于 σ—ε 曲线的曲率较小,所以在应用上假设它们成正比关系。

(2) 塑性材料断裂时延伸率大,塑性性能好;脆性材料断裂时延伸率很小,塑性性能很差。所以,塑性材料可以压成薄片或抽成细丝,而脆性材料则不能。

(3) 表征塑性材料力学性能的指标有弹性模量、弹性极限、屈服极限、强度极限、延伸率和截面收缩率等;表征脆性材料力学性能的只有弹性模量和强度极限。

(4) 多数塑性材料在屈服阶段以前,抗拉和抗压的性能基本相同,所以应用范围广;多数脆性材料抗压性能远大于抗拉性能,且价格低廉又便于就地取材,所以主要用于制作受压构件。

(5) 塑性材料承受动荷载的能力强,脆性材料承受动荷载的能力很差,所以,承受动荷载作用的构件多由塑性材料制作。

值得注意的是,在常温、静载条件下,根据拉伸试验所得材料的延伸率,将材料区分为塑性材料和脆性材料,但是,材料是塑性的还是脆性的,将随材料所处的温度、加载速度和应力状态等条件的变化而不同。例如,具有尖锐切槽的低碳钢试样,在轴向拉伸时将在切槽处发生突然的脆性断裂。又如,将铸铁放在高压介质下做拉伸试验,拉断时也会发生塑性变形和颈缩现象。

5.6　强 度 计 算

5.6.1　许用应力

前面已经介绍了杆件在拉伸或压缩时最大工作应力的计算,以及材料在荷载作用下所表现的力学性能。但是,杆件是否会因强度不够而发生破坏,只有把杆件的最大工作应力与材料的强度指标联系起来,才有可能做出判断。

前述试验表明,当正应力达到强度极限 σ_b 时,会引起断裂;当正应力达到屈服极限 σ_s 时,将产生屈服或出现显著的塑性变形。构件工作时发生断裂是不容许的,构件工作时发生屈服或出现显著的塑性变形一般也是不容许的。所以,从强度方面考虑,断裂是构件破坏或失效的一种形式,同样,屈服也是构件失效的一种形式,一种广义的破坏。

根据上述情况,通常将强度极限与屈服极限统称为**极限应力**,并用 σ_u 表示。对于脆性材料,强度极限是唯一强度指标,因此以强度极限作为极限应力;对于塑性材料,由于其屈服应力 σ_s 小于强度极限 σ_b,故通常以屈服应力作为极限应力。对于无明显屈服阶段的塑性材料,则用 $\sigma_{0.2}$ 作为 σ_u。

在理想情况下,为了充分利用材料的强度,应使材料的工作应力接近于材料的极限应力,但实际上这是不可能的,原因是有如下的一些不确定因素。

(1) 用在构件上的外力常常估计不准确。

(2) 计算简图往往不能精确地符合实际构件的工作情况。

(3) 实际材料的组成与品质等难免存在差异,不能保证构件所用材料完全符合计算时所作的理想均匀假设。

(4) 结构在使用过程中偶尔会遇到超载的情况,即受到的荷载超过设计时所规定的荷载。

(5) 极限应力值是根据材料试验结果按统计方法得到的,材料产品的合格与否也只能凭抽样检查来确定,所以实际使用材料的极限应力有可能低于给定值。

所有这些不确定的因素,都有可能使构件的实际工作条件比设想的要偏于危险。除以上原因外,为了确保安全,构件还应具有适当的强度储备,特别是对于因破坏将带来严重后果的构件,更应给予较大的强度储备。

由此可见,杆件的最大工作应力 σ_{max} 应小于材料的极限应力 σ_u,而且还要有一定的安全裕度。因此,在选定材料的极限应力后,除以一个大于1的系数 n,所得结果称为**许用应力**,即

$$[\sigma] = \frac{\sigma_u}{n} \tag{5-9}$$

式中,n 称为安全因数。确定材料的许用应力就是确定材料的安全因数。确定安全因数是一项严肃的工作,安全因数定低了,构件不安全,定高了则浪费材料。各种材料在不同工作条件下的安全因数或许用应力,可从有关规范或设计手册中查到。在一般静强度计算中,对于塑性材料,按屈服应力所规定的安全因数 n_s,通常取为 $1.5 \sim 2.2$;对于脆性材料,按强度极限所规定的安全因数 n_b,通常取为 $3.0 \sim 5.0$,甚至更大。

5.6.2 强度条件

根据以上分析,为了保证拉(压)杆在工作时不致因强度不够而破坏,杆内的最大工作应力 σ_{max} 不得超过材料的许用应力 $[\sigma]$,即

$$\sigma_{max} = \left(\frac{N}{A}\right)_{max} \leqslant [\sigma] \tag{5-10}$$

式(5-10)即为拉(压)杆的强度条件。对于等截面杆,上式即变为:

$$\sigma_{max} = \frac{N_{max}}{A} \leqslant [\sigma] \tag{5-11}$$

利用上述强度条件,可以解决下列三种强度计算问题。

(1) 强度校核。已知荷载、杆件尺寸及材料的许用应力,根据强度条件校核是否满足强度

要求。

(2) 选择截面尺寸。已知荷载及材料的许用应力,确定杆件所需的最小横截面面积。对于等截面拉(压)杆,其所需横截面面积为 $A \geq N_{max}/[\sigma]$。

(3) 确定承载能力。已知杆件的横截面面积及材料的许用应力,根据强度条件可以确定杆能承受的最大轴力,即 $N_{max} \leq A[\sigma]$,然后即可求出承载力。

最后还需指出,如果最大工作应力 σ_{max} 超过了许用应力 $[\sigma]$,但只要不超过许用应力的 5%,在工程计算中仍然是允许的。

在以上计算中,都要用到材料的许用应力。几种常用材料在一般情况下的许用应力值见表 5-2。

几种常用材料的许用应力值 表 5-2

材料名称	牌　号	轴向拉伸(MPa)	轴向压缩(MPa)
低碳钢	Q235	140~170	140~170
低合金钢	16Mn	230	230
灰口铸铁	—	35~55	160~200
木材(顺纹)	—	5.5~10.0	8~16
混凝土	C20	0.44	7
混凝土	C30	0.6	10.3

说明:适用于常温、静载和一般工作条件下的拉杆和压杆。

【例题 5-8】 图 5-30a)所示桁架,杆 1 与杆 2 的横截面均为圆形,直径分别为 $d_1 = 30\text{mm}$ 与 $d_2 = 20\text{mm}$,两杆材料相同,许用应力 $[\sigma] = 160\text{MPa}$,竖直力 $F = 80\text{kN}$。试校核桁架的强度。

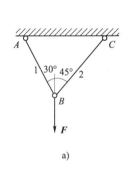
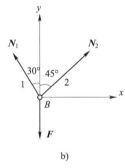

图 5-30　例题 5-8 图

【解】 (1) 计算各杆的轴力。以点 B 为研究对象,受力分析如图 5-30b)所示,建立坐标系,列平衡方程:

$$\sum X = 0: -N_1 \sin 30° + N_2 \sin 45° = 0$$

$$\sum Y = 0: N_1 \cos 30° + N_2 \cos 45° = 0$$

解得:

$$N_1 = (\sqrt{3} - 1)F$$

$$N_2 = \frac{\sqrt{6} - \sqrt{2}}{2} F$$

(2) 校核强度。

$$\sigma_1 = \frac{N_1}{A_1} = \frac{4 \times (\sqrt{3}-1) \times 80 \times 10^3}{\pi \times 30^2} = 82.82 \text{MPa} < [\sigma]$$

故杆1满足强度条件,能够安全工作。

$$\sigma_2 = \frac{N_2}{A_2} = \frac{4 \times (\sqrt{6}-\sqrt{2}) \times 80 \times 10^3}{2\pi \times 20^2} = 131.85 \text{MPa} < [\sigma]$$

故杆2满足强度条件,能够安全工作。

【例题 5-9】 如图 5-31a)所示结构,杆 AC 和 AB 均为铝杆,许用应力 $[\sigma] = 160\text{MPa}$,竖直力 $F = 20\text{kN}$。试确定两杆所需的直径。

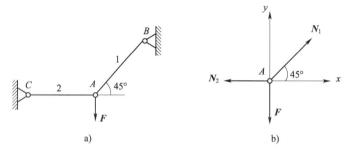

图 5-31 例题 5-9 图

【解】 (1)计算各杆轴力。以点 A 为研究对象,受力分析如图 5-31b)所示,建立坐标系,列平衡方程:

$$\sum X = 0: N_1\cos 45° - N_2 = 0$$

$$\sum Y = 0: N_1\sin 45° - F = 0$$

解得:

$$N_1 = \sqrt{2}F; N_2 = F$$

(2)确定各杆所需的直径。

由

$$A \geq \frac{N}{[\sigma]}$$

得

$$d_1 \geq \sqrt{\frac{4N_1}{\pi[\sigma]}} = \sqrt{\frac{4 \times \sqrt{2} \times 20 \times 10^3}{\pi \times 160}} = 15\text{mm}$$

$$d_2 \geq \sqrt{\frac{4N_2}{\pi[\sigma]}} = \sqrt{\frac{4 \times 20 \times 10^3}{\pi \times 160}} = 12.62\text{mm}$$

【例题 5-10】 三角架 ABC 由 AC 和 BC 两根杆组成,如图 5-32a)所示。杆 AC 由两根 No.14a 的槽钢组成,许用应力 $[\sigma_1] = 160\text{MPa}$;杆 BC 为一根 No.22a 的工字钢,许用应力为 $[\sigma_2] = 100\text{MPa}$。求荷载 F 的许可值 $[F]$。

【解】 (1)求两杆内力与力 F 的关系。取点 C 为研究对象,其受力如图 5-32b)所示,建立坐标系,列平衡方程:

$$\sum X = 0: -N_1\cos 30° + N_2\cos 30° = 0$$

$$\sum Y = 0: N_1 \sin 30° + N_2 \sin 30° - F = 0$$

解得

$$N_1 = N_2 = F \qquad (a)$$

(2)计算各杆的许可轴力。由型钢表查得杆 AC 和 BC 的横截面面积分别为 $A_1 = 18.51 \times 10^2 \times 2 = 37.02 \times 10^2 \text{mm}^2$,$A_2 = 42 \times 10^2 \text{mm}^2$,根据强度条件:

$$\sigma = \frac{N}{A} \leq [\sigma]$$

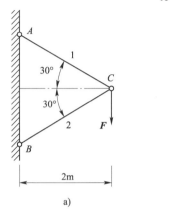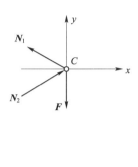

图 5-32 例题 5-10 图

得两杆的许可轴力为:

$$[N_1] \leq [\sigma_1] A_1 = 160 \times 37.02 \times 10^2 = 592.32 \times 10^3 \text{N} = 592.32 \text{kN}$$

$$[N_2] \leq [\sigma_2] A_2 = 100 \times 42 \times 10^2 = 420 \times 10^3 \text{N} = 420 \text{kN}$$

(3)求许可荷载。将 $[N_1]$ 和 $[N_2]$ 分别代入(a)式,便得到按各杆强度要求所算出的许可荷载为:

$$[F]_1 = [N_1] = 592.32 \text{kN}$$

$$[F]_2 = [N_2] = 420 \text{kN}$$

所以该结构的许可荷载应取 $[F] = 420 \text{kN}$。

单 元 小 结

1)基本概念

(1)轴力。轴向拉(压)时,杆件横截面上的内力称为轴力。它通过截面形心,与横截面相垂直。拉力为正,压力为负。

(2)应力。轴拉(压)杆横截面上只有正应力。

(3)应变。单位尺寸上构件的变形量称为应变。

(4)许用应力与安全系数。材料正常工作时容许采用的最大应力,称为许用应力。极限应力与许用应力的比值称为安全系数。

2)基本计算

(1)轴向拉(压)杆的轴力计算

求轴力的基本方法是截面法。用截面法求轴力的三个步骤:截开、代替和平衡。

(2)轴向拉(压)杆横截面上应力的计算

任一截面的应力计算公式：

$$\sigma = \frac{N}{A}$$

等直杆的最大应力计算公式：

$$\sigma_{max} = \frac{N_{max}}{A}$$

(3)轴向拉(压)杆的变形计算

胡克定律：

$$\Delta l = \frac{Nl}{EA} \quad 或 \quad \sigma = E\varepsilon$$

胡克定律的适用范围为弹性范围。

泊松比：

$$\mu = \left| \frac{\varepsilon'}{\varepsilon} \right|$$

(4)轴向拉(压)杆的强度计算

强度条件：

$$\sigma_{max} = \left(\frac{N}{A} \right)_{max} \leqslant [\sigma]$$

强度条件在工程中的三类应用：

①强度校核。在已知材料、荷载、截面的情况下，判断σ_{max}是否不超过许用值$[\sigma]$，杆是否能安全工作。

②设计杆的截面。在已知材料、荷载的情况下，求截面的面积或有关尺寸。

③计算许用荷载。在已知材料、截面、荷载作用方式的情况下，计算杆件满足强度要求时荷载的最大值。再由 N 与外荷载 P 的关系，求出 $[F]$。

强度计算是本单元的重点，要能灵活地运用强度条件解决工程中的三类问题。

自 我 检 测

5-1 求图 5-33 所示各杆 1-1、2-2 和 3-3 截面上的轴力。

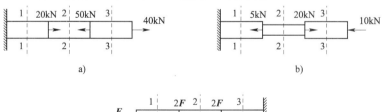

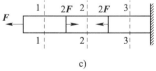

图 5-33 题 5-1 图

5-2 试画图 5-34 所示各杆的轴力图。

5-3 计算图 5-35 中所示杆件各横截面的应力，已知图 a)中横截面面积 $A = 200\text{mm}^2$，图 b)中横截面面积分别为 $A_1 = 200\text{mm}^2, A_2 = 300\text{mm}^2, A_3 = 400\text{mm}^2$。

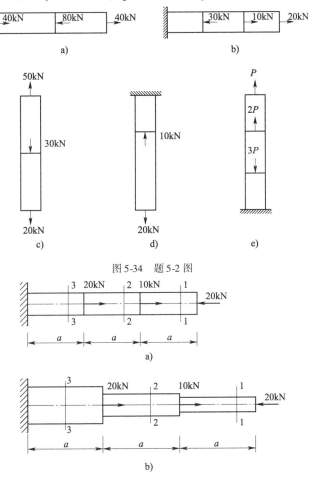

图 5-34 题 5-2 图

图 5-35 题 5-3 图

5-4 杆件受图 5-36 所示轴向外力作用,杆的横截面面积 $A = 500\text{mm}^2$,$E = 200\text{GPa}$,求图示杆的总变形量。

5-5 阶梯状直杆受力如图 5-37 所示,已知 AB 段横截面面积 $A_{AB} = 800\text{mm}^2$,BD 段的横截面面积 $A_{BD} = 1200\text{mm}^2$,材料的弹性模量 $E = 200\text{GPa}$。试求整个杆的总变形量。

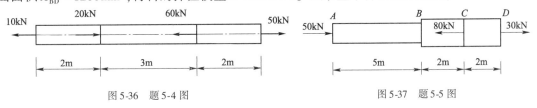

图 5-36 题 5-4 图　　　　　　　　图 5-37 题 5-5 图

5-6 钢制阶梯杆如图 5-38 所示。已知轴向力 $F_1 = 50\text{kN}$,$F_2 = 20\text{kN}$,杆各段长度 $L_1 = 120\text{mm}$,$L_2 = L_3 = 100\text{mm}$,杆 AD、DB 段的面积 A_1、A_2 分别是 500mm^2 和 250mm^2,钢的弹性模量 $E = 200\text{GPa}$,试求阶梯杆的轴向总变形和各段线应变。

5-7 如图 5-39 所示,砖柱在柱顶受到轴向压力 $P = 260\text{kN}$ 作用。已知砖柱的横截面面积为 $A = 0.3\text{m}^2$,自重力 $G = 40\text{kN}$,作用在砖柱的重心,材料的许用压应力 $[\sigma] = 1.2\text{MPa}$,试校核砖柱的强度。

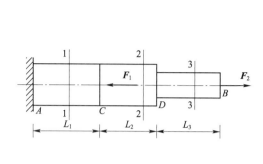

图 5-38 题 5-6 图

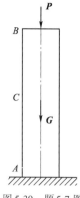

图 5-39 题 5-7 图

5-8 一钢制直杆受力如图 5-40 所示。已知 $[\sigma]=160\mathrm{MPa}$，$A_1=300\mathrm{mm}^2$，$A_2=150\mathrm{mm}^2$，试校核此杆的强度。

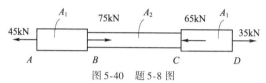

图 5-40 题 5-8 图

5-9 图 5-41 所示结构中，已知 $P=30\mathrm{kN}$，斜杆 AC、BC 的直径分别为 $d_1=25\mathrm{mm}$，$d_2=20\mathrm{mm}$。AC 杆的许用应力 $[\sigma_1]=80\mathrm{MPa}$，BC 杆的许用应力 $[\sigma_2]=160\mathrm{MPa}$，试校核 AC、BC 杆的强度。

5-10 如图 5-42 所示的起重机，起吊重物重力 $W=35\mathrm{kN}$，绳索 AB 的许用应力为 $[\sigma]=45\mathrm{MPa}$，根据强度条件，选择绳索直径。

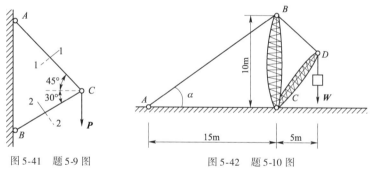

图 5-41 题 5-9 图　　图 5-42 题 5-10 图

5-11 如图 5-43 所示的三角形托架，其杆 AB 是由两根等边角钢所组成。已知荷载 $P=75\mathrm{kN}$，三号钢的许用应力 $[\sigma]=160\mathrm{MPa}$，试选择等边角钢的型号。

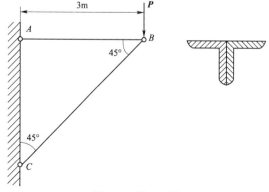

图 5-43 题 5-11 图

5-12　如图 5-44 所示,两根截面相同的钢杆上悬挂一根刚性的横梁 AB,现在梁上加荷载 **P**,若使梁保持水平,荷载位置在何处。

5-13　如图 5-45 所示桁架,杆 AB 为直径 $d = 30$mm 的钢杆,其许用应力为 $[\sigma_1]$ = 160MPa,杆 BC 为边长 $a = 8$cm 的木杆,许用应力为 $[\sigma_2]$ = 8MPa。试求该桁架的许可荷载 $[F]$。若该桁架承受荷载 $F = 120$kN,试重新设计两杆尺寸。

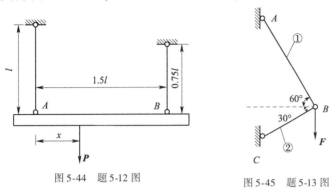

图 5-44　题 5-12 图　　　　图 5-45　题 5-13 图

5-14　如图 5-46 所示,已知木杆横截面积 $A_1 = 104$mm^2,$[\sigma_1] = 7$MPa,钢杆横截面积 $A_2 = 600$mm^2,$[\sigma_2] = 160$MPa,试确定许用荷载 $[G]$。

5-15　如图 5-47 所示,结构由圆截面直杆 AB 和 AC 铰接而成,杆 AC 的长度为杆 AB 长度的 2 倍,两杆截面面积均为 2cm^2。AB 杆许用应力 $[\sigma_1] = 100$MPa,AC 杆许用应力 $[\sigma_2] = 160$MPa。试求结构的许用荷载 $[F]$。

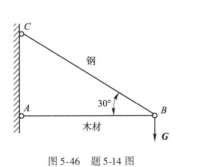

图 5-46　题 5-14 图　　　　图 5-47　题 5-15 图

单元 6 剪切和扭转

单元学习任务:

1. 掌握剪切与挤压的概念和强度计算。
2. 掌握扭转的概念和内力、应力、变形的计算方法。
3. 掌握扭转强度和刚度的计算方法。
4. 利用剪切与挤压强度条件、扭转的强度和刚度条件解决工程实际问题,培养分析问题和解决问题的能力。

6.1 剪切和挤压的实用计算

6.1.1 剪切的概念

在工程实际中,经常遇到剪切问题。剪切变形的主要受力特点是构件受到与其轴线相垂直的大小相等、方向相反、作用线相距很近的一对外力的作用,构件的变形主要表现为沿着与外力作用线平行的剪切面发生相对错动,如图 6-1a)所示。

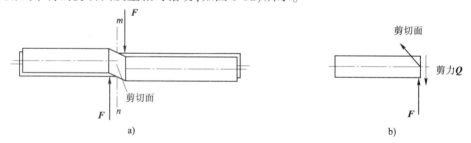

图 6-1 剪切面和剪力

工程中的一些连接件,如键、销钉、螺栓及铆钉等,都是主要承受剪切作用的构件。构件剪切面上的内力可用截面法求得。将构件沿剪切面 $m-n$ 假想地截开,保留一部分考虑其平衡。例如,由左部分的平衡可知,剪切面上必有与外力平行且与横截面相切的 Q[图 6-1b)] 的作用。Q 称为剪力,根据平衡方程 $\sum Y = 0$,可求得 $Q = F$。

剪切破坏时,构件将沿剪切面[图 6-1a)中的 $m-n$ 面]被剪断。只有一个剪切面的情况,称为单剪切。图 6-1a)所示情况即为单剪切。

受剪构件除了承受剪切外,往往同时伴随着挤压、弯曲和拉伸等作用。在图 6-1 中没有完全给出构件所受的外力和剪切面上的全部内力,而只是给出了主要的受力和内力,实际受力和变形比较复杂,因而对这类构件的工作应力进行理论上的精确分析是困难的。工程中对这类构件的强度计算,一般采用在试验和经验基础上建立起来的比较简便的计算方法,称为剪切的实用计算或工程计算。

6.1.2 剪切强度计算

剪切试验试件的受力情况应模拟零件的实际工作情况进行。图 6-2a) 为一种剪切试验装置的简图,试件的受力情况如图 6-2b) 所示,这是模拟某种销钉连接的工作情形。当荷载 F 增大至破坏荷载 F_b 时,试件在剪切面 $m-m$ 及 $n-n$ 处被剪断。这种具有两个剪切面的情况,称为双剪切。由图 6-2c) 可求得剪切面上的剪力为:

$$Q = \frac{F}{2}$$

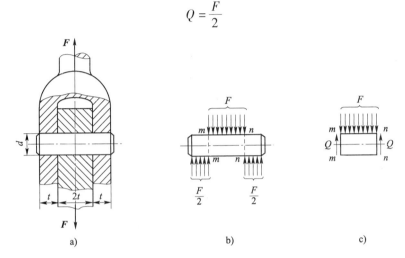

图 6-2 双剪切

由于受剪构件的变形及受力比较复杂,剪切面上的应力分布规律很难用理论方法确定,因而工程上一般采用实用计算方法来计算受剪构件的应力。在这种计算方法中,假设应力在剪切面内是均匀分布的。若以 A 表示销钉横截面面积,则应力为:

$$\tau = \frac{Q}{A} \tag{6-1}$$

τ 与剪切面相切,故为剪应力。以上计算是以假设"剪应力在剪切面上均匀分布"为基础的,实际上它只是剪切面内的一个"平均剪应力",所以也称为名义剪应力。

当 F 达到 F_b 时的剪应力称为剪切极限应力,记为 τ_b。对于上述剪切试验,剪切极限应力为:

$$\tau_b = \frac{F_b}{2A}$$

将 τ_b 除以安全系数 n,即得到许用剪应力:

$$[\tau] = \frac{\tau_b}{n}$$

这样,剪切计算的强度条件可表示为:

$$\tau = \frac{Q}{A} \leqslant [\tau] \tag{6-2}$$

6.1.3 挤压强度计算

一般情况下,连接件在承受剪切作用的同时,在连接件与被连接件之间传递压力的接触面上还发生局部受压的现象,称为挤压。例如,图6-2b)给出了销钉承受挤压力作用的情况,挤压力以 F_{bs} 表示。当挤压力超过一定限度时,连接件或被连接件在挤压面附近产生明显的塑性变形,称为挤压破坏。在有些情况下,构件在剪切破坏之前可能首先发生挤压破坏,所以需要建立挤压强度条件。图6-2a)中销钉与被连接件的实际挤压面为半个圆柱面,其上的挤压应力也不是均匀分布的,销钉与被连接件的挤压应力的分布情况在弹性范围内,如图6-3a)所示。

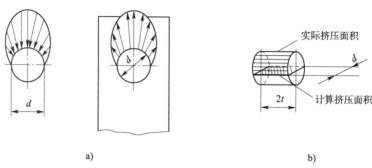

图6-3 挤压应力和挤压面

与上面解决抗剪强度的计算方法类同,按构件的名义挤压应力建立挤压强度条件:

$$\sigma_{bs} = \frac{F_{bs}}{A_{bs}} \leq [\sigma_{bs}] \tag{6-3}$$

式中,A_{bs} 为挤压面积,等于实际挤压面的投影面(直径平面)的面积,见图6-3b);σ_{bs} 为挤压应力;$[\sigma_{bs}]$ 为许用挤压应力。

由图6-3b)可见,在销钉中部 $m-n$ 段,挤压力 F_{bs} 等于 F,挤压面积 A_{bs} 等于 $2td$;在销钉端部两段,挤压力均为 $F/2$,挤压面积为 td。

许用应力值通常可根据材料、连接方式和荷载情况等实际工作条件,在有关设计规范中查得。一般地,许用剪应力 $[\tau]$ 要比同样材料的许用拉应力 $[\sigma]$ 小,而许用挤压应力 $[\sigma_{bs}]$ 则比 $[\sigma]$ 大。

对于塑性材料:

$$[\tau] = (0.6 \sim 0.8)[\sigma]$$
$$[\sigma_{bs}] = (1.5 \sim 2.5)[\sigma]$$

对于脆性材料:

$$[\tau] = (0.8 \sim 1.0)[\sigma]$$
$$[\sigma_{bs}] = (0.9 \sim 1.5)[\sigma]$$

本单元所讨论的剪切与挤压的实用计算与其他单元的一般分析方法不同。由于剪切和挤压问题的复杂性,很难得出与实际情况相符的理论分析结果,所以,工程中主要是采用以试验为基础而建立起来的实用计算方法。

【例题6-1】 图6-4a)中,已知钢板厚度 $t=10$mm,其剪切极限应力 $\tau_b=300$MPa。若用冲床将钢板冲出直径 $d=25$mm 的孔,问需要多大的冲剪力 F?

【解】 剪切面就是钢板内被冲头冲出的圆柱体的侧面,如图6-4b)所示。其面积为:

$$A = \pi dt = \pi \times 25 \times 10 = 785 \text{mm}^2$$

冲孔所需的冲力应为:

$$F \geq A\tau_b = 785 \times 10^{-6} \times 300 \times 10^6 = 235500\text{N} = 235.5\text{kN}$$

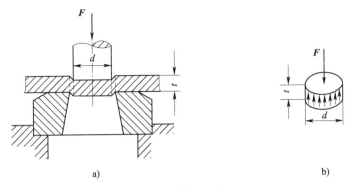

a)　　　　　　　　　　　b)

图 6-4　例题 6-1 图

【例题 6-2】　图 6-5a)表示齿轮用平键与轴连接(图中只画出了轴与键,没有画齿轮)。已知轴的直径 $d=70\mathrm{mm}$,键的尺寸为 $b\times h\times l=20\mathrm{mm}\times12\mathrm{mm}\times100\mathrm{mm}$,传递的扭转力偶矩 $T_\mathrm{e}=2\mathrm{kN\cdot m}$,键的许用剪应力 $[\tau]=60\mathrm{MPa}$,许用挤压应力 $[\sigma_\mathrm{bs}]=100\mathrm{MPa}$。试校核键的强度。

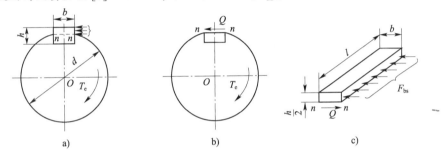

a)　　　　　　　　b)　　　　　　　　c)

图 6-5　例题 6-2 图

【解】　首先校核键的剪切强度。将键沿 $n-n$ 截面假想地分成两部分,并把 $n-n$ 截面以下部分和轴作为一个整体来考虑[图 6-5b)]。假设在 $n-n$ 截面上的剪应力均匀分布,故 $n-n$ 截面上剪力 Q 为:

$$Q=A\tau=bl\tau$$

对轴心取矩,由平衡条件 $\sum M_\mathrm{O}=0$,得:

$$Q\frac{d}{2}=bl\tau\frac{d}{2}=T_\mathrm{e}$$

故

$$\tau=\frac{2T_\mathrm{e}}{bld}=\frac{2\times2\times10^6}{20\times100\times70}=28.6\mathrm{MPa}<[\tau]$$

可见该键满足剪切强度条件。

其次校核键的挤压强度。考虑键在 $n-n$ 截面以上部分的平衡[图 6-5c)],在 $n-n$ 截面上的剪力为 $Q=A\tau=bl\tau$,右侧面上的挤压力为:

$$F_\mathrm{bs}=A_\mathrm{bs}\sigma_\mathrm{bs}=\frac{h}{2}l\sigma_\mathrm{bs}$$

由水平方向的平衡条件得:

$$Q=F_\mathrm{bs} \text{ 或 } bl\tau=\frac{h}{2}l\sigma_\mathrm{bs}$$

由此求得:

$$\sigma_{bs} = \frac{2b\tau}{h} = \frac{2 \times 20 \times 28.6}{12} = 95.3 \text{MPa} < [\sigma_{bs}]$$

故平键也符合挤压强度要求。

【例题 6-3】 电瓶车挂钩用插销连接,如图 6-6a)所示。已知 $t = 8$mm,插销材料的许用剪应力$[\tau] = 30$MPa,许用挤压应力$[\sigma_{bs}] = 100$MPa,牵引力 $F = 15$kN。试选定插销的直径 d。

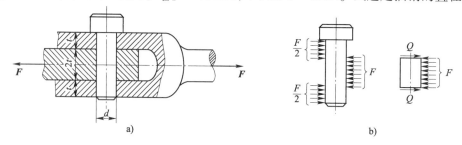

图 6-6 例题 6-3 图

【解】 插销的受力情况如图 6-6b)所示,可以求得:

$$Q = \frac{F}{2} = 7.5 \text{kN}$$

先按抗剪强度条件进行设计:

$$A \geqslant \frac{Q}{[\tau]} = \frac{7500}{30} = 250 \text{ mm}^2$$

即

$$\frac{\pi d^2}{4} \geqslant 250 \text{ mm}^2$$

$$d \geqslant 17.8 \text{mm}$$

再用挤压强度条件进行校核:

$$\sigma_{bs} = \frac{F_{bs}}{A_{bs}} = \frac{F}{2td} = \frac{15 \times 10^3}{2 \times 8 \times 17.8} = 52.7 \text{MPa} < [\sigma_{bs}]$$

所以挤压强度条件也是足够的。查机械设计手册,最后采用 $d = 20$mm 的标准圆柱销钉。

6.2 扭转的概念和扭矩

6.2.1 扭转的概念

扭转是杆件的一种基本变形形式。工程中把以扭转变形为主,其他变形可忽略不计的杆件通常称为轴。在工程实践和日常生活中经常遇到发生扭转变形的杆件。例如,汽车驾驶员通过转向盘把一对方向相反的切向力 F 构成的力偶作用于汽车操纵杆的上端,其下端受到来自转向器的阻力偶作用,使汽车操纵杆发生扭转,其受力如图 6-7a)所示。在转向盘边缘作用一对方向相反的切向力构成一力偶,力偶矩 $M_e = Fd$。根据平衡条件可知,在轴的另一端,必存在一阻抗力偶作用,其矩 $M' = M_e$。再以攻丝时丝锥的受力情况为例,如图 6-7b)所示,通过绞杠把力偶作用于丝锥的上端,丝锥下端则受到工件的阻抗力偶作用。

各种扭转变形的构件,虽然外力在构件上的具体作用方式有所不同,但总可以将其一部分作用简化为一个在垂直于轴线平面内的力偶。所以,引起杆件发生扭转变形的外力特点是:在杆件上作用有大小相等、方向相反、作用面与杆件轴线垂直的两组平行力偶系。图 6-8 所示的就是杆件扭转变形的最简单情况。

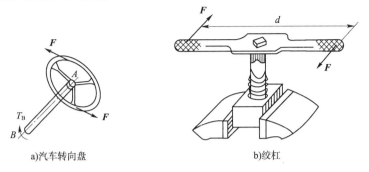

a)汽车转向盘　　　　　　　　b)绞杠

图 6-7　扭转实例

扭转的变形特点是：当杆件发生扭转变形时，任意两个横截面绕轴线发生相对转动而产生相对角位移。

任意两个横截面相对转过的角度，称为扭转角，通常用 φ 表示，单元 rad（弧度）。例如，图 6-8 中的 φ_{AB} 即表示截面 B 相对于截面 A 的扭转角。

在杆件的两端作用等值、反向且作用面垂直于杆件轴线的一对力偶时，杆的任意两个横截面都发生绕轴线的相对转动，这种变形称为扭转变形。

6.2.2　外力偶矩、扭矩和扭矩图

在工程实践中，外力偶矩往往不是直接给出的，而直接给出的往往都是轴所传递的功率和轴的转速。如图 6-9 中，外力偶矩没有给出，给出的仅仅是电动机的转速和输出的功率。如果我们要分析传动轴 AB 的受力情况，首先必须知道 A 端皮带轮上的外力偶矩，下面我们来看看如何根据电动机的转速和输出功率来求解外力偶矩 M_e 的大小。

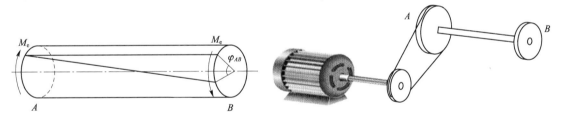

图 6-8　杆件的扭转变形　　　　　图 6-9　电动机

1) 外力偶矩的计算公式

在研究受扭杆件的应力和变形之前，首先要确定作用在杆件上的外力偶矩 M_e。在传动轴的计算中，作用在轴上的外力偶矩通常不是直接给出其数值，而是给出轴的转速 n 和所传递的功率 P_k。此时，需要根据功率、转速、力矩三者的关系来计算外力偶矩 M_e 的数值，计算公式为：

$$M_e = 9549 \frac{P_k}{n} \tag{6-4}$$

式中，M_e 为外力偶矩（N·m）；P_k 为轴传递的功率（kW）；n 为轴的转速（r/min）。

若功率的单位为马力（hp），则公式（6-4）应改写为：

$$M_e = 7024 \frac{P_k}{n} \tag{6-5}$$

在确定外力偶矩的方向时，应注意输入功率的齿轮、皮带轮等作用的力偶矩为主动力偶

矩,方向与轴的转向一致;输出功率的齿轮、皮带轮等作用的力偶矩为阻力偶矩,方向与轴的转向相反。

从式(6-4)、式(6-5)可以看出,轴所承受的力偶矩与轴传递的功率成正比,与轴的转速成反比。因此,在传递同样的功率时,低速轴的力偶矩比高速轴大。所以在传动系统中,低速轴的直径比高速轴的直径要大一些。

2) 受扭杆横截面上的内力——扭矩

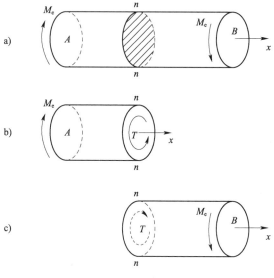

图6-10 圆轴在外力偶作用下的扭转变形

(1) 扭矩的大小

与前面研究过的轴向拉压、剪切等基本变形问题一样,在研究扭转变形的强度和变形时,先要用截面法计算出杆件截面上的内力。

设有一圆轴在一对大小相等、转向相反、作用面与杆轴线垂直的外力偶作用下产生扭转变形,如图6-10a)所示,此时杆件的横截面上必然产生相应的内力。为了计算任意横截面 $n-n$ 上的内力,采用截面法。假想地将轴沿横截面 $n-n$ 截为两段,并取左段轴为研究对象,如图6-10b)所示。由于左段轴 A 端作用着一个矩为 M_e 的外力偶,为了保持平衡,在横截面上必然存在一个与之平衡的内力偶。这个内力偶矩称为扭矩,用 T 表示。由平衡条件:

$$\sum M_x = 0: T - M_e = 0$$

得

$$T = M_e$$

如果取 $n-n$ 截面的右段为研究对象,见图6-10c),则所得 $n-n$ 截面上的扭矩与前面求得的扭矩大小相等,但转向相反,因为它们是作用与反作用的关系。

(2) 扭矩的符号规定

为了使无论从左或右段轴求得的同一横截面上的扭矩,不仅数值相等而且符号相同,可将扭矩符号作如下的规定:

采用右手螺旋法则(图6-11),如果以右手四指表示扭矩的转向,当拇指的指向与截面的外法线 n 的方向相同时,该扭矩规定为正;反之,扭矩为负。

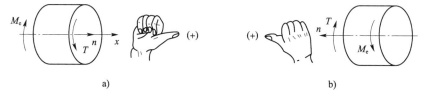

图6-11 右手螺旋法则

(3) 扭矩图

当一根轴上同时受到多个外力偶作用时,扭矩需要分段计算。为了表示整个轴上各截面

（或不同轴段）扭矩的变化规律，以便分析危险截面所在位置及扭矩值大小，常用横坐标表示轴各截面的位置，纵坐标表示相应横截面上的扭矩，正的扭矩画在横坐标轴的上面，负的扭矩画在横坐标轴的下面，这种图线称为扭矩图。

【例题 6-4】 如图 6-12a）所示，主动轮 A 输入功率 $P_A = 50\text{kW}$，从动轮输出功率 $P_B = P_C = 15\text{kW}$，$P_D = 20\text{kW}$，$n = 300\text{r/min}$。试计算轴内的最大扭矩，并作扭矩图。

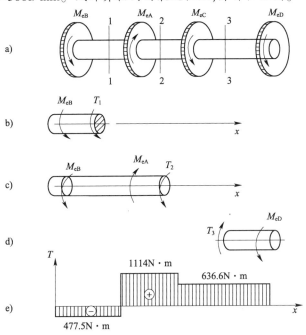

图 6-12 例题 6-4 图

【解】 （1）计算外力偶矩。

$$M_{eA} = 9549\frac{P}{n} = 9549 \times \frac{50}{300} = 1591.5\text{N} \cdot \text{m}$$

$$M_{eB} = 9549\frac{P}{n} = 9549 \times \frac{15}{300} = 477.5\text{N} \cdot \text{m}$$

$$M_{eC} = 9549\frac{P}{n} = 9549 \times \frac{15}{300} = 477.5\text{N} \cdot \text{m}$$

$$M_{eD} = 9549\frac{P}{n} = 9549 \times \frac{20}{300} = 636.6\text{N} \cdot \text{m}$$

（2）计算各段轴内的扭矩 T，见图 6-12b) ~ d)。

$\sum M_x = 0 : T_1 + M_{eB} = 0$ $T_1 = -M_{eB} = -477.5\text{N} \cdot \text{m}$

$\sum M_x = 0 : T_2 - M_{eA} + M_{eB} = 0$ $T_2 = M_{eA} - M_{eB} = 1591.5 - 477.5 = 1114\text{N} \cdot \text{m}$

$\sum M_x = 0 : T_3 - M_{eD} = 0$ $T_3 = M_{eD} = 636.6\text{N} \cdot \text{m}$

要注意的是，在求各截面的扭矩时，通常采用"设正法"，即假设扭矩为正，若所得结果为负值的话，则说明该截面扭矩的实际方向与假设方向相反。

（3）作扭矩图。根据求出的各截面的扭矩可作出扭矩图，如图 6-12e）所示。从图可见，最大扭矩发生在 AC 段，其值为 $1114\text{N} \cdot \text{m}$。

【例题 6-5】 图 6-13a）所示一传动轴，转速 $n = 200\text{r/min}$，轮 A 为主动轴，输入功率 $P_A =$

60kW,轮 B、C、D 均为从动轮,输出功率为 $P_B=20\text{kW}$、$P_C=15\text{kW}$、$P_D=25\text{kW}$。(1)试作出该轴的扭矩图;(2)若将轮 A 和轮 C 位置对调,试分析对轴的受力是否有利?

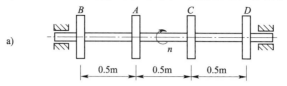

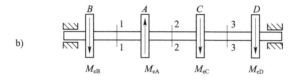

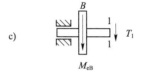

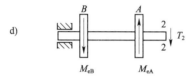

图 6-13 例题 6-5 图

【解】 (1)计算外力偶矩。

$$M_{eA} = 9549\frac{P}{n} = 9549 \times \frac{60}{200} = 2864.7\text{N} \cdot \text{m}$$

$$M_{eB} = 9549\frac{P}{n} = 9549 \times \frac{20}{200} = 954.9\text{N} \cdot \text{m}$$

$$M_{eC} = 9549\frac{P}{n} = 9549 \times \frac{15}{200} = 716.2\text{N} \cdot \text{m}$$

$$M_{eD} = 9549\frac{P}{n} = 9549 \times \frac{25}{200} = 1193.6\text{N} \cdot \text{m}$$

(2)计算扭矩,见图 6-13c)~e)。将将轴分为 3 段,逐段计算扭矩。

对 AB 段:$\sum M_x = 0$;$T_{AB} + M_{eB} = 0$ $T_{AB} = -M_{eB} = -954.9\text{N} \cdot \text{m}$

对 BC 段:$\sum M_x = 0$;$T_{BC} + M_{eB} - M_{eA} = 0$ $T_{BC} = M_{eA} - M_{eB} = 2864.7 - 954.9 = 1909.8\text{N} \cdot \text{m}$

对 CD 段:$\sum M_x = 0$;$T_{CD} - M_{eD} = 0$ $T_{CD} = M_{eD} = 1193.6\text{N} \cdot \text{m}$

(3)作扭矩图。根据计算结果,按比例作出扭矩图,如图 6-14a)所示。从图可见,最大扭矩发生在 AC 段,其值为 1909.8N·m。

(4)将轮 A 和轮 C 位置对调后,绘制扭矩图[图 6-14b)]。从图可见,最大扭矩发生在 AC

段,其值为1671.1N·m。对调后较之原来有所降低,对轴的受力有利。

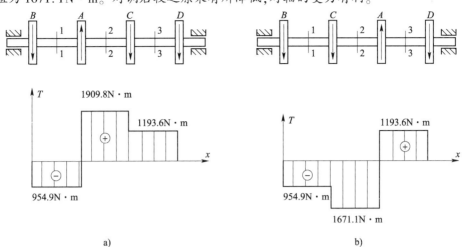

图 6-14 扭矩图

主动轮与从动轮布置合理性的讨论：主动轮一般应放在两个从动轮的中间,这样会使整个轴的扭矩图分布比较均匀。这与主动轮放在从动轮的一边相比,整个轴的最大扭矩值会降低。如图 6-15 所示,图 a)中 $T_{max}=50$N·m,图 b)中 $T_{max}=25$N·m,两者比较可知,图 b)布置更合理。

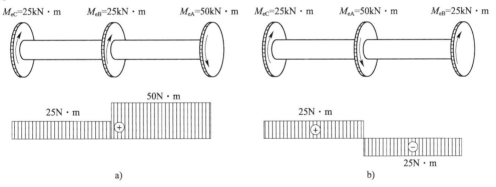

图 6-15 主动轮与从动轮位置不同时的扭矩图

6.3 扭转应力和变形

6.3.1 圆轴扭转时横截面上的应力

1) 试验现象

取一等直圆轴,在其圆柱表面画上一组平行于轴线的纵向线和一组代表横截面的圆周线,形成许多小矩形,如图 6-16a)所示。然后将其一端固定,在另一端作用一个力偶面与轴线垂直的外力偶 m。此时圆轴发生扭转变形,在小变形的情况下,可以观察到如下两个现象：

(1) 圆周线的形状、大小以及两圆周线间的距离均无变化,只是绕轴线转了不同的角度。

(2) 所有纵向线仍近似地为一条直线,只是倾斜了同一个角度 γ,使原来的小矩形变成了平行四边形。

2) 扭转平面假设

根据观察到的表面变形现象,横截面边缘上各点(即圆周线)变形后仍在垂直于轴线的平面内,且离轴线的距离不变,推论整个横截面上每一点也如此,从而得到如下两个假设:

(1) 扭转前的横截面,变形后仍保持为平面,且大小与形状保持不变,半径仍保持为直线。这个假设就是扭转变形的平面假设。按照这个假设,扭转变形可视为各横截面像刚性平面一样,一个接着一个产生绕轴线的相对转动。

(2) 因为扭转变形时,轴的长度不变,由此可假设横截面间的距离保持不变。

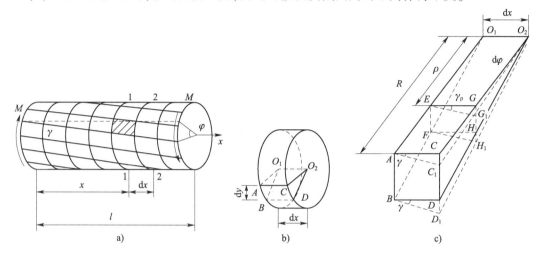

图 6-16 圆轴扭转变形

3) 两点推理

根据上面的假设,可得如下两点推理:

(1) 由于扭转变形时,相邻横截面发生旋转式的相对滑移而出现了剪切变形,所以横截面上必然存在着与剪切变形相对应的剪应力;又因为圆轴的半径大小不变,可以推想剪应力必定与半径垂直。

(2) 由于扭转变形时,相邻横截面间的距离保持不变,所以线应变 $\varepsilon = 0$,由此推论横截面上不存在正应力,即 $\sigma = 0$。

4) 三种关系

下面从变形几何关系、物理关系和静力学关系三方面建立扭转变形时横截面上剪应力的计算公式。

(1) 变形几何关系

为了得到剪应力的分布规律,首先分析横截面上的剪应变分布规律。假想地从圆轴中截取长为 dx 的微段,如图 6-16b)所示。设该微段端截面间的相对扭转角为 $d\varphi$,根据平面假设,截面 2-2 上的两条半径 O_2C、O_2D 转过同一角度 $d\varphi$,到达新位置 O_2C_1、O_2D_1。再从微段中用夹角无限小的两个径向纵截面切取出一楔形体来分析,如图 6-16c)所示。

根据平面假设,楔形体的变形如图 6-16c)中虚线所示,轴表面的矩形 $ABCD$ 变为平行四边形 ABC_1D_1,圆轴内部半径为 ρ 的圆柱面上的矩形 $EFGH$ 也变为平行四边形 EFG_1H_1。纵向线 $\overline{AC}$ 的倾角 γ 就是横截面 1-1 周边上任一点 A 处的剪应变。同时,过半径 O_1A 上任意点 E 的纵向线 $\overline{EG}$ 的倾角 γ_ρ 就是横截面上距圆心 O_1 为 ρ 的 E 点的剪应变。应该注意,上述剪应变均在垂直于半径的平面内。由图可知:

$$\gamma_\rho \approx \tan\gamma_\rho = \frac{\overline{GG_1}}{\overline{EG}} = \frac{\rho \mathrm{d}\varphi}{\mathrm{d}x}$$

由此得：

$$\gamma_\rho = \rho \frac{\mathrm{d}\varphi}{\mathrm{d}x} \tag{6-6}$$

式中，$\frac{\mathrm{d}\varphi}{\mathrm{d}x}$ 表示相对扭转角沿杆长度的变化率，为两个截面相隔单位长度时的扭转角，称为单位长度扭转角，用 θ 表示，即 $\theta = \frac{\mathrm{d}\varphi}{\mathrm{d}x}$。对于同一横截面，$\theta$ 是个常量，故剪应变 γ_ρ 与半径 ρ 成正比，即距圆心等距离的各点剪应变均相等。这就是等直圆轴扭转时横截面上剪应变的分布规律。

（2）物理关系

由剪切胡克定律可知，当最大剪应力不超过材料的剪切比例极限时，剪应力与剪应变成正比，所以横截面上距圆心为 ρ 的任意点处的剪应力为：

$$\tau_\rho = G\gamma_\rho = G\rho \frac{\mathrm{d}\varphi}{\mathrm{d}x} \tag{6-7}$$

式中，G 是材料的剪切弹性模量。上式表明：横截面上任意点处的剪应力 τ_ρ 与该点到圆心的距离 ρ 成正比，即剪应力沿半径成线性变化，在圆心处剪应力为零，而在圆周边缘上各点处剪应力最大。由于剪应变 γ_ρ 发生在垂直于半径的平面内，故剪应力 τ_ρ 的方向与半径垂直。实心圆轴横截面上剪应力分布如图 6-17 所示。

（3）静力学关系

由于式（6-8）中的 $\frac{\mathrm{d}\varphi}{\mathrm{d}x}$ 是一个未知数，所以该式还不能用来计算剪应力。因此，必须借助于静力学关系来解决这一问题。在横截面上距圆心 ρ 处取微面积 $\mathrm{d}A$，微面积上有微剪力 $\tau_\rho \mathrm{d}A$，如图 6-17 所示。微剪力对圆心的力矩为 $\rho\tau_\rho \mathrm{d}A$，在整个横截面上，所有微力矩之和等于该截面的扭矩，即

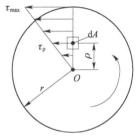

图 6-17 实心圆轴横截面上剪应力分布

$$\int_A \rho\tau_\rho \mathrm{d}A = T$$

将式（6-7）代入上式，得：

$$G\frac{\mathrm{d}\varphi}{\mathrm{d}x}\int_A \rho^2 \mathrm{d}A = T$$

令

$$\int_A \rho^2 \mathrm{d}A = I_\mathrm{P}$$

则

$$\frac{\mathrm{d}\varphi}{\mathrm{d}x} = \frac{T}{GI_\mathrm{P}} \tag{6-8}$$

将其代入式（6-7），得

$$\tau_\rho = \frac{T\rho}{I_\mathrm{P}} \tag{6-9}$$

式中，T 为横截面上的扭矩；ρ 为所计算剪应力处到圆心的距离；I_P 为截面对其形心的极惯

性矩(m^4或mm^4),它是与截面形状大小有关的几何量。

式(6-9)即圆轴扭转时横截面上任一点处剪应力的计算公式,但它是在平面假设及材料符合胡克定律的前提下推导出来的,因此只能适用于符合上述条件的等直圆轴在弹性范围内的计算。

对于直径为D的圆形截面:

$$I_P = \frac{\pi D^4}{32} \approx 0.1D^4 \qquad (6-10)$$

对于内外径比为$d/D = \alpha$的空心圆截面:

$$I_P = \frac{\pi D^4}{32}(1-\alpha^4) \approx 0.1D^4(1-\alpha^4) \qquad (6-11)$$

由式(6-9)可知,当ρ达到最大值R时,扭转轴表面的剪应力达到最大值:

$$\tau_{max} = \frac{TR}{I_P}$$

上式中R及I_P都是与截面几何尺寸有关的量,引入符号:

$$W_P = \frac{I_P}{R}$$

便得到:

$$\tau_{max} = \frac{T}{W_P} \qquad (6-12)$$

式中,W_P称为抗扭截面系数。最大剪应力τ_{max}与横截面上的扭矩T成正比,而与W_P成反比。W_P越大,则τ_{max}越小,所以,W_P是表示圆轴抵抗扭转破坏能力的几何参数,其单位为m^3或mm^3。

直径为D的圆截面:

$$W_P = \frac{I_P}{\frac{D}{2}} = \frac{\frac{\pi}{32}D^4}{\frac{D}{2}} = \frac{\pi D^3}{16} \approx 0.2D^3$$

内径为d,外径为D的空心圆截面:

$$W_P = \frac{\pi D^3}{16}(1-\alpha^4) = 0.2D^3(1-\alpha^4)$$

式中,$\alpha = d/D$,表示内、外直径的比值。

【例题6-6】 图6-18所示的轴左段为实心圆截面,$d_1 = 20mm$,右段为空心圆截面,$d_2 = 15mm$、$D = 25mm$,$M_{eA} = M_{eB} = 100N \cdot m$。试计算轴左右两段横截面上的最大剪应力。

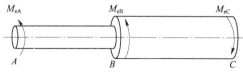

图6-18 例题6-6图

【解】 (1)内力分析。

AB段: $T_{AB} = M_{eA} = 100N \cdot m$

BC段: $T_{AB} = M_{eA} + M_{eB} = 200N \cdot m$

(2)应力分析。

$$\tau_{AB,max} = \frac{T_{AB}}{W_t} = \frac{16 \times 100 \times 10^3}{\pi \times 20^3} = 6.37 \times 10^7 Pa = 63.7MPa$$

$$\tau_{BC,max} = \frac{T_{BC}}{W_t} = \frac{16 \times 200 \times 10^3}{\pi \times 25^3 \left[1 - \left(\frac{15}{25}\right)^4\right]} = 7.49 \times 10^7 \text{Pa} = 74.9 \text{MPa}$$

6.3.2 圆轴扭转时横截面上的变形

圆轴扭转时,两横截面间相对转过的角称为扭转角。由式(6-8)可知,相隔为 dx 的两个横截面间的扭转角为:

$$d\varphi = \frac{T}{GI_P}dx$$

沿轴线 x 积分,即可求得相距为 l 的两个横截面之间的相对扭转角为:

$$\varphi = \int_l d\varphi = \int_l \frac{T}{GI_P}dx \tag{6-13}$$

由上式可知,由同一种材料制成的等直圆轴,GI_P 为常量,若相距为 l 的两横截面间 T 为常量,则该两截面的扭转角为:

$$\varphi = \frac{Tl}{GI_P} \tag{6-14}$$

这就是扭转角计算公式,扭转角单位为弧度。由上此式可以看到,扭转角 φ 与扭矩 T 和轴的长度 l 成正比,与 GI_P 成反比。GI_P 反映了圆轴抵抗扭转变形的能力,称为圆轴的抗扭刚度。

如果两截面间的扭矩值有变化,或轴的直径发生变化,则应该分段计算各段的扭转角,然后叠加。

【例题 6-7】 已知一直径 $d = 50$mm 的钢制圆轴在扭转角为 6°时,轴内最大剪应力等于 90MPa,$G = 80$GPa。求该轴长度。

【解】 由

$$\varphi = \frac{Tl}{GI_P} \qquad \tau_{max} = \frac{T}{W_P}$$

得:

$$l = \frac{\varphi GI_P}{\tau_{max} W_P} = \frac{\frac{6}{180}\pi \times 80 \times 10^9 \times 0.05}{90 \times 10^6 \times 2} = 2.33\text{m}$$

6.4 扭转强度和刚度计算

6.4.1 圆轴扭转的强度计算

为了保证轴的正常工作,轴内最大剪应力应不超过材料的容许剪应力,所以圆轴扭转时的强度条件为:

$$\tau_{max} = \frac{T_{max}}{W_P} \leqslant [\tau] \tag{6-15}$$

式中,$[\tau]$ 为材料的容许剪应力。各种材料的容许剪应力可查阅有关手册。根据试验,对于塑性材料,一般可采用:

$$[\tau] = (0.5 \sim 0.6)[\sigma]$$

式中，$[\sigma]$ 为相同材料的容许拉应力。

根据强度条件，可以对扭转轴进行强度校核、截面尺寸设计和容许扭矩确定这三方面的强度计算。

【例题 6-8】 图 6-19 所示阶梯空心圆轴，$M_A = 150\text{N}\cdot\text{m}$，$M_B = 50\text{N}\cdot\text{m}$，$M_C = 100\text{N}\cdot\text{m}$，$[\tau] = 90\text{MPa}$。试校核该轴的强度。

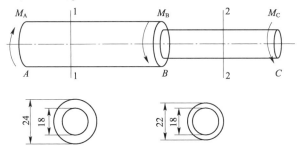

图 6-19 例题 6-8 图(尺寸单位:mm)

【解】 (1) 求 AB 与 BC 段的扭矩。

AB 段： $T_{AB} = M_A = 150\text{N}\cdot\text{m}$

BC 段： $T_{BC} = M_C = 100\text{N}\cdot\text{m}$

(2) 强度校核。

$$\tau_{AB,\max} = \frac{16\,T_{AB}}{\pi D_{AB}^3 \left[1 - \left(\frac{d_{AB}}{D_{AB}}\right)^4\right]} = \frac{16 \times 150 \times 10^3}{\pi \times 24^3 \times \left[1 - \left(\frac{18}{24}\right)^4\right]} = 81.3\text{MPa} < [\tau]$$

$$\tau_{BC,\max} = \frac{16\,T_{BC}}{\pi D_{BC}^3 \left[1 - \left(\frac{d_{BC}}{D_{BC}}\right)^4\right]} = \frac{16 \times 100 \times 10^3}{\pi \times 22^3 \times \left[1 - \left(\frac{18}{22}\right)^4\right]} = 87\text{MPa} < [\tau]$$

故该轴的扭转强度符合要求。

【例题 6-9】 某传动轴，横截面上的最大扭矩 $M_{\max} = 1.5\text{kN}\cdot\text{m}$，材料的容许剪应力 $[\tau] = 50\text{MPa}$。试求：(1) 若用实心轴，确定其直径 D_1；(2) 若改用空心轴，且 $\alpha = d/D = 0.9$，确定其内径 d 和外径 D。

【解】 由强度条件得传动轴所需的抗扭截面系数为：

$$W_P \geqslant \frac{M_{\max}}{[\tau]} = \frac{1.5 \times 10^6}{50} = 3 \times 10^4 \text{mm}^3$$

(1) 确定实心轴的直径 D_1。

由 $W_P = \frac{\pi D_1^3}{16}$，得：

$$D_1 = \sqrt[3]{\frac{16 W_P}{\pi}} \geqslant \sqrt[3]{\frac{16 \times 3 \times 10^4}{3.14}} = 53.5\text{mm}$$

取

$$D_1 = 54\text{mm}$$

(2)确定空心轴的内径 d 和外径 D。

空心轴的抗扭截面系数为:

$$W_P = \frac{\pi D^3}{16}(1-\alpha^4)$$

得

$$D = \sqrt[3]{\frac{16 W_P}{\pi(1-\alpha^4)}} \geqslant \sqrt[3]{\frac{16 \times 3 \times 10^4}{3.14 \times (1-0.9^4)}} = 76\text{mm}$$

$$d = \alpha D = 0.9 \times 76 = 68.4\text{mm}$$

取

$$D = 76\text{mm}, d = 68\text{mm}$$

6.4.2 圆轴扭转的刚度计算

轴类零件除应满足强度要求外,一般其变形还要有一定限制,即不应产生过大的扭转变形。例如,若车床丝杆扭转角过大,会影响车刀进给,降低加工精度;若发动机的凹轮轴扭转角过大,会影响气阀开关时间;若镗床的主轴或磨床的传动轴扭转角过大,将引起扭转振动,影响工件的精度和表面粗糙度。因此,轴还应满足刚度要求。

由式(6-14)可知,扭转角 φ 与轴长 l 有关。为消除长度的影响,用单位长度扭转角 $\theta = \mathrm{d}\varphi/\mathrm{d}x$ 表示扭转变形的程度。由式(6-8)可得:

$$\theta = \frac{\mathrm{d}\varphi}{\mathrm{d}x} = \frac{T}{GI_P} \tag{6-16}$$

工程实际中,通常规定最大单位长度扭转角 $\theta_{\max}$ 不得超过规定的单位长度扭转角 $[\theta]$,故圆轴扭转时的刚度条件为:

$$\theta_{\max} = \left(\frac{T}{GI_P}\right)_{\max} \leqslant [\theta]$$

对于等直圆轴,则要求:

$$\theta_{\max} = \frac{T_{\max}}{GI_P} \leqslant [\theta]$$

式中,$\theta_{\max}$ 的单位为 rad/m(弧度/米),而在工程中,$[\theta]$ 的单位一般为°/m(度/米)。故上式改为:

$$\theta_{\max} = \frac{T_{\max}}{GI_P} \times \frac{180}{\pi} \leqslant [\theta] \tag{6-17}$$

$[\theta]$ 值要根据荷载性质、工作要求和工作条件等因素来确定,其值可查有关手册。一般规定为:精密机械的轴,$[\theta] = (0.25° \sim 0.50°)/\text{m}$;一般传动轴,$[\theta] = (0.5° \sim 1.0°)/\text{m}$;对精度要求不高的轴,$[\theta] = (1.0° \sim 2.5°)/\text{m}$。

【例题 6-10】 已知某机器传动轴的最大扭矩 $T_{\max} = 286.47\text{N}\cdot\text{m}$,轴材料的容许剪应力 $[\tau] = 40\text{MPa}$,$[\theta] = 1°/\text{m}$,剪切弹性模量 $G = 80\text{GPa}$。试按轴的强度条件和刚度条件设计轴的直径。

【解】 (1)按强度条件设计轴的直径 d。

由式(6-15)得:

$$\tau_{\max} = \frac{T_{\max}}{W_P} = \frac{286.47 \times 10^3}{\frac{\pi}{16}d^3} \leqslant 40$$

$$d \geqslant \sqrt[3]{\frac{16 \times 286.47 \times 10^3}{40\pi}} = 33.2 \text{mm}$$

(2)按刚度条件设计轴的直径 d。
由公式(6-17)得：

$$\theta_{\max} = \frac{T_{\max}}{GI_P} \times \frac{180}{\pi} = \frac{286.47 \times 10^3 \times 180}{80 \times \frac{\pi d^4}{32} \times \pi} \leqslant 1$$

$$d \geqslant \sqrt[4]{\frac{32 \times 286.47 \times 10^3 \times 180}{80 \times \pi^2}} = 38 \text{mm}$$

为了使轴同时满足强度和刚度要求，应选取轴的直径 $d \geqslant 38$mm。

单 元 小 结

1) 剪切和扭转的概念

剪切变形的受力特点是构件受到与其轴线相垂直的大小相等、方向相反、作用线相距很近的一对外力的作用；剪切的变形特点是沿着与外力作用线平行的剪切面发生相对错动。

扭转变形的受力特点是在杆件上作用有大小相等、方向相反、作用面与杆件轴线垂直的两组平行力偶系；扭转的变形特点是当杆件发生扭转变形时，任意两个横截面绕轴线发生相对转动而产生相对角位移。

2) 剪切和挤压的实用计算

(1) 剪应力的计算公式：

$$\tau = \frac{Q}{A}$$

(2) 剪切强度条件：

$$\tau = \frac{Q}{A} \leqslant [\tau]$$

(3) 挤压强度条件：

$$\sigma_{bs} = \frac{F_{bs}}{A_{bs}} \leqslant [\sigma_{bs}]$$

3) 外力偶矩、扭矩

(1) 外力偶矩的计算公式：

$$M_e = 9549 \frac{P_k}{n}$$

式中，M_e 为外力偶矩(N·m)；P_k 为轴传递的功率(kW)；n 为轴的转速(r/min)。
若功率的单位为马力(hp)，则公式应改写为：

$$M_e = 7024 \frac{P_k}{n}$$

(2) 扭矩。扭矩的大小用截面法求得，正负用右手螺旋法则判断（当拇指的指向与截面的

外法线 n 的方向相同时,该扭矩规定为正;反之,扭矩为负)。

4) 扭转变形的应力和变形

(1) 横截面上的应力：

$$\tau_\rho = \frac{T\rho}{I_P}$$

(2) 横截面上的变形：

$$\varphi = \frac{Tl}{GI_P}$$

5) 扭转强度和刚度计算

(1) 强度条件为：

$$\tau_{max} = \frac{T_{max}}{W_P} \leqslant [\tau]$$

(2) 刚度条件为：

$$\theta_{max} = \left(\frac{T}{GI_P}\right)_{max} \leqslant [\theta]$$

自 我 检 测

6-1 已知 $F = 100\text{kN}$,销钉直径 $d = 30\text{mm}$,材料的许用剪应力 $[\tau] = 60\text{MPa}$。试校核图 6-20 所示连接销钉的抗剪强度。若强度不够,应改用多大直径的销钉?

6-2 厚度各为 10mm 的两块钢板,用直径 $d = 20\text{mm}$ 的铆钉和厚度为 8mm 的三块钢板连接起来,如图 6-21 所示。已知 $F = 280\text{kN}$,$[\tau] = 100\text{MPa}$,$[\sigma_{bs}] = 280\text{MPa}$,试求所需要的铆钉数目 n。

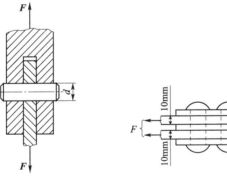

图 6-20 题 6-1 图   图 6-21 题 6-2 图

6-3 图 6-22 所示螺钉受拉力 F 作用。已知材料的剪切许用应力 $[\tau]$ 和拉伸许用应力 $[\sigma]$ 之间的关系为 $[\tau] = 0.6[\sigma]$,试求螺钉直径 d 与钉头高度 h 的合理比值。

6-4 两块钢板用 7 个铆钉连接,如图 6-23 所示。已知钢板厚度 $t = 6\text{mm}$,宽度 $b = 200\text{mm}$,铆钉直径 $d = 18\text{mm}$,材料的许用应力 $[\sigma] = 160\text{MPa}$、$[\tau] = 100\text{MPa}$,$[\sigma_{bs}] = 240\text{MPa}$。荷载 $F = 150\text{kN}$,试校核此接头的强度。

6-5 如图 6-24 所示,用夹剪剪断直径为 3mm 的铅丝。若铅丝的剪切极限应力为 100MPa,试问需要多大的力 F? 若销钉 B 的直径为 8mm,试求销钉内的剪应力。

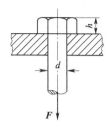
图 6-22 题 6-3 图

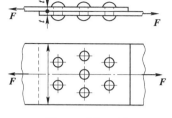
图 6-23 题 6-4 图

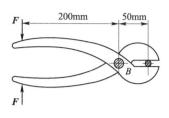
图 6-24 题 6-5 图

6-6 试作图 6-25 所示各轴的扭矩图,并确定其最大扭矩。

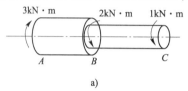
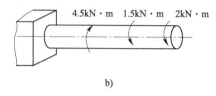

图 6-25 题 6-6 图

6-7 图 6-26 所示为某传动轴的示意简图,转速 $n = 300\text{r/min}$,轮 1 为主动轮,输入功率 $P_1 = 50\text{kW}$,轮 2、轮 3 和轮 4 为从动轮,输出功率分别为 $P_2 = 10\text{kW}$,$P_3 = P_4 = 20\text{kW}$。(1) 试作该轴的扭矩图,确定最大扭矩;(2) 若将轮 1 与轮 3 的位置对调,试分析对轴的受力是否有利。

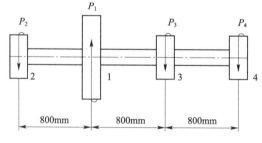

图 6-26 题 6-7 图

6-8 阶梯轴 AB 如图 6-27 所示,AC 段直径 $d_1 = 40\text{mm}$,CB 段直径 $d_2 = 70\text{mm}$,外力偶矩 $M_B = 1500\text{N}\cdot\text{m}$,$M_A = 600\text{N}\cdot\text{m}$,$M_C = 900\text{N}\cdot\text{m}$,剪切弹性模量 $G = 80\text{GPa}$,轴材料的容许剪应力 $[\tau] = 60\text{MPa}$,$[\theta] = 2°/\text{m}$。试校核该轴的强度和刚度。

6-9 图 6-28 所示圆轴 AB 所受的外力偶矩 $M_{e1} = 800\text{N}\cdot\text{m}$、$M_{e2} = 1200\text{N}\cdot\text{m}$、$M_{e3} = 400\text{N}\cdot\text{m}$,剪切弹性模量 $G = 80\text{GPa}$,$l_2 = 2l_1 = 600\text{mm}$,轴材料的容许剪应力 $[\tau] = 50\text{MPa}$,$[\theta] = 0.25°/\text{m}$。试设计轴的直径。

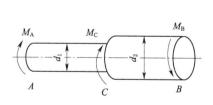

图 6-27 题 6-8 图

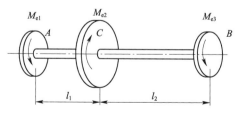

图 6-28 题 6-9 图

6-10 直径 $d = 100\text{mm}$ 的实心圆轴,两端受力偶矩 $T = 10\text{kN}\cdot\text{m}$ 作用而扭转,求横截面上的最大剪应力。若改用内、外直径比值为 0.5 的空心圆轴,且横截面面积和以上实心轴的横截面面积相等,问最大剪应力是多少?

单元 7　梁的弯曲变形

单元学习任务：

1. 了解梁平面弯曲的概念。
2. 掌握并能熟练运用截面法求指定截面的剪力以及弯矩。
3. 理解内力方程法画单跨梁的内力图，熟练准确画出梁的内力图。
4. 了解梁的弯曲正应力分面规律及其计算。
5. 掌握最大应力的计算。
6. 了解梁的基本变形、刚度条件。

7.1　梁弯曲变形时的内力

7.1.1　梁的弯曲和平面弯曲的基本概念

1）弯曲

受力特点：杆件受到垂直于杆件轴线方向的外力作用或在杆轴线所在平面内的外力偶的作用。变形特点：杆轴线由直变弯。受弯杆件的受力形式如图 7-1 所示。

弯曲变形是工程中最常见的一种基本变形，以弯曲变形为主的杆件通常称为梁。例如，房屋建筑中的楼（屋）面梁、阳台挑梁，受到楼面荷载和梁自重的作用，将发生弯曲变形，如图 7-2 所示。

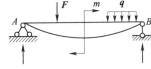

图 7-1　受弯杆件的受力形式

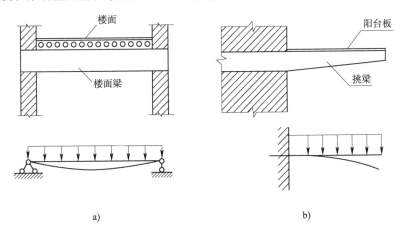

图 7-2　工程中常见的受弯构件

2)平面弯曲

工程中常见的梁,其横截面大多为矩形、工字形、T形、十字形、槽形等,如图7-3所示。这些截面往往有一根对称轴,与梁的轴线组成纵向对称平面。如果作用在梁上的外力(包括荷载和支座反力)和外力偶都位于纵向对称平面内,梁变形后,轴线将在此纵向对称平面内弯曲,如图7-4所示。这种梁的弯曲平面与外力作用平面相重合的弯曲,称为**平面弯曲**。平面弯曲是一种最简单,也是最常见的弯曲变形,本单元将主要讨论等截面直梁的平面弯曲问题。

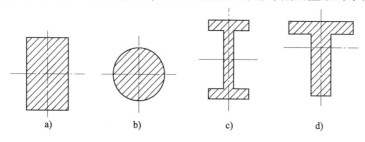

图7-3 梁常见的截面形状

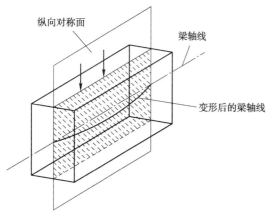

图7-4 平面弯曲的特征

7.1.2 单跨静定梁的几种形式

工程中对于单跨静定梁按其支座情况分为下列三种形式:

(1)悬臂梁:梁的一端为固定端,另一端为自由端,如图7-5a)所示。

(2)简支梁:梁的一端为固定铰支座,另一端为可动铰支座,如图7-5b)所示。

(3)外伸梁:梁的一端或两端伸出支座的简支梁,如图7-5c)所示。

7.1.3 梁的内力计算

为了计算梁的强度和刚度问题,在求得梁的支座反力后,就必须计算梁的内力。下面将着重讨论梁的内力的计算方法。

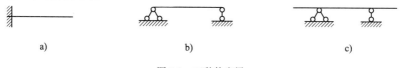

图7-5 三种静定梁

1)剪力和弯矩

图7-6a)所示为一简支梁,荷载 F 和支座反力 R_A、R_B 是作用在梁的纵向对称平面内的平衡力系。现用截面法分析任一截面 $m-m$ 上的内力。假想将梁沿 $m-m$ 截面分为两段,现取左段为研究对象,从图7-6b)可见,因有座支反力 R_A 作用,为使左段满足 $\sum Y = 0$,截面 $m-m$ 上必然有与 R_A 等值、平行且反向的内力 Q 存在,这个内力 Q 称为剪力;同时,因 R_A 对截面 $m-m$ 的形心 O 点有一个力矩 $R_A \cdot a$ 的作用,为满足 $\sum M_O = 0$,截面 $m-m$ 上也必然有一个与力矩 $R_A \cdot a$ 大小相等且转向相反的内力偶矩 M 存在,这个内力偶矩 M 称为弯矩。由此可见,梁发生弯曲时,横截面上同时存在着两个内力素,即剪力和弯矩。

剪力的常用单位为 N 或 kN,弯矩的常用单位为 N·m 或 kN·m。

剪力和弯矩的大小,可由左段梁的静力平衡方程求得,即

$\sum Y = 0: R_A - Q = 0$,得 $Q = R_A$

$\sum M_O = 0: R_A \cdot \alpha - M = 0$,得 $M = R_A \cdot a$

如果取右段梁作为研究对象,同样可求得截面 $m-m$ 上的 Q 和 M,根据作用与反作用力的关系,它们与从左段梁求出 $m-m$ 截面上的 Q 和 M 大小相等,方向相反,如图7-6c)所示。

2)剪力和弯矩的正、负号规定

为了使梁从左、右两段求得同一截面上的剪力 Q 和弯矩 M 具有相同的正负号,并考虑到土建工程上的习惯要求,对剪力和弯矩的正负号特作如下规定:

(1)剪力的正负号:使梁段有顺时针转动趋势的剪力为正[图7-7a)];反之,为负[图7-7b)]。

(2)弯矩的正负号:使梁段产生下侧受拉的弯矩为正[图7-8a)];反之,为负[图7-8b)]。

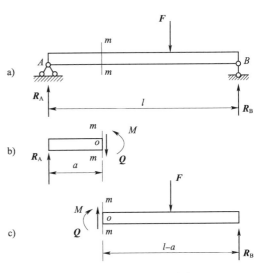

图7-6 用截面法求梁的内力

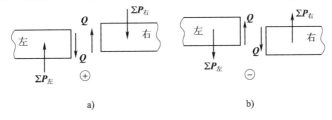

图7-7 剪力的正负号规定

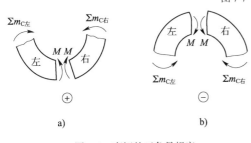

图7-8 弯矩的正负号规定

3)用截面法计算指定截面上的剪力和弯矩

用截面法求指定截面上的剪力和弯矩的步骤如下:

(1)计算支座反力。

(2)用假想的截面在需求内力处将梁截成两段,取其中任一段为研究对象。

(3)画出研究对象的受力图(截面上的 Q 和 M 都先假设为正的方向)。

(4)建立平衡方程,解出内力。

【例题7-1】 简支梁如图7-9a)所示。已知 $F_1 = 30\text{kN}$,$F_2 = 30\text{kN}$,试求截面1-1上的剪力和弯矩。

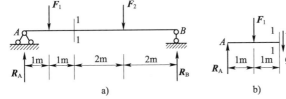
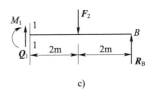

图7-9 例题7-1图

97

【解】 (1)求支座反力。考虑梁的整体平衡得：

$$\sum M_B = 0: F_1 \times 5 + F_2 \times 2 - R_A \times 6 = 0$$

$$\sum M_A = 0: -F_1 \times 1 + F_2 \times 4 + R_B \times 6 = 0$$

求出：

$$R_A = 35 \text{kN}(\uparrow), \quad R_B = 25 \text{kN}(\uparrow)$$

校核：

$$\sum Y = R_A + R_B - F_1 - F_2 = 35 + 25 - 30 - 30 = 0$$

(2)求截面1-1上的内力。

在截面1-1处将梁截开,取左段梁为研究对象,画出其受力,内力 Q_1 和 M_1 均先假设为正的方向[图7-9b)],列平衡方程如下。

$$\sum Y = 0: R_A - F_1 - Q_1 = 0$$

$$\sum M_1 = 0: -R_A \times 2 + F_1 \times 1 + M_1 = 0$$

求得：

$$Q_1 = R_A - F_1 = 35 - 30 = 5 \text{kN}$$

$$M_1 = R_A \times 2 - F_1 \times 1 = 35 \times 2 - 30 \times 1 = 40 \text{kN} \cdot \text{m}$$

Q_1 和 M_1 均为正值,表示截面1-1上内力的实际方向与假定的方向相同。按内力的符号规定,剪力、弯矩都是正的。所以,画受力图时一定要先假设内力为正的方向,由平衡方程求得结果的正负号,就能直接代表内力本身的正负。

如取1-1截面右段梁为研究对象[图7-9c)],可得出同样的结果。

【例题7-2】 一悬臂梁的尺寸及梁上荷载如图7-10所示,求截面1-1上的剪力和弯矩。

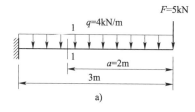
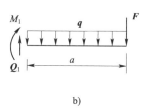

图7-10 例题7-2图

【解】 对于悬臂梁不需求支座反力,可取右段梁为研究对象,其受力图如图7-10b)所示。

$$\sum Y = 0: Q_1 - qa - F = 0$$

$$\sum M_1 = 0: -M_1 - qa \cdot \frac{a}{2} - Fa = 0$$

求得：

$$Q_1 = qa + F = 4 \times 2 + 5 = 13 \text{kN}$$

$$M_1 = -\frac{qa^2}{2} - Fa = -\frac{4 \times 2^2}{2} - 5 \times 2 = -18 \text{kN} \cdot \text{m}$$

Q_1 为正值,表示 Q_1 的实际方向与假定的方向相同;M_1 为负值,表示 M_1 的实际方向与假定的方向相反。所以,按内力的符号规定,1-1截面上的剪力为正,弯矩为负。

7.2 梁的剪力图和弯矩图

7.2.1 剪力方程和弯矩方程

从上节的讨论可以看出,梁内各截面上的剪力和弯矩一般随截面的位置而变化的。

若横截面的位置用沿梁轴线的坐标 x 来表示,则各横截面上的剪力和弯矩都可以表示为坐标 x 的函数,即

$$Q = Q(x), \quad M = M(x)$$

以上两个函数式表示梁内剪力和弯矩沿梁轴线的变化规律,分别称为**剪力方程**和**弯矩方程**。

7.2.2 剪力图和弯矩图

为了形象地表示剪力和弯矩沿梁轴线的变化规律,可以根据剪力方程和弯矩方程分别绘制剪力图和弯矩图。以沿梁轴线的横坐标 x 表示梁横截面的位置,以纵坐标表示相应横截面上的剪力或弯矩。在土建工程中,习惯上把正剪力画在 x 轴上方,负剪力画在 x 轴下方,而把弯矩图画在梁受拉的一侧,即正弯矩画在 x 轴下方,负弯矩画在 x 轴上方,如图 7-11 所示。

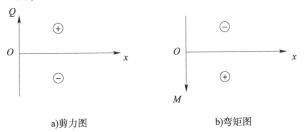

图 7-11 画剪力图和弯矩图的规定

【例题 7-3】 简支梁受均布荷载作用如图 7-12a)所示,试画出梁的剪力图和弯矩图。

【解】 (1) 求支座反力。因对称关系,可得:

$$R_A = R_B = \frac{1}{2}ql(\uparrow)$$

(2) 列剪力方程和弯矩方程。取距 A 点为 x 处的任意截面,将梁假想截开,考虑左段平衡,可得:

$$Q(x) = R_A - qx = \frac{1}{2}ql - qx \quad (0 < x < l) \quad (1)$$

$$M(x) = R_A x - \frac{1}{2}qx^2 = \frac{1}{2}qlx - \frac{1}{2}qx^2 \quad (0 \leq x \leq l) \quad (2)$$

(3) 画剪力图和弯矩图。

由式(1)可见,$Q(x)$ 是 x 的一次函数,即剪力方程为一直线方程,剪力图是一条斜直线。当 $x = 0$ 时,$Q_A = ql/2$;当 $x = l$ 时,$Q_B = -ql/2$。

根据这两个截面的剪力值,画出剪力图,如图 7-12b)所示。

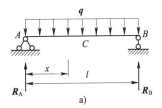

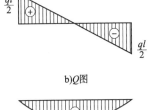

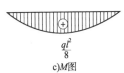

图 7-12 例题 7-3 图

由式(2)知,$M(x)$是x的二次函数,说明弯矩图是一条二次抛物线,应至少计算3个截面的弯矩值,才可描绘出曲线的大致形状。当$x=0$时,$M_A=0$;当$x=l/2$时,$M_C=ql^2/8$;当$x=l$时,$M_B=0$。

根据以上计算结果,画出弯矩图,如图7-12c)所示。

从剪力图和弯矩图中可知:受均布荷载作用的简支梁,其剪力图为斜直线,弯矩图为二次抛物线;最大剪力发生在两端支座处,绝对值为$|Q|_{max}=\frac{1}{2}ql$;而最大弯矩发生在剪力为零的跨中截面上,其绝对值为$|M|_{max}=\frac{1}{8}ql^2$。

结论:在均布荷载作用的梁段,剪力图为斜直线,弯矩图为二次抛物线。在剪力等于零的截面上弯矩有极值。

【例题7-4】 简支梁受集中力作用如图7-13a)所示,试画出梁的剪力图和弯矩图。

【解】 (1)求支座反力。

由梁的整体平衡条件:

$$\sum M_B=0: \quad R_A=\frac{Fb}{l}(\uparrow)$$

$$\sum M_A=0: \quad R_B=\frac{Fa}{l}(\uparrow)$$

校核:

$$\sum Y=R_A+R_B-F=\frac{Fb}{l}+\frac{Fa}{l}-F=0$$

计算无误。

(2)列剪力方程和弯矩方程。

梁在C处有集中力作用,故AC段和CB段的剪力方程和弯矩方程不相同,要分段列出。

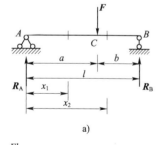

AC段:距A端为x_1的任意截面处将梁假想截开,并考虑左段梁平衡,列出剪力方程和弯矩方程为:

$$Q(x_1)=R_A=\frac{Fb}{l} \quad (0<x_1<a) \quad (1)$$

$$M(x_1)=R_A x_1=\frac{Fb}{l}x_1 \quad (0\leq x_1\leq a) \quad (2)$$

CB段:距A端为x_2的任意截面处将梁假想截开,并考虑左段的平衡,列出剪力方程和弯矩方程为:

$$Q(x_2)=R_A-F=\frac{Fb}{l}-F=-\frac{Fa}{l} \quad (a<x_2<l) \quad (3)$$

$$M(x_2)=R_A x_2-F(x_2-a)=\frac{Fa}{l}(l-x_1) \quad (a\leq x_2\leq l) \quad (4)$$

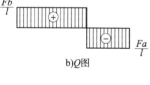

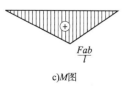

图7-13 例题7-4图

(3)画剪力图和弯矩图。

根据剪力方程和弯矩方程画剪力图和弯矩图。

Q图:AC段剪力方程$Q(x_1)$为常数,其剪力值为Fb/l,剪力图是一条平行于x轴的直线,且在x轴上方;CB段剪力方程$Q(x_2)$也为常数,其剪力值为$-Fa/l$,剪力图也是一条平行于x轴的直线,但在x轴下方。画出全梁的剪力图,如图7-13b)所示。

M 图:AC 段弯矩 $M(x_1)$ 是 x_1 的一次函数,弯矩图是一条斜直线,只要计算两个截面的弯矩值,就可以画出弯矩图。当 $x_1 = 0$ 时,$M_A = 0$;当 $x_1 = a$ 时,$M_C = Fab/l$。根据计算结果,可画出 AC 段弯矩图。

CB 段弯矩 $M(x_2)$ 也是 x_2 的一次函数,弯矩图仍是一条斜直线。当 $x_2 = a$ 时,$M_C = Fab/l$;当 $x_2 = l$ 时,$M_B = 0$。由上面两个弯矩值,画出 CB 段弯矩图。整梁的弯矩图如图7-13c)所示。

从剪力图和弯矩图中可见,简支梁受集中荷载作用,当 $a > b$ 时,$|Q|_{max} = Fa/l$,发生在 BC 段的任意截面上;$|M|_{max} = Fab/l$,发生在集中力作用处的截面上。若集中力作用在梁的跨中,则最大弯矩发生在梁的跨中截面上,其值为 $M_{max} = Fl/4$。

结论:无荷载梁段的剪力图为平行线,弯矩图为斜直线。在集中力作用处,左右截面上的剪力图发生突变,其突变值等于该集中力的大小,突变方向与该集中力的方向一致;而弯矩图出现转折,即出现尖点,尖点方向与该集中力方向一致。

【例题 7-5】 如图 7-14a)所示简支梁受集中力偶作用,试画出梁的剪力图和弯矩图。

【解】 (1)求支座反力。
由整梁平衡得:

$$\sum M_B = 0: \quad R_A = \frac{m}{l}(\uparrow)$$

$$\sum M_A = 0: \quad R_B = -\frac{m}{l}(\downarrow)$$

校核:

$$\sum Y = R_A + R_B = \frac{m}{l} - \frac{m}{l} = 0$$

计算无误。

(2)列剪力方程和弯矩方程。

在梁的 C 截面的集中力偶 m 作用,分两段列出剪力方程和弯矩方程。

AC 段:在距 A 端为 x_1 的截面处假想将梁截开,考虑左段梁平衡,列出剪力方程和弯矩方程为:

$$Q(x_1) = R_A = \frac{m}{l} \quad (0 < x_1 \leq a) \quad (1)$$

$$M(x_1) = R_A x_1 = \frac{m}{l} x_1 \quad (0 \leq x_1 < a) \quad (2)$$

CB 段:在距 A 端为 x_2 的截面处假想将梁截开,考虑左段梁平衡,列出剪力方程和弯矩方程为:

$$Q(x_2) = R_A = \frac{m}{l} \quad (a \leq x_2 < l) \quad (3)$$

$$M(x_2) = R_A x_2 - m = -\frac{m}{l}(l - x_2) \quad (a < x_2 \leq l) \quad (4)$$

(3)画剪力图和弯矩图。

Q 图:由式(1)、式(3)可知,梁在 AC 段和 CB 段剪力都是常数,其值为 m/l,故剪力是一条在 x 轴上方且平行于 x 轴的直线。画出剪力图如图7-14b)所示。

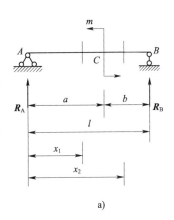

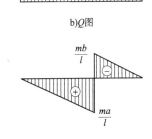

图 7-14 例题 7-5 图

M 图:由式(2)、式(4)可知,梁在 AC 段和 CB 段内弯矩都是 x 的一次函数,故弯矩图是两段斜直线。

AC 段:当 $x_1 = 0$ 时,$M_A = 0$;当 $x_1 = a$ 时,$M_{C左} = ma/l$。

CB 段:当 $x_2 = a$ 时,$M_{2右} = -mb/l$;当 $x_2 = l$ 时,$M_B = 0$。

画出弯矩图如图 7-14c)所示。

由内力图可见,简支梁只受一个力偶作用时,剪力图为同一条平行线,而弯矩图是两段平行的斜直线,在集中力偶处左右截面上的弯矩发生了突变。

结论:梁在集中力偶作用处,左右截面上的剪力无变化,而弯矩出现突变,其突变值等于该集中力偶矩。

7.3 用微分关系绘制剪力图和弯矩图

7.3.1 $M(x)$、$Q(x)$、$q(x)$ 之间的微分关系

上一节从直观上总结出剪力图、弯矩图的一些规律和特点,现进一步讨论剪力图、弯矩图与荷载集度之间的关系。

如图 7-15a)所示,梁上作用有任意的分布荷载 $q(x)$,设 $q(x)$ 以向上为正。取 A 为坐标原点,x 轴以向右为正。现取分布荷载作用下的一微段 dx 来研究[图 7-15b)]。

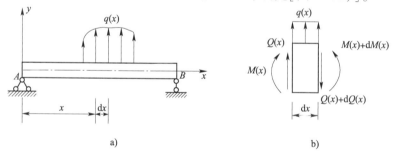

图 7-15 荷载与内力的微分关系

由于微段的长度 dx 非常小,因此,在微段上作用的分布荷载 $q(x)$ 可以认为是均布的。微段左侧横截面上的剪力是 $Q(x)$、弯矩是 $M(x)$,微段右侧截面上的剪力是 $Q(x) + dQ(x)$、弯矩是 $M(x) + dM(x)$,并设它们都为正值。考虑微段的平衡,由

$$\sum Y = 0: Q(x) + q(x)dx - [Q(x) + dq(x)] = 0$$

得:

$$\frac{dQ(x)}{dx} = q(x) \tag{7-1}$$

结论一:梁上任意一横截面上的剪力对 x 的一阶导数等于作用在该截面处的分布荷载集度。这一微分关系的几何意义是,剪力图上某点切线的斜率等于相应截面处的分布荷载集度。

由 $\sum M_c = 0: -M(x) - Q(x)dx - q(x)dx\frac{dx}{2} + [M(x) + dM(x)] = 0$

上式中,C 点为右侧横截面的形心,经过整理,并略去二阶微量 $q(x)\frac{dx^2}{2}$ 后,得:

$$\frac{dM(x)}{dx} = Q(x) \tag{7-2}$$

结论二：梁上任一横截面上的弯矩对 x 的一阶导数等于该截面上的剪力。这一微分关系的几何意义是，弯矩图上某点切线的斜率等于相应截面上剪力。

将式(7-2)两边求导，可得：

$$\frac{d^2M(x)}{dx^2}=q(x) \tag{7-3}$$

结论三：梁上任一横截面上的弯矩对 x 的二阶导数等于该截面处的分布荷载集度。这一微分关系的几何意义是，弯矩图上某点的曲率等于相应截面处的荷载集度，即由分布荷载集度的正负可以确定弯矩图的凹凸方向。

7.3.2 用微分关系法绘制剪力图和弯矩图

利用弯矩、剪力与荷载集度之间的微分关系及其几何意义，可总结出下列一些规律，以用来校核或绘制梁的剪力图和弯矩图。

1) 在无荷载梁段，即 $q(x)=0$ 时

由式(7-1)可知，$Q(x)$ 是常数，即剪力图是一条平行于 x 轴的直线；又由式(7-2)可知，该段弯矩图上各点切线的斜率为常数，因此，弯矩图是一条斜直线。

2) 在均布荷载梁段，即 $q(x)$ 常数时

由式(7-1)可知，剪力图上各点切线的斜率为常数，即 $Q(x)$ 是 x 的一次函数，剪力图是一条斜直线；又由式(7-2)可知，该段弯矩图上各点切线的斜率为 x 的一次函数，因此，$M(x)$ 是 x 的二次函数，即弯矩图为二次抛物线。这时可能出现两种情况，如图 7-16 所示。

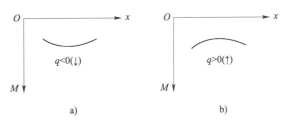

图 7-16 M 图的凹凸向与 $q(x)$ 的关系

3) 弯矩的极值

由 $\dfrac{dM(x)}{dx}=Q(x)=0$ 可知，在 $Q(x)=0$ 的截面处，$M(x)$ 具有极值。即在剪力等于零的截面上，弯矩具有极值；反之，在弯矩具有极值的截面上，剪力一定等于零。

梁的荷载、剪力和弯矩之间的关系见表 7-1。

梁的荷载、剪力和弯矩之间的关系（绘制剪力图与弯矩图的规律表） 表 7-1

某一段梁上的外力情况	剪力图的特征	弯矩图的特征
无荷载	水平直线	斜直线 ╲ 或 ╲╱
集中力 F	突变 F	转折 ╲╱ 或 ╲╱
集中力偶 M_e	无变化	突变 M_e
均布荷载 q	斜直线 ／ ； 零点	抛物线 ⌒ 或 ⌒ ；极值

利用上述荷载、剪力和弯矩之间的微分关系及规律,可更简捷地绘制梁的剪力图和弯矩图,其步骤如下:

(1)分段,即根据梁上外力及支承等情况将梁分成若干段。

(2)根据各段梁上的荷载情况,判断其剪力图和弯矩图的大致形状。

(3)利用计算内力的简便方法,直接求出若干控制截面(对内力图形能起控制作用的截面)上的 Q 值和 M 值。

(4)逐段直接绘出梁的 Q 图和 M 图。

【例题7-6】 一外伸梁,梁上荷载如图7-17a)所示,已知 $l=4\mathrm{m}$,利用微分关系绘出外伸梁的剪力图和弯矩图。

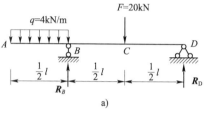

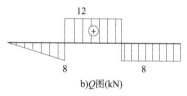

b)Q图(kN)

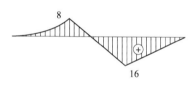

c)M图(kN·m)

图7-17 例题7-6图

【解】 (1)求支座反力。

$$R_B = 20\mathrm{kN}(\uparrow), R_D = 8\mathrm{kN}(\uparrow)$$

(2)根据梁上的外力情况,将梁分为 AB、BC 和 CD 三段。

(3)计算控制截面剪力,画剪力图。

AB 段梁上有均布荷载,该段梁的剪力图为斜直线,其控制截面剪力为:

$$Q_A = 0$$

$$Q_{B左} = -\frac{1}{2}ql = -\frac{1}{2} \times 4 \times 4 = -8\mathrm{kN}$$

BC 和 CD 段均为无荷载区段,剪力图均为水平线,其控制截面剪力为:

$$Q_{B右} = -\frac{1}{2}ql + R_B = -8 + 20 = 12\mathrm{kN}$$

$$Q_D = -R_D = -8\mathrm{kN}$$

画出剪力图如图7-17b)所示。

(4)计算控制截面弯矩,画弯矩图。

AB 段梁上有均布荷载,该段梁的弯矩图为二次抛物线。因 q 向下($q<0$),所以曲线向下凸,其控制截面弯矩为:

$$M_A = 0$$

$$M_B = -\frac{1}{2}ql \cdot \frac{l}{4} = -\frac{1}{8} \times 4 \times 4^2 = -8\mathrm{kN \cdot m}$$

BC 段与 CD 段均为无荷载区段,弯矩图均为斜直线,其控制截面弯矩为:

$$M_B = -8\mathrm{kN \cdot m}$$

$$M_C = R_D \cdot \frac{l}{2} = 8 \times 2 = 16\mathrm{kN \cdot m}$$

$$M_D = 0$$

画出弯矩图如图7-17c)所示。

从以上看到,对本题来说,只需算出 $Q_{B左}$、$Q_{B右}$、$Q_{D左}$ 和 M_B、M_C,就可画出梁的剪力图和弯矩图。

【例题 7-7】 一简支梁,尺寸及梁上荷载如图 7-18a)所示,利用微分关系绘出此梁的剪力图和弯矩图。

【解】 (1)求支座反力。

$$R_A = 6\text{kN}(\uparrow), \quad R_C = 18\text{kN}(\uparrow)$$

(2)根据梁上的荷载情况,将梁分为 AB 和 BC 两段,逐段画出内力图。

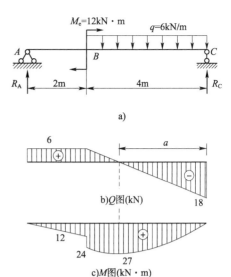

图 7-18 例题 7-7 图

(3)计算控制截面剪力,画剪力图。

AB 段为无荷载区段,剪力图为水平线,其控制截面剪力为:

$$Q_A = R_A = 6\text{kN}$$

BC 为均布荷载段,剪力图为斜直线,其控制截面剪力为:

$$Q_B = R_A = 6\text{kN}$$

$$Q_C = -R_C = -18\text{kN}$$

画出剪力图如图 7-18b)所示。

(4)计算控制截面弯矩,画弯矩图。

AB 段为无荷载区段,弯矩图为斜直线,其控制截面弯矩为:

$$M_A = 0$$

$$M_{B左} = R_A \times 2 = 12\text{kN} \cdot \text{m}$$

BC 为均布荷载段,由于 q 向下,弯矩图为凸向下的二次抛物线,其控制截面弯矩为:

$$M_{B右} = R_A \times 2 + M_e = 6 \times 2 + 12 = 24\text{kN} \cdot \text{m}$$

$$M_C = 0$$

从剪力图可知,此段弯矩图中存在着极值,应该求出极值所在的截面位置及其大小。设弯矩具有极值的截面距右端的距离为 x,由该截面上剪力等于零的条件可求得 x 值,即

$$Q(x) = -R_C + qx = 0$$

$$x = \frac{R_C}{q} = \frac{18}{6} = 3\text{m}$$

弯矩的极值为:

$$M_{\max} = R_C \cdot x - \frac{1}{2}qx^2 = 18 \times 3 - \frac{6 \times 3^2}{2} = 27\text{kN} \cdot \text{m}$$

画出弯矩图如图 7-18c)所示。

对本题来说,反力 R_A、R_C 求出后,便可直接画出剪力图。而弯矩图,也只需确定 $M_{B左}$、$M_{B右}$ 及 $M_{\max}$ 值,便可画出。

在熟练掌握简便方法求内力的情况下,可以直接根据梁上的荷载及支座反力画出内力图。当图形为平行直线时,只要确定 1 个截面的内力数值就能作出图来,此时找到 1 个控制截面就行了;当图形为斜直线时就需要确定 2 个截面的内力数值才能作出图来,此时要找到 2 个控制截面;当图形为抛物线时就需要至少确定 3 个截面的内力数值才能作出图来,此时至少要找到 3 个控制截面。一般情况下,选梁段的界线截面、剪力等于零的截面、跨中截面为控制截面。

7.4 梁弯曲时横截面上的正应力

7.4.1 弯曲正应力一般公式

在平面弯曲情况下,一般梁横截面上既有弯矩又有剪力,如图 7-19 所示梁的 AC、DB 段。而在 CD 段内,梁横截面上剪力等于零,而只有弯矩,这种情况称为纯弯曲。下面推导梁纯弯曲时横截面上的正应力公式。应综合考虑变形几何关系、物理关系和静力学关系三个方面。

1)变形几何关系

为研究梁弯曲时的变形规律,可通过试验,观察弯曲变形的现象。取一具有对称截面的矩形截面梁,在其中段的侧面上,画两条垂直于梁轴线的横线 mm 和 nn,再在两横线间靠近上、下边缘处画两条纵线 ab 和 cd,如图 7-20a)所示。然后按图 7-20a)所示施加荷载,使梁的中段处于纯弯曲状态。从试验中可以观察到图 7-20b)情况:

(1)梁表面的横线仍为直线,仍与纵线正交,只是横线间做相对转动。

(2)纵线变为曲线,而且靠近梁顶面的纵线缩短,靠近梁底面的纵线伸长。

(3)在纵线伸长区,梁的宽度减小,而在纵线缩短区,梁的宽度则增加,情况与轴向拉、压时的变形相似。

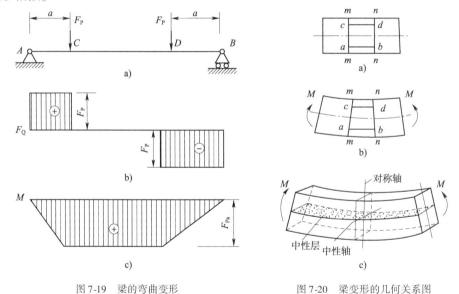

图 7-19 梁的弯曲变形　　图 7-20 梁变形的几何关系图

根据上述现象,对梁内变形与受力作如下假设:变形后,横截面仍保持平面,且仍与纵线正交;同时,梁内各纵向纤维仅承受轴向拉应力或压应力。前者称为**弯曲平面假设**,后者称为**单向受力假设**。

根据平面假设,横截面上各点处均无剪切变形,因此,纯弯时梁的横截面上不存在剪应力。

根据平面假设,梁弯曲时部分纤维伸长,部分纤维缩短,由伸长区到缩短区,其间必存在一长度不变的过渡层,称为中性层,如图 7-20c)所示。中性层与横截面的交线称为中性轴。对于具有对称截面的梁,在平面弯曲的情况下,由于荷载及梁的变形都对称于纵向对称面,因而中性轴必与截面的对称轴垂直。

综上所述,纯弯曲时梁的所有横截面保持平面,仍与变弯后的梁轴正交,并绕中性轴做相对转动,而所有纵向纤维则均处于单向受力状态。

从梁中截取一微段 dx,取梁横截面的对称轴为 y 轴,且向下为正,如图 7-21b)所示,以中性轴为 y 轴,但中性轴的确切位置尚待确定。根据平面假设,变形前相距为 dx 的两个横截面,变形后各自绕中性轴相对旋转了一个角度 $d\theta$,并仍保持为平面。中性层的曲率半径为 ρ,因中性层在梁弯曲后的长度不变,所以:

$$o_1o_2 = \rho d\varphi = dx$$

又坐标为 y 的纵向纤维 ab 变形前的长度为:

$$ab = dx = \rho d\varphi$$

变形后为:

$$ab = (\rho + y)d\varphi$$

故其纵向线应变为:

$$\varepsilon = \frac{(\rho+y)d\varphi - \rho d\varphi}{\rho d\varphi} = \frac{y}{\rho} \tag{a}$$

可见,纵向纤维的线应变与纤维的坐标 y 成正比。

2) 物理关系

因为纵向纤维之间无正应力,每一纤维都处于单向受力状态,当应力小于比例极限时,由胡克定律知:

$$\sigma = E\varepsilon$$

将(a)式代入上式,得:

$$\sigma = E\frac{y}{\rho} \tag{b}$$

这就是横截面上正应力变化规律的表达式。由此可知,横截面上任一点处的正应力与该点到中性轴的距离成正比,而在距中性轴为 y 的同一横线上各点处的正应力均相等,这一变化规律可由图 7-22 来表示。

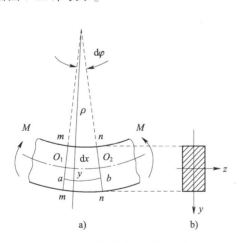

图 7-21 微段 dx 弯曲变形图

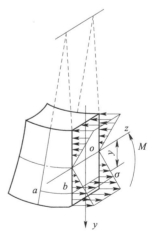

图 7-22 横截面正应力分布

3) 静力学关系

以上已得到正应力的分布规律,但由于中性轴的位置与中性层曲率半径的大小均尚未确定,所以仍不能确定正应力的大小。这些问题需再从静力学关系来解决。

如图 7-23 所示,横截面上各点处的法向微内力 σdA 组成一空间平行力系,而且由于横截

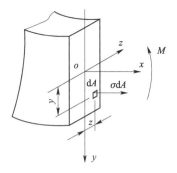

图 7-23 横截面各点法向微应力

面上没有轴力,仅存在位于 x-y 平面的弯矩 M,因此:

$$F_N = \int_A \sigma dA = 0 \qquad (c)$$

$$M_y = \int_A z\sigma dA = 0 \qquad (d)$$

$$M_z = \int_A y\sigma dA = 0 \qquad (e)$$

以式(b)代入式(c),得:

$$\int_A \sigma dA = \frac{E}{\rho}\int_A y dA = 0 \qquad (f)$$

上式中的积分代表截面对 z 轴的静矩 S_z,静距等于零意味着 z 轴必须通过截面的形心。以式(b)代入式(d),得:

$$\int_A \sigma dA = \frac{E}{\rho}\int_A yz dA = 0 \qquad (g)$$

式中,积分是横截面对 y 轴和 z 轴的惯性积。由于 y 轴是截面的对称轴,必然有 $I_{yz}=0$,所以上式是自然满足的。

以式(b)代入式(e),得:

$$M = \int_A y\sigma dA = \frac{E}{\rho}\int_A y^2 dA \qquad (h)$$

式中积分 $\int_A y^2 dA = I_z$ 是横截面对 z 轴(中性轴)的惯性矩。于是,(h)式可以写成:

$$\frac{1}{\rho} = \frac{M}{EI_z} \tag{7-4}$$

此式表明,在指定的横截面处,中性层的曲率与该截面上的弯矩 M 成正比,与 EI_z 成反比。在同样的弯矩作用下,EI_z 愈大,则曲率愈小,即梁愈不易变形,故 EI_z 称为梁的抗弯刚度。

再将式(7-4)代入式(b),于是得横截面上 y 处的正应力为:

$$\sigma = \frac{M}{I_z}y \tag{7-5}$$

此式即为纯弯曲正应力的计算公式。式中,M 为横截面上的弯矩;I_z 为截面对中性轴的惯性矩;y 为所求应力点至中性轴的距离。

当弯矩为正时,梁下部纤维伸长,故产生拉应力,上部纤维缩短而产生压应力;弯矩为负时,则与上述相反。在利用式(7-5)计算正应力时,可以不考虑式中弯矩 M 和 y 的正负号,均以绝对值代入,正应力是拉应力还是压应力可以由梁的变形来判断。

应该指出,以上公式虽然是在纯弯曲的情况下,以矩形梁为例建立的,但对于具有纵向对称面的其他截面形式的梁,如工字形、T字形和圆形截面梁等,仍然可以使用。同时,在实际工程中大多数受横向力作用的梁,横截面上都存在剪力和弯矩,但对一般细长梁来说,剪力的存在对正应力分布规律的影响很小。因此,式(7-5)也适用于非纯弯曲情况。

7.4.2 最大弯曲正应力

由式(7-5)可知,在 $y = y_{max}$ 即横截在距离中性轴最远的各点处,弯曲正应力最大,其值为:

$$\sigma_{max} = \frac{M}{I_z}y_{max} = \frac{M}{\dfrac{I_z}{y_{max}}}$$

式中,比值 I_z/y_{max} 仅与截面的形状与尺寸有关,称为抗弯截面系数,也叫抗弯截面模量,用 W_z 表示。即为:

$$W_z = \frac{I_z}{y_{max}} \tag{7-6}$$

于是,最大弯曲正应力即为:

$$\sigma_{max} = \frac{M}{W_z} \tag{7-7}$$

可见,最大弯曲正应力与弯矩成正比,与抗弯截面系数成反比。抗弯截面系数综合反映了横截面的形状与尺寸对弯曲正应力的影响。

图 7-24 中矩形截面与圆形截面的抗弯截面系数分别为:

$$W_z = \frac{bh^2}{6} \tag{7-8}$$

$$W_z = \frac{\pi d^3}{32} \tag{7-9}$$

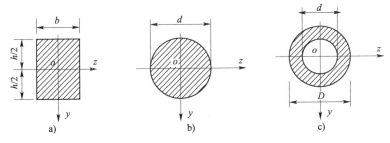

图 7-24 常见横截面形状

而空心圆截面的抗弯截面系数则为:

$$W_z = \frac{\pi D^3}{32}(1 - \alpha^4) \tag{7-10}$$

式中 $\alpha = d/D$,代表内、外径的比值。

至于各种型钢截面的抗弯截面系数,可从型钢规格表中查得。

【例题 7-8】 图 7-25 所示悬臂梁,自由端承受集中荷载 F 作用,已知 $h=18\text{cm}$,$b=12\text{cm}$,$y=6\text{cm}$,$a=2\text{m}$,$F=1.5\text{kN}$。计算 A 截面上 K 点的弯曲正应力。

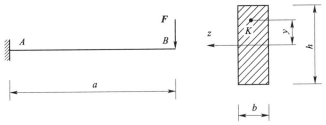

图 7-25 例题 7-8 图

【解】 先计算截面上的弯矩:
$$M_A = -Fa = -1.5 \times 2 = -3\text{kN} \cdot \text{m}$$

截面对中性轴的惯性矩:
$$I_z = \frac{bh^3}{12} = \frac{120 \times 180^3}{12} = 5.832 \times 10^7 \text{mm}^4$$

则：

$$\sigma_k = \frac{M_A}{I_z}y = \frac{3\times10^6}{5.832\times10^7}\times60 = 3.09\text{MPa}$$

A 截面上的弯矩为负，K 点在中性轴的上边，所以为拉应力。

7.4.3 弯曲正应力强度条件

在一般情况下，梁内同时存在弯曲正应力和剪应力，为了保证梁的安全工作，梁最大应力不能超出一定的限度，即梁必须要同时满足正应力强度条件和剪应力强度条件。本书主要介绍梁的正应力强度条件。

最大弯曲正应力发生在横截面上离中性轴最远的各点处，而该处的剪应力一般为零或很小，因而，最大弯曲正应力作用点可看成是处于单向受力状态，所以，弯曲正应力强度条件为：

$$\sigma_{max} = \left[\frac{M}{W_z}\right]_{max} \leq [\sigma] \tag{7-11}$$

即要求梁内的最大弯曲正应力 σ_{max} 不超过材料在单向受力时的许用应力 $[\sigma]$。

对于等截面直梁，上式变为：

$$\sigma_{max} = \frac{M_{max}}{W_z} \leq [\sigma] \tag{7-12}$$

利用上述强度条件，可以对梁进行正应力强度校核、截面选择和确定容许荷载。

在一般细长的非薄壁截面梁中，最大弯曲正应力远大于最大弯曲剪应力。因此，对于一般细长的非薄壁截面梁，通常强度的计算由正应力强度条件控制。因此，在选择梁的截面时，一般都是按正应力强度条件选择，选好截面后再按剪应力强度条件进行校核。

【**例题 7-9**】 图 7-26a)所示外伸梁，用铸铁制成，横截面为 T 字形，并承受均布荷载 q 作用。已知荷载集度 $q = 25\text{N/mm}$，截面形心离底边与顶边的距离分别为 $y_1 = 0.045\text{m}$ 和 $y_2 = 0.095\text{m}$，惯性矩 $I_z = 8.84\times10^{-6}\text{m}^4$，许用拉应力 $[\sigma_t] = 35\text{MPa}$，许用压应力 $[\sigma_c] = 140\text{MPa}$。试校核该梁的强度。

【**解**】 （1）危险截面与危险点判断。

梁的弯矩如图 7-26b)所示，在横截面 D 与 B 上，分别作用有最大正弯矩与最大负弯矩，因此，该两截面均为危险截面。

截面 D 与 B 的弯曲正应力分布分别如图 7-26c)与 d)所示。截面 D 的 a 点与截面 B 的 d 点处均受压，而截面 D 的 b 点与截面 B 的 c 点处均受拉。

由于 $|M_D| > |M_B|$，$|y_a| > |y_d|$，因此 $|\sigma_a| > |\sigma_d|$。

即梁内的最在弯曲压应力 $\sigma_{c,max}$ 发生在截面 D 的 a 点处。至于最大弯曲拉应力 $\sigma_{t,max}$ 究竟发生在 b 点处，还是 c 点处，则需经计算后才能确定。概言之，a、b、c 三点处均可能为最先发生破坏的部位，简称为危险点。

（2）强度校核。

由式(7-5)得 a、b、c 三点处的弯曲正应力分别为：

$$\sigma_a = \frac{M_D y_a}{I_z} = \frac{5.56\times10^6\times950}{8.84\times10^6} = 59.8\text{MPa}$$

$$\sigma_b = \frac{M_D y_b}{I_z} = 28.3\text{MPa}$$

$$\sigma_c = \frac{M_B y_c}{I_z} = 33.6 \text{MPa}$$

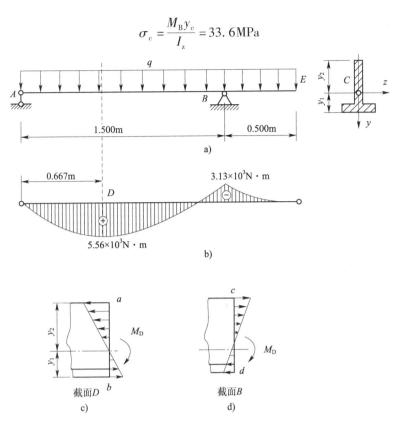

图 7-26 例题 7-9 图

由此得：

$$\sigma_{c,\max} = \sigma_a = 59.8 \text{MPa} < [\sigma_c]$$
$$\sigma_{t,\max} = \sigma_c = 33.6 \text{MPa} < [\sigma_t]$$

可见，梁的弯曲强度符合要求。

【例题 7-10】 悬臂工字钢梁 AB 如图 7-27a)所示，长 $l = 1.2$m，在自由端有一集中荷载 F，工字钢的型号为 18 号，其截面尺寸见图 7-27b)。已知钢的许用应力$[\sigma] = 170$MPa，略去梁的自重，求：(1)试计算集中荷载 F 的最大许可值。(2)若集中荷载为 45kN，拭确定工字钢的型号。

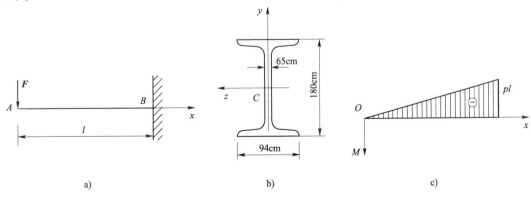

图 7-27 例题 7-10 图

【解】 (1)梁的弯矩图如图 7-27c)所示，最大弯矩在靠近固定端处，其绝对值为：

$$M_{\max} = Fl = 1.2F(\text{N} \cdot \text{m})$$

由附录中查得,18 号工字钢的抗弯截面模量为 $W_z = 185 \times 10^3 \text{mm}^3$,由公式(7-5)得:

$$1.2F \leq 185 \times 10^{-6} \times 170 \times 10^6$$

因此,可知 F 的最大许可值为:

$$[F]_{\max} = \frac{185 \times 170}{1.2} = 26.2 \times 10^3 \text{N} = 26.2 \text{kN}$$

(2)最大弯矩值:

$$M_{\max} = Fl = 1.2 \times 45 \times 10^3 = 54 \times 10^3 \text{N} \cdot \text{m}$$

按强度条件计算所需抗弯截面系数为:

$$W_z \geq \frac{M_{\max}}{[\sigma]} = \frac{54 \times 10^6}{170} = 3.18 \times 10^5 \text{mm}^3 = 318 \text{cm}^3$$

由附录中查得,22b 号工字钢的抗弯截面模量为 $W_z = 325.8 \text{cm}^3 > 318 \text{cm}^3$,符合要求。故选定工字钢型号为 22b 号。

7.5 梁 的 变 形

梁平面弯曲时其变形特点是:梁轴线既不伸长也不缩短,其轴线在纵向对称面内弯曲成一条平面曲线,而且处处与梁的横截面垂直,而横截面在纵向对称面内相对于原有位置转动了一个角度(图 7-28)。显然,梁变形后轴线的形状以及截面偏转的角度是十分重要的,实际上它们是衡量梁刚度好坏的重要指标。

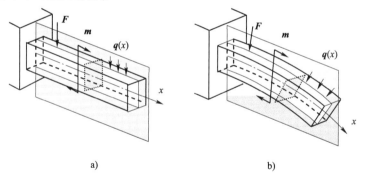

图 7-28 梁平面弯曲时的变形

7.5.1 梁弯曲变形的基本概念

1)挠度

在线弹性小变形条件下,梁在横力作用时将产生平面弯曲,则梁轴线由原来的直线变为纵向对称面内的一条平面曲线,很明显,该曲线是连续的光滑的曲线,称为梁的**挠曲线**(图7-29)。

梁轴线上某点在梁变形后沿竖直方向的位移(横向位移)称为该点的**挠度**。在小变形情况下,梁轴线上各点在梁变形后沿轴线方向的位移(水平位移)可以证明是横向位移的高阶小量,因而可以忽略不计。

挠曲线的曲线方程:

$$w = w(x) \tag{7-13}$$

式(7-13)称为**挠曲线方程**或**挠度函数**,表示轴线上各点的挠度。一般情况下规定:挠度沿

y 轴的正向(向上)为正,沿 y 轴的负向(向下)为负(图7-29)。

必须注意,梁的坐标系的选取可以是任意的,即坐标原点可以放在梁轴线的任意地方。另外,由于梁的挠度函数往往在梁中是分段函数,因此,梁的坐标系既可采用整体坐标,也可采用局部坐标。

2) 转角

梁变形后,其横截面在纵向对称面内相对于原有位置转动的角度称为**转角**,见图7-30。

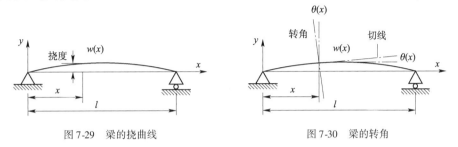

图7-29 梁的挠曲线　　　　图7-30 梁的转角

转角随梁轴线变化的函数为:

$$\theta = \theta(x) \tag{7-14}$$

式(7-14)称为**转角方程**或**转角函数**。

由图7-30可以看出,转角实质上就是挠曲线的切线与梁轴线坐标轴 x 的正方向之间的夹角。所以有 $\tan\theta = \dfrac{\mathrm{d}w(x)}{\mathrm{d}x}$,由于梁的变形是小变形,则梁的挠度和转角都很小,所以 θ 和 $\tan\theta$ 是同阶小量,即 $\theta \approx \tan\theta$,于是有:

$$\theta(x) = \frac{\mathrm{d}w(x)}{\mathrm{d}x} \tag{7-15}$$

即转角函数等于挠度函数对 x 的一阶导数。一般情况下规定:转角逆时针转动时为正,而顺时针转动时为负(图7-31)。

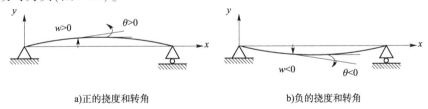

a) 正的挠度和转角　　　　b) 负的挠度和转角

图7-31 梁的挠度和转角的符号

需要注意,转角函数和挠度函数必须在相同的坐标系下描述,由式(7-15)可知,如果挠度函数在梁中是分段函数,则转角函数亦是分段数目相同的分段函数。

3) 梁的变形

如图7-32a)所示的悬臂梁和图7-32b)所示的中间铰梁,在图示荷载作用下,悬臂梁和中间铰梁的右半部分中无任何内力。在前述内容中曾强调过:杆件的内力和杆件的变形是一一对应的,即有什么样的内力,就有什么样与之相应的变形。例如,有轴力则杆件将产生拉伸或压缩变形,有扭矩则杆件将产生扭转变形,有剪力则杆件将产生剪切变形,有弯矩则杆件将产生弯曲变形。若无内力,则杆件也没有变形。因此,图示悬臂梁和中间铰梁的右半部分没有变形,它们将始终保持直线状态,但是,悬臂梁和中间铰梁的右半部分却存在挠度和转角。

事实上,梁的挠度和转角实质上是梁的横向线位移以及梁截面的角位移,也就是说,挠度

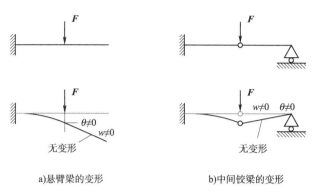

图7-32 挠度和转角实质上是梁的位移

(至少某段杆件存在这种位移)。但梁的变形与梁的挠度和转角之间就不一定是共存的,这一结论可以从上面对图7-32a)所示的悬臂梁和图7-32b)所示的中间铰梁的分析得到。

实际上,图7-32所示悬臂梁和中间铰梁右半部分的挠度和转角是由于梁左半部分的变形引起的,因此可得出如下结论:

(1)梁(或梁段)如果存在变形,则梁(或梁段)必然存在挠度和转角。
(2)梁(或梁段)如果存在挠度和转角,则梁(或梁段)不一定存在变形。

所以,梁的变形和梁的挠度及转角有联系,但也存在质的差别。

7.5.2 挠曲线的近似微分方程

在前述内容中曾得到梁变形后轴线的曲率方程为:

$$\frac{1}{\rho(x)} = \frac{M(x)}{EI_z}$$

高等数学中,曲线 $w = w(x)$ 的曲率公式为:

$$\frac{1}{\rho(x)} = \pm \frac{w''(x)}{[1 + w'(x)^2]^{\frac{3}{2}}}$$

由于梁的变形是小变形,即挠曲线 $w = w(x)$ 仅仅处于微弯状态,则其转角 $\theta(x) = w'(x) \ll 1$,所以,挠曲线的曲率公式可近似为:

$$\frac{1}{\rho(x)} = \pm w''(x)$$

上一单元也分析了曲率的正负号的问题,结论是:变形后梁轴线曲率的正负号与梁弯矩的正负号一致。因此,综合上列几式有:

$$\frac{d^2 w}{dx^2} = \frac{M(x)}{EI} \tag{7-16}$$

式(7-16)称为**挠曲线的近似微分方程**。其中,$I = I_z$ 是梁截面对中性轴的惯性矩。根据式(7-16),只要知道了梁中的弯矩函数,直接进行积分即可得到梁的转角函数 $\theta(x) = w'(x)$ 以及挠度函数 $w(x)$,从而可求出梁在任意位置处的挠度以及截面的转角。

7.5.3 积分法计算梁的变形

根据梁的挠曲线近似微分方程式(7-16),可直接进行积分求梁的变形,即求梁的转角函数 $\theta(x)$ 和挠度函数 $w(x)$。下面分两种情况讨论。

1) 函数 $M(x)/EI$ 在梁中为单一函数

此时被积函数 $M(x)/EI$ 在梁中不分段(图 7-33)。则可将挠曲线近似微分方程式(7-16) 两边同时积分一次,得到转角函数 $\theta(x)$,然后再积分一次,得到挠度函数 $w(x)$。注意每次积分均出现一待定常数。所以有:

$$\begin{cases} \theta(x) = \int \dfrac{M(x)}{EI} \mathrm{d}x + C \\ w(x) = \int \left[\int \dfrac{M(x)}{EI} \mathrm{d}x \right] \mathrm{d}x + Cx + D \end{cases} \quad (7\text{-}17)$$

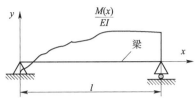

其中, C、D 是待定常数。可见,转角函数 $\theta(x)$ 和挠度函数 $w(x)$ 在梁中也是单一函数。

图 7-33 被积函数在梁中为单一函数

积分常数 C、D 可由梁的支承条件(又称为约束条件或边界条件)确定。常见的梁的支承条件如下。

固定铰支承: $w(A) = 0$

移动铰支承: $w(A) = 0$

固定端支承: $w(A) = 0 \quad \theta(A) = 0$

一般情况下,梁的支承条件有两个,正好可以确定积分常数 C 和 D。

【**例题 7-11**】 试用积分法求图 7-34 所示外伸梁的 θ_A、θ_B 及 y_A、y_D。

【**解**】

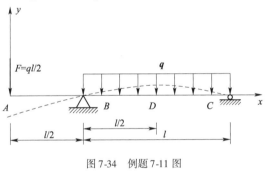

图 7-34 例题 7-11 图

AB 段 $(0 \leq x \leq \dfrac{l}{2})$:

$$EIy''_1 = M(x) = -\dfrac{1}{2}qlx$$

$$EIy'_1 = -\dfrac{1}{4}qlx^2 + C_1$$

$$EIy_1 = -\dfrac{1}{12}qlx^3 + C_1 x + D_1$$

BC 段 $(\dfrac{l}{2} \leq x \leq \dfrac{3l}{2})$:

$$EIy''_2 = M(x) = -\dfrac{1}{2}q\left(\dfrac{3l}{2} - x\right)^2 + \dfrac{1}{4}ql\left(\dfrac{3l}{2} - x\right)$$

$$EIy'_2 = \dfrac{1}{6}q\left(\dfrac{3l}{2} - x\right)^3 - \dfrac{1}{8}ql\left(\dfrac{3l}{2} - x\right)^2 + C_2$$

$$EIy_2 = -\dfrac{1}{24}q\left(\dfrac{3l}{2} - x\right)^4 + \dfrac{1}{24}ql\left(\dfrac{3l}{2} - x\right)^3 - C_2\left(\dfrac{3l}{2} - x\right) + D_2$$

边界条件:

$$x = \dfrac{l}{2}, y_1 = 0: -\dfrac{1}{12}ql\left(\dfrac{l}{2}\right)^3 + C_1 \dfrac{l}{2} + D_1 = 0 \quad \text{①}$$

$$y_2 = 0: -\dfrac{1}{24}ql^4 + \dfrac{1}{24}ql^4 - C_2 l + D_2 = 0 \quad \text{②}$$

$$x = \dfrac{3l}{2}, y_2 = 0: D_2 = 0 \quad \text{③}$$

连续性条件:

$$x = \frac{l}{2}, \theta_1 = \theta_2: -\frac{1}{4}ql\left(\frac{l}{2}\right)^2 + C_1 = \frac{1}{6}ql^3 - \frac{1}{8}ql^3 + C_2 \qquad ④$$

由①②③④求得:$C_2 = D_2 = 0, C_1 = \frac{5}{48}ql^3, D_1 = -\frac{1}{24}ql^4$。

故转角和挠曲线方程为:

AB 段:$\theta_1(x) = -\frac{ql}{4EI}x^2 + \frac{5ql^3}{48EI}$

$$y_1(x) = -\frac{ql}{12EI}x^3 + \frac{5ql^3}{48EI}x - \frac{ql^4}{24EI}$$

BC 段:$\theta_2(x) = \frac{q}{6EI}\left(\frac{3l}{2} - x\right)^3 - \frac{ql}{8EI}\left(\frac{3l}{2} - x\right)^2$

$$y_2(x) = -\frac{q}{24EI}\left(\frac{3l}{2} - x\right)^4 + \frac{ql}{24EI}\left(\frac{3l}{2} - x\right)^3$$

由此可得到:

$$\theta_A = \theta_1|_{x=0} = \frac{5ql^3}{48EI}, \theta_B = \theta_1|_{x=\frac{l}{2}} = \frac{ql^3}{24EI}$$

$$y_A = y_1|_{x=0} = -\frac{ql^4}{24EI}, y_D = y_2|_{x=l} = \frac{ql^4}{384EI}$$

2) 函数 $M(x)/EI$ 在梁中为分段函数

此时被积函数 $M(x)/EI$ 在梁中分若干段(图 7-35)。则在每个梁段中将挠曲线近似微分方程式(7-16)两边同时积分一次,得到该段梁的转角函数 $\theta_i(x)$,然后再积分一次,得到该段梁的挠度函数 $w_i(x)$。注意每段梁有两个待定常数 C_i、D_i,一般情况下各段梁的积分常数是不相同的。所以有:

$$\begin{cases} \theta_i(x) = \int \left[\frac{M(x)}{EI}\right]_i dx + C_i \\ w_i(x) = \int \left\{\int \left[\frac{M(x)}{EI}\right]_i dx\right\} dx + C_i x + D_i \end{cases} \quad (x_{i-1} \leq x \leq x_i) \qquad (7\text{-}18)$$

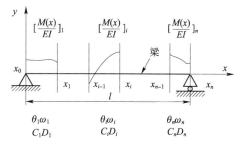

图 7-35 被积函数在梁中为分段函数

可见,梁的转角函数 $\theta(x)$ 和挠度函数 $w(x)$ 在梁中也是分段函数。

假设梁分为 n 段(图 7-35),x_0、x_1、$\cdots$、x_{i-1}、x_i、$\cdots$、x_n 称为梁的分段点,则共有 $2n$ 个积分常数 C_i、D_i($i = 1,2,\cdots,n$),梁的支承条件有两个。另外,梁变形后轴线是光滑连续的,这就要求梁的转角函数以及挠度函数在梁中是连续的函数。这个条件称为梁的连续性条件。因此,可列出除梁约束点外其他分段点的连续性条件为:

$$\begin{cases} \theta_{i-1}(x_i) = \theta_i(x_i) \\ w_{i-1}(x_i) = w_i(x_i) \end{cases} \quad (i = 2,\cdots,n) \qquad (7\text{-}19)$$

共有 $2n - 2$ 个方程,加上梁的两个支承条件,则可确定 $2n$ 个积分常数 C_i、D_i($i = 1、2、\cdots、n$),从而即可求得各段梁的转角函数 $\theta_i(x)$ 以及挠度函数 $w_i(x)$。

注意,积分法求分段梁的变形时,可以采用局部坐标系进行求解,相应的弯矩函数 $M(x)$、抗弯刚度 EI 以及支承条件和连续性条件都必须在相同的局部坐标系下写出。

【例题 7-12】 如图 7-36 所示阶梯状悬臂梁 AB,在自由端受集中力 F 作用,梁长度及抗弯刚度如图所示,试求自由端的挠度以及梁中点截面的转角。

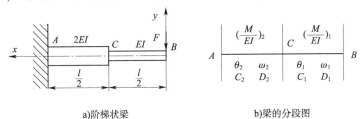

a)阶梯状梁　　　　　　　　b)梁的分段图

图 7-36　例题 7-12 图

【解】 (1)求梁的弯矩函数。

建立如图 7-36a)所示的坐标系,由截面法可求得梁中的弯矩函数为:

$$M(x) = -Fx\ (0 \leq x \leq l)$$

由于梁分为两段,则两段梁的被积函数分别为:

$$\left(\frac{M}{EI}\right)_1 = -\frac{Fx}{EI} \quad \left(0 \leq x \leq \frac{l}{2}\right) \quad \left(\frac{M}{EI}\right)_2 = -\frac{Fx}{2EI} \quad \left(\frac{l}{2} \leq x \leq l\right)$$

(2)求转角函数和挠度函数。

转角函数:

$$\theta(x) = \begin{cases} \theta_1(x) = \int \left(\frac{M}{EI}\right)_1 \mathrm{d}x + C_1 = -\frac{Fx^2}{2EI} + C_1 & \left(0 \leq x \leq \frac{l}{2}\right) \\ \theta_2(x) = \int \left(\frac{M}{EI}\right)_2 \mathrm{d}x + C_2 = -\frac{Fx^2}{4EI} + C_2 & \left(\frac{l}{2} \leq x \leq l\right) \end{cases}$$

挠度函数:

$$w(x) = \begin{cases} w_1(x) = \int \theta_1 \mathrm{d}x + D_1 = -\frac{Fx^3}{6EI} + C_1 x + D_1 & \left(0 \leq x \leq \frac{l}{2}\right) \\ w_2(x) = \int \theta_2 \mathrm{d}x + D_2 = -\frac{Fx^3}{12EI} + C_2 x + D_2 & \left(\frac{l}{2} \leq x \leq l\right) \end{cases}$$

(3)确定积分常数

约束条件:

$$\theta(l) = 0 \quad w(l) = 0$$

根据梁的分段图可见:

$$\theta(l) = \theta_2(l) = -\frac{Fl^2}{4EI} + C_2 = 0,\ C_2 = \frac{Fl^2}{4EI}$$

$$w(l) = w_2(l) = -\frac{Fl^3}{12EI} + C_2 l + D_2 = 0,\ D_2 = \frac{Fl^3}{12EI} - \frac{Fl^3}{4EI} = -\frac{Fl^3}{6EI}$$

连续性条件:

$$\theta_1\left(\frac{l}{2}\right) = \theta_2\left(\frac{l}{2}\right) \quad w_1\left(\frac{l}{2}\right) = w_2\left(\frac{l}{2}\right)$$

$$-\frac{F(l/2)^2}{2EI} + C_1 = \frac{F(l/2)^2}{4EI} + C_2, \quad C_1 = \frac{5Fl^2}{16EI}$$

$$-\frac{F(l/2)^3}{6EI} + C_1\frac{l}{2} + D_1 = \frac{F(l/2)^3}{12EI} + C_2\frac{l}{2} + D_2, \quad D_1 = -\frac{3Fl^3}{16EI}$$

所以,梁的转角函数和挠度函数为:

$$\theta(x) = \begin{cases} \theta_1(x) = -\dfrac{Fx^2}{2EI} + \dfrac{5Fl^2}{16EI} & \left(0 \leqslant x \leqslant \dfrac{l}{2}\right) \\ \theta_2(x) = -\dfrac{Fx^2}{4EI} + \dfrac{Fl^2}{4EI} & \left(\dfrac{l}{2} \leqslant x \leqslant l\right) \end{cases}$$

$$w(x) = \begin{cases} w_1(x) = -\dfrac{Fx^3}{6EI} + \dfrac{5Fl^2 x}{16EI} - \dfrac{3Fl^3}{16EI} & \left(0 \leqslant x \leqslant \dfrac{l}{2}\right) \\ w_2(x) = -\dfrac{Fx^3}{12EI} + \dfrac{Fl^2 x}{4EI} - \dfrac{Fl^3}{4EI} & \left(\dfrac{l}{2} \leqslant x \leqslant l\right) \end{cases}$$

(4)求自由端的挠度以及梁中点截面的转角。

由梁的分段图,自由端的挠度为:

$$w_B = w_1(0) = -\frac{3Fl^3}{16EI} \quad (\text{向下})$$

梁中点截面的转角为:

$$\theta_C = \theta_1\left(\frac{l}{2}\right) = \theta_2\left(\frac{l}{2}\right) = \frac{Fl^2}{8EI} \quad (\text{顺时针})$$

因梁 x 轴正方向是向左的,因此,转角为正的时候是顺时针转角。

7.5.4 叠加法求梁的变形

在实际工程中,作用在梁上的荷载往往有几个,若用积分法求梁的变形,计算量很大。在弹性范围内的小变形前提下,梁的变形与荷载呈线性关系,符合叠加原理条件。分别计算各荷载单独作用下产生的变形,叠加起来(求代数和)就是所求的变形值。由于梁在各种简单荷载作用下产生的变形均可查表 7-2,因而,用叠加法计算梁的变形就比较简单。

简单荷载作用下梁的变形　　　　　　　　　　　　　　　　表 7-2

序号	梁的简图	挠曲线方程	梁端转角	最大挠度
1	(悬臂梁,自由端B受集中力P)	$y = \dfrac{Px^2}{6EI}(3l - x)$	$\theta_B = \dfrac{Pl^2}{2EI}$	$y_B = \dfrac{Pl^3}{3EI}$
2	(悬臂梁,距固定端a处C受集中力P)	$y = \dfrac{Px^2}{6EI}(3a - x)$ $(0 \leqslant x \leqslant a)$ $y = \dfrac{Pa^2}{6EI}(3x - a)$ $(a \leqslant x \leqslant l)$	$\theta_B = \dfrac{Pa^2}{2EI}$	$y_B = \dfrac{Pa^3}{6EI}(3l - a)$

续上表

序号	梁的简图	挠曲线方程	梁端转角	最大挠度
3	(悬臂梁,均布载荷 q,长 l)	$y = \dfrac{qx^2}{24EI}(x^2 - 4lx + 6l^2)$	$\theta_B = \dfrac{ql^3}{6EI}$	$y_B = \dfrac{ql^4}{8EI}$
4	(悬臂梁,自由端受力偶 m,长 l)	$y = \dfrac{mx^2}{2EI}$	$\theta_B = \dfrac{ml}{EI}$	$y_B = \dfrac{ml^2}{2EI}$
5	(简支梁,跨中集中力 P,跨度 l)	$y = \dfrac{Px}{48EI}(3l^2 - 4x^2)$ $(0 \leq x \leq \dfrac{l}{2})$	$\theta_A = -\theta_B = \dfrac{Pl^2}{16EI}$	$y_C = \dfrac{Pl^3}{48EI}$
6	(简支梁,集中力 P,距左端 a,右端 b)	$y = \dfrac{Pbx}{6lEI}(l^2 - x^2 - b^2)$ $(0 \leq x \leq a)$ $y = \dfrac{Pb}{6lEI}\left[\dfrac{l}{b}(x-a)^3 + (l^2 - b^2)x - x^3\right]$ $(a \leq x \leq l)$	$\theta_A = \dfrac{Pab(l+b)}{6lEI}$ $\theta_B = -\dfrac{Pab(l+a)}{6lEI}$	设 $a > b$ 在 $x = \sqrt{\dfrac{l^2 - b^2}{3}}$ 处 $y_{max} = \dfrac{Pb\sqrt{3(l^2-b^2)^3}}{27lEI}$ 在 $x = l/2$ 处 $y_{l/2} = \dfrac{Pb(3l^2 - 4b^2)}{48EI}$
7	(简支梁,均布载荷 q,跨度 l)	$y = \dfrac{qx}{24EI}(l^3 - 2lx^2 + x^3)$	$\theta_A = -\theta_B = \dfrac{ql^3}{24EI}$	在 $x = \dfrac{l}{2}$ 处 $y_{max} = \dfrac{5ql^4}{384EI}$
8	(简支梁,左端受力偶 m,跨度 l)	$y = \dfrac{mx}{6lEI}(l-x)(2l-x)$	$\theta_A = \dfrac{ml}{3EI}$ $\theta_B = -\dfrac{ml}{6EI}$	在 $x = \left(1 - \dfrac{1}{\sqrt{3}}\right)l$ 处 $y_{max} = \dfrac{ml^2}{9\sqrt{3}EI}$ 在 $x = \dfrac{l}{2}$ 处 $y_{l/2} = \dfrac{ml^2}{16EI}$
9	(简支梁带外伸段,外伸端受力 P,跨度 l,外伸长 a)	$y = -\dfrac{Pax}{6lEI}(l^2 - x^2)$ $(0 \leq x \leq l)$ $y = \dfrac{P(x-l)}{6EI}[3ax - al - (x-l)^2]$ $[l \leq x \leq (l+a)]$	$\theta_A = -\dfrac{Pal}{6EI}$ $\theta_B = \dfrac{Pal}{3EI}$ $\theta_C = \dfrac{Pa(2l+3a)}{6EI}$	$y_C = \dfrac{Pa^2}{3EI}(l+a)$

续上表

序号	梁的简图	挠曲线方程	梁端转角	最大挠度
10	![梁10] A——B——C，长度 l 和 a，均布荷载 q 在 B 到 C 段	$y = -\dfrac{qa^2 x}{12lEI}(l^2 - x^2)$ $(0 \leqslant x \leqslant l)$ $y = \dfrac{q(x-l)}{24EI}[2a^2(3x-l) + (x-l)^2(x-l-4a)]$ $[l \leqslant x \leqslant (l+a)]$	$\theta_A = -\dfrac{qa^2 l}{12EI}$ $\theta_B = \dfrac{qa^2 l}{6EI}$ $\theta_C = \dfrac{qa^2(l+a)}{6EI}$	$y_C = \dfrac{qa^3}{24EI}(4l + 3a)$
11	![梁11] A——B——C，长度 l 和 a，端部力偶 m	$y = -\dfrac{mx}{6lEI}(l^2 - x^2)$ $(0 \leqslant x \leqslant l)$ $y = \dfrac{m}{6EI}(3x^2 - 4xl + l^2)$ $[l \leqslant x \leqslant (l+a)]$	$\theta_A = -\dfrac{ml}{6EI}$ $\theta_B = \dfrac{ml}{3EI}$ $\theta_C = \dfrac{m}{3EI}(l + 3a)$	$y_C = \dfrac{ma}{6EI}(2l + 3a)$

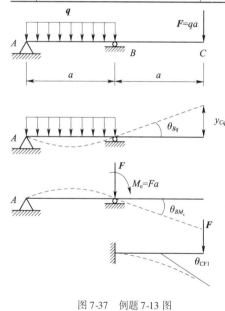

图 7-37　例题 7-13 图

【例题 7-13】 试用叠加法求图 7-37 所示梁指定截面的挠度和转角。设梁的抗弯刚度 EI 为已知。

【解】 （1）当 q 单独作用时，查表 7-2 得：

$$\theta_{Cq} = \theta_{Bq} = \dfrac{qa^3}{24EI}, \quad y_{Cq} = \theta_{Bq} \cdot a = \dfrac{qa^4}{24EI}$$

（2）当 F 单独作用时，查表 7-2 得：

$$\theta_{CF} = \theta_{BM_e} + \theta_{CF1} = -\dfrac{qa^2 \cdot a}{3EI} - \dfrac{qa \cdot a^2}{2EI} = -\dfrac{5qa^3}{6EI}$$

$$y_{CF} = -\theta_{BM_e} \cdot a - f_{CF1} = -\dfrac{qa^3}{3EI} \cdot a - \dfrac{qa \cdot a^3}{3EI} = -\dfrac{2qa^4}{3EI}$$

（3）当 q 和 F 共同作用时：

$$\theta_C = \theta_{Cq} + \theta_{CF} = \dfrac{qa^3}{24EI} - \dfrac{5qa^3}{6EI} = -\dfrac{19qa^3}{24EI}$$

$$y_C = y_{Cq} + y_{CF} = \dfrac{qa^4}{24EI} - \dfrac{2qa^4}{3EI} = -\dfrac{5qa^4}{8EI}$$

7.6 提高梁的强度和刚度的措施

1）合理安排梁的支承

例如剪支梁受均布荷载，若将两端的支座均向内移动 $0.2l$，则最大弯矩只有原来最大弯矩的五分之一（图 7-38）。

2）合理布置荷载

将集中力变为分布力将减小最大弯矩的值（图 7-39）。

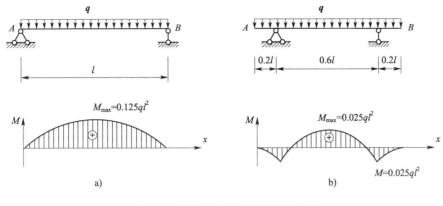

图 7-38 不同支座位置对梁的弯矩的影响

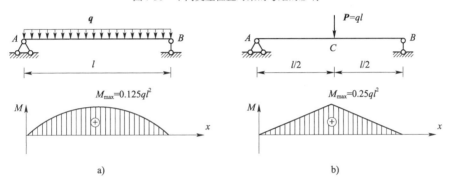

图 7-39 不同荷载类型对梁的弯矩的影响

3) 选择合理的截面

(1) 截面的布置应该尽可能远离中性轴,工字形、槽形和箱形截面都是很好的选择。

(2) 脆性材料的抗拉能力和抗压能力不等,应选择上下不对称的截面,例如 T 字形截面。

单 元 小 结

1) 梁弯曲变形时横截面上的内力

梁弯曲变形时横截面上存在两种内力:剪力(Q)和弯矩(M),确定内力的基本方法是截面法。

2) 常用作剪力图和弯矩图的方法

(1) 列剪力方程和弯矩方程作内力图,此方法为基本方法。

(2) 利用 M、Q、q 三者间的微分关系作内力图,这是一种快速的方法,也是应用最多的方法。

3) 绘图步骤

(1) 利用平衡条件求支座反力。

(2) 根据梁上的外力情况将内力图分段:集中力作用点、分布荷载的起点和终点及杆端将剪力图分段;集中力作用点、分布荷载的起点和终点、集中力偶作用面及杆端将弯矩图分段。

(3) 分别计算各控制截面内力值。

(4) 根据表 7-1 判断各段内力图形状,逐段画出内力图。

4)梁弯曲时横截面上的正应力

梁弯曲时横截面上有两种应力——正应力和剪应力,计算时应同时考虑正应力、剪应力,但是正应力强度条件起控制作用,所以一般以正应力强度条件进行计算。故本单元重点阐述了梁的强度问题。

(1)梁横截面上的应力计算。

(2)梁的强度条件。

5)梁的变形计算

(1)梁的挠曲线近似微分方程。

(2)梁的挠度方程和位移方程。

(3)求梁的变形的两种方法:积分法和叠加法。

自 我 检 测

7-1 判断题

(1)在非均质材料的等截面梁中,最大正应力$|\sigma|_{max}$不一定出现在$|M|_{max}$的截面上。
( )

(2)等截面梁产生纯弯曲时,变形前后横截面保持为平面,且其形状、大小均保持不变。
( )

(3)梁产生纯弯曲时,过梁内任一点的任一截面上的剪应力都等于零。   ( )

(4)控制梁弯曲强度的主要因素是最大弯矩值。   ( )

7-2 选择题

(1)如图7-40所示,铸铁梁有A、B、C和D四种截面形状可以供选取,根据正应力强度,采用(   )图的截面形状较合理。

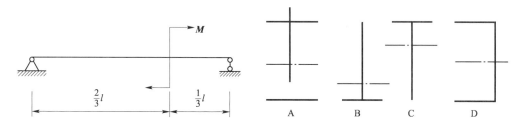

图 7-40

(2)如图7-41所示的两铸铁梁,材料相同,承受相同的荷载F。则当F增大时,破坏的情况是(   )。

A.同时破坏   B.a)图梁先坏   C.b)图梁先坏

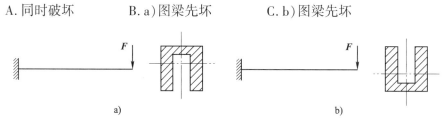

图 7-41

(3) 研究梁的变形的目的是( )。
　　A. 进行梁的强度计算　　　　　　　B. 进行梁的刚度计算
　　C. 进行梁的稳定性计算　　　　　　D. 为解超静定梁提供条件
(4) 桥式起重机的主钢梁设计成两端外伸梁较简支梁有利，其理由是( )。
　　A. 减小了梁的最大弯矩值　　　　　B. 减小了梁的最大剪力值
　　C. 减小了梁的最大挠度值　　　　　D. 增加了梁的抗弯刚度值

7-3　图 7-42 所示简支梁，已知均布荷载 $q = 245\text{kN/m}$，跨度 $l = 2.75\text{m}$，试求跨中截面 C 上的剪力和弯矩。

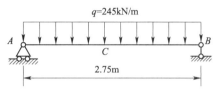

图 7-42　题 7-3 图

7-4　用截面法求图 7-43 所示梁中指定截面上的剪力和弯矩。

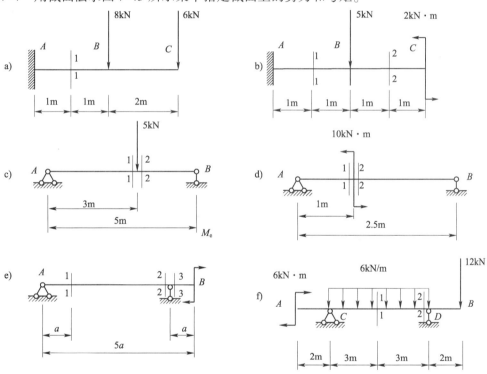

图 7-43　题 7-4 图

7-5　试作出图 7-44 所示梁的剪力图和弯矩图。

7-6　图 7-45 所示为一矩形截面简支梁，跨中作用集中力 F，已知 $l = 4\text{m}$，$b = 120\text{mm}$，$h = 180\text{mm}$，弯曲时材料的许用应力 $[\sigma] = 10\text{MPa}$，求梁能承受的最大荷载 $F_{\max}$。

7-7　圆形截面木梁受荷载如图 7-46 所示，已知 $l = 3\text{m}$，$F = 3\text{kN}$，$q = 3\text{kN/m}$，弯曲时木材的许用应力 $[\sigma] = 10\text{MPa}$，试选择圆木的直径 d。

7-8　简支梁承受均布荷载如图 7-47 所示。若分别采用截面面积相同的实心和空心圆截面，且 $D_1 = 40\text{mm}$，$d_2/D_2 = 3/5$，试分别计算它们的最大正应力。

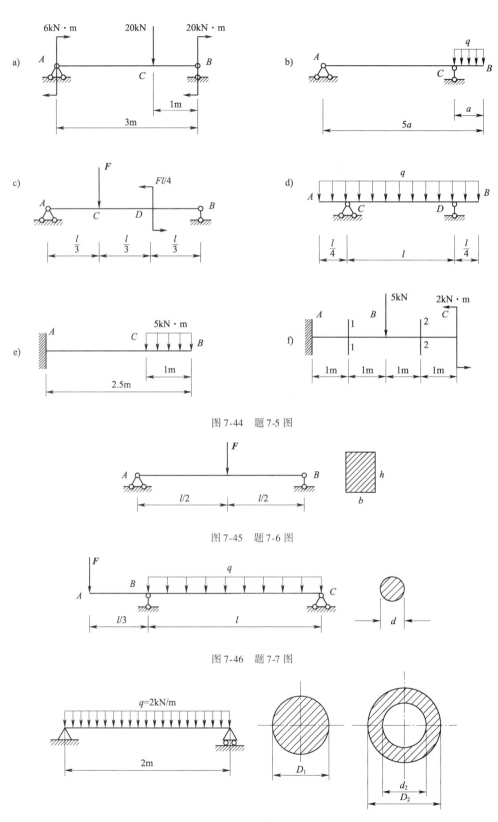

图 7-44 题 7-5 图

图 7-45 题 7-6 图

图 7-46 题 7-7 图

图 7-47 题 7-8 图

7-9 一简支工字型钢梁,工字钢的型号为28a,梁上荷载如图7-48所示,已知 $l=6\text{m}$, $F_1=60\text{kN}$, $F_2=40\text{kN}$, $q=8\text{kN/m}$,钢材的许用应力 $[\sigma]=170\text{MPa}$, $[\tau]=100\text{MPa}$,试校核梁的强度。

7-10 用叠加法求图7-49所示外伸梁外伸端的挠度和转角。设 EI 为常数。

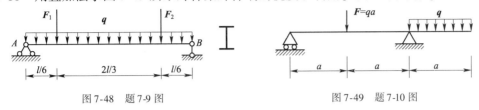

图7-48 题7-9图　　　　图7-49 题7-10图

单元 8　工程构件破坏成因分析

单元学习任务：

1. 理解应力状态的概念。
2. 了解用图解法(应力圆)分析任意斜截面上的应力的方法。
3. 掌握用图解法(应力圆)确定主应力的方法。
4. 掌握常用的四大强度理论。

8.1　平面应力状态分析

在前面各单元中，已经讨论了杆件的拉伸与压缩、圆轴的扭转和梁的弯曲三类基本变形。承受拉伸与压缩的杆件，横截面上是由轴力引起的正应力；承受扭转的圆轴，横截面上是由扭矩引起的剪应力(最大值在外圆周处)；承受弯曲的梁，横截面上有由弯矩引起的正应力(最大值在离中性轴最远处)及由剪力引起的剪应力(最大值在中性轴上)。所建立的强度条件，都是由单一的最大应力(最大正应力或最大剪应力)小于等于相应的许用应力。当某危险点处于既有正应力又有剪应力的复杂状态时，如何判断其强度安全性？这是本单元要讨论的问题。

8.1.1　应力状态的概念

在受力构件的同一截面上，各点处的应力一般是不同的；就一点而言，通过这一点有无数多个截面，而该点在不同方位截面上的应力一般也是不同的。为了描述一点的应力状态，总是围绕所考察的点截取一个三对面相互垂直的微小六面体，该六面体三个方向上的尺寸均为无穷小，称为**单元体**。假设该单元体每个面上的应力都是均匀分布，且相互平行的截面上应力相等。当受力物体处于平衡状态时，从物体中截取的单元体也是平衡的，截取单元体的任何一个方向也必然是平衡的。所以，当单元体三对面上的应力已知时，就可以应用截面法假想地将单元体从任意方向面截开，考虑截开后任意一部分的平衡，利用平衡条件求得任意方位面上的应力。受力构件内一点处不同方位截面上应力的集合称为一点处的应力状态，研究通过一点的不同方位截面上的应力变化情况就是点的应力状态分析。

由于构件的受力不同，应力状态多种多样，只受一个方向正应力作用的应力状态称为**单向应力状态**，只受剪应力作用的应力状态称为**纯剪应力状态**，所有应力作用线都处于同一平面内的应力状态称为**平面应力状态**或**二向应力状态**。单向应力状态与纯剪应力状态都是平面应力状态的特例，本单元主要讨论平面应力状态与空间应力状态的某些特例。

8.1.2 符号规定

平面应力状态的普遍形式如图 8-1a)所示,由于前后两平面上没有应力,可将该单元体用平面图形来表示。设两对平面的正应力和剪应力分别为 σ_x、τ_{xy} 和 σ_y、τ_{yx},其中,正应力的下标表示所在平面的外法线方向,剪应力的两个下标中第一个表示所在平面的外法线方向,第二个表示剪应力作用方向所在的坐标轴。已知 σ_x、τ_{xy} 和 σ_y、τ_{yx} 的单元体称为原始单元体。在平面应力状态下,任意方向面(法线为 n)的位置是由它的法线 n 与水平轴 x 正向的夹角 α 定义。

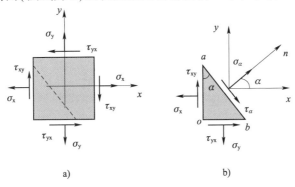

图 8-1 平面应力状态及指定斜面受力分析

为求该单元体任一斜截面上的应力,用截面法将单元体从该斜面方向处截为两部分,取左下方部分为研究对象,进行力系平衡分析。对正应力、剪应力和斜截面方位角的正负号规定如下:

α 角:从 x 正方向逆时针转至 n 正方向者为正,反之为负。

正应力:拉为正,压为负。

剪应力:使所取单元体产生顺时针方向转动趋势者为正,反之为负。

图 8-1b)所示的 α 角及正应力 σ_x、σ_y 和剪应力 τ_{xy} 均为正,剪应力 τ_{yx} 为负。

8.1.3 平面应力状态中任意斜截面上正应力与剪应力的解析式

若构件只在 xy 平面内承受荷载,在 z 方向无荷载作用,则构件中沿坐标平面任取的六面体微元在垂直于 z 轴的前后两个面上无应力作用。其余四个面上作用的应力都在 xy 平面内,此即平面应力状态。图 8-1 给出了平面应力状态的最一般情况。

在垂直于 x 轴的左右两平面上作用有正应力 σ_x 和剪应力 τ_{xy},在垂直于 y 轴的上下两平面上作用有正应力 σ_y 和剪应力 v_{yx},且由剪应力互等定理可知:$\tau_{xy} = \tau_{yx} = \tau$。现在讨论图中虚线所示任一斜截面上的应力(设截面上正法向 n 与 x 轴的夹角为 α)。

如图 8-1b)所示为单位厚度的微元 oab,dA 表示斜截面面积。截面 oa 上作用的应力为 σ_x 和 τ_{xy},沿 x、y 方向的内力分别为 $-\sigma_x dA\cos\alpha$ 和 $\tau_{yx} dA\cos\alpha$;截面 ob 上作用的应力为 σ_y 和 τ_{yx},沿 x、y 方向的内力分别为 $\tau_{yx} dA\sin\alpha$ 和 $-\sigma_y dA\sin\alpha$;设斜截面 ab 上的应力为 σ_α 和 τ_α,则斜截面上沿法向、切向的内力则为 $\sigma_\alpha dA$ 和 $\tau_\alpha dA$。将上述各力投影到 x、y 轴上,列平衡方程如下:

$$\sum F_x = \sigma_\alpha dA\cos\alpha + \tau_\alpha dA\sin\alpha - \sigma_x dA\cos\alpha + \tau_{yx} dA\sin\alpha = 0$$

$$\sum F_y = \sigma_\alpha dA\sin\alpha - \tau_\alpha dA\cos\alpha - \sigma_y dA\sin\alpha + \tau_{xy} dA\cos\alpha = 0$$

注意到 $\tau_{xy} = \tau_{yx}$,解得:

$$\sigma_\alpha = \sigma_x \cos^2\alpha + \sigma_y \sin^2\alpha - 2\tau_{xy}\sin\alpha\cos\alpha$$

$$\tau_\alpha = (\sigma_x - \sigma_y)\sin\alpha\cos\alpha + \tau_{xy}(\cos^2\alpha - \sin^2\alpha)$$

由三角公式 $\cos^2\alpha = (1+\cos2\alpha)/2$，$\sin^2\alpha = (1-\cos2\alpha)/2$，$\sin2\alpha = 2\sin\alpha\cos\alpha$，根据上述结果，可以得到转角为 α 的任意斜截面上相互垂直的法线和切线方向的正应力和剪应力分别为：

$$\sigma_\alpha = \frac{\sigma_x + \sigma_y}{2} + \frac{\sigma_x - \sigma_y}{2}\cos2\alpha - \tau_{xy}\sin2\alpha \tag{8-1}$$

$$\tau_\alpha = \frac{\sigma_x - \sigma_y}{2}\sin2\alpha + \tau_{xy}\cos2\alpha \tag{8-2}$$

在应用上述公式时，注意应力和方位角 α 的符号，需将 σ_x、σ_y、τ_{xy} 和 α 的代数值代入。

应该指出，上述公式是根据静力平衡条件建立的，因此，它们既可用于线弹性问题，也可用于非线性或非弹性问题；既可用于各向同性的情况，也可用于各向异性的情况，即与材料的力学性能无关。

8.1.4 主平面、主应力与主方向

过 A 点取一个单元体，如果单元体的某个面上只有正应力，而无剪应力，则此平面称为主平面。主平面上的正应力称为主应力，主应力所在的方位为主方向。

令式(8-2)中的 $\tau_\alpha = 0$，得到主平面方向角 α_{01} 的表达式为：

$$\tan2\alpha_{01} = -\frac{2\tau_{xy}}{\sigma_x - \sigma_y} \tag{8-3}$$

若令 $\left.\dfrac{d\sigma_\alpha}{d\alpha}\right|_{\alpha=\alpha_0} = -(\sigma_x-\sigma_y)\sin2\alpha_0 - 2\tau_{xy}\cos2\alpha_0 = 0$，得到：

$$\tan2\alpha_0 = -\frac{2\tau_{xy}}{\sigma_x - \sigma_y} \tag{8-3a}$$

式(8-3a)与式(8-3)具有完全一致的形式。这表明，主应力同时又是极值应力，是所有垂直于 xy 坐标平面的方向面上正应力的极大值或极小值。将式(8-3)代入式(8-1)，得到：

$$\sigma_{max} = \frac{\sigma_x + \sigma_y}{2} + \sqrt{\left(\frac{\sigma_x - \sigma_y}{2}\right)^2 + \tau_{xy}^2} \tag{8-4}$$

$$\sigma_{min} = \frac{\sigma_x + \sigma_y}{2} - \sqrt{\left(\frac{\sigma_x - \sigma_y}{2}\right)^2 + \tau_{xy}^2} \tag{8-5}$$

根据剪应力互等定理，剪应力为零的 σ_{max} 和 σ_{min} 所在方位面应互相垂直，σ_{max} 和 σ_{min} 也互相垂直，对应的方位角分别为 α_0 和 $\alpha_0 + \dfrac{\pi}{2}$。

在平面应力状态下，平行于 xy 坐标平面的那一对平面上既没有正应力作用，也没有剪应力作用，因而也是主平面，只不过这一主平面上的主应力等于零。该主应力与 σ_{max}、σ_{min} 一起按代数值由大到小的顺序排列分别为 σ_1、σ_2 和 σ_3，即为 $\sigma_1 \geq \sigma_2 \geq \sigma_3$。根据这三个主应力的大小和方向，就可以确定材料何时发生失效或破坏，并确定失效或破坏的形式。

8.1.5 极值剪应力及其所在平面

与正应力类似，不同方向面上的剪应力也是各不相同的，因而剪应力也存在极值。为求此极值，将式(8-2)对 α 求一阶导数，并令其等于零，即

$$\left.\frac{d\tau_\alpha}{d\alpha}\right|_{\alpha=\alpha_1} = (\sigma_x - \sigma_y)\cos2\alpha_1 - 2\tau_{xy}\sin2\alpha_1 = 0$$

得到 τ_{xy} 取极值的特征角为：

$$\tan 2\alpha_1 = -\frac{\sigma_x - \sigma_y}{2\tau_{xy}} \qquad (8-6)$$

上式给出 α_1 和 $\alpha_1 + 90°$ 两个角度，它们确定了极大和极小剪应力所在平面的方位。可见，极大和极小剪应力的作用平面互相垂直。

比较式(8-6)和式(8-3a)，可知：

$$\tan 2\alpha_1 = -\cot 2\alpha_0 = \tan 2(\alpha_0 \pm 45°)$$

所以：

$$\alpha_1 = \alpha_0 \pm 45°$$

这表明，极值剪应力所在平面与主平面夹角为45°。

最大和最小剪应力分别为：

$$\tau_{max} = \sqrt{\left(\frac{\sigma_x - \sigma_y}{2}\right)^2 + \tau_{xy}^2} \qquad (8-7)$$

$$\tau_{min} = -\sqrt{\left(\frac{\sigma_x - \sigma_y}{2}\right)^2 + \tau_{xy}^2} \qquad (8-8)$$

上述剪应力极值仅对垂直于 xy 坐标平面的一组方向面而言，因而称之为这一组方向面内的最大和最小剪应力，简称为面内最大剪应力与面内最小剪应力，二者不一定是过一点的所有方向面中剪应力的最大值和最小值。

【例题 8-1】 T形截面铸铁梁受力如图 8-2a)所示，已知 $P = 3.6\text{kN}$，$I_z = 7.63 \times 10^{-6}\text{m}^4$，试绘出危险截面上翼缘和腹板交界的点 a 的原始单元体，并求单元体上的应力（C 为截面形心）。

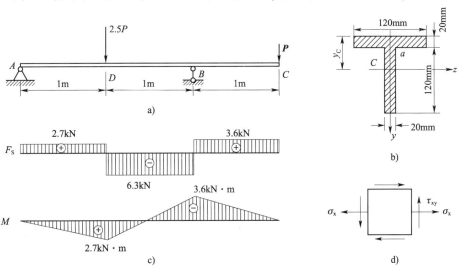

图 8-2 T形截面铸铁梁受力图

【解】 (1)画受力图。求支反力：

$$F_A = 2.7\text{kN}, \quad F_B = 9.9\text{kN}$$

(2)画出梁的剪力图和弯矩图，判断梁的危险截面。梁的内力图如图8-2c)所示，危险截面为 B 截面左侧，其上内力：

$$F_{smax} = 6.3\text{kN}, M_{max} = 3.6\text{kN} \cdot \text{m}$$

(3)计算 a 点的应力。

129

$$S_z^* = 80 \times 20 \times 42 \times 10^{-9} = 6.72 \times 10^{-5} \text{m}^2$$

a 点的正应力和剪应力分别为:

$$\sigma_x = \frac{M_{max} y_a}{I_z} = \frac{3.6 \times 32}{7.63 \times 10^{-6}} = 15.10 \text{MPa}$$

$$\tau_{xy} = \frac{F_s S_z^*}{b I_z} = \frac{-6.3 \times 6.72 \times 10^{-2}}{20 \times 7.63 \times 10^{-9}} = -2.7 \text{MPa}$$

(4) 绘制 a 点的单元体,如图 8-2d) 所示,此单元体为简单二向应力状态。

【**例题 8-2**】 试根据点的应力状态特点分析低碳钢与铸铁拉伸时的破坏特征。

【**解**】 杆件承受轴向拉伸外荷载时,其上任意一点都是单向应力状态,如图 8-3a) 所示。单元体上的应力为 $\sigma_x = \sigma, \sigma_y = 0, \tau_{xy} = 0$,代入式 (8-1) 和式 (8-2),得到:

$$\sigma_\alpha = \frac{\sigma_x}{2} + \frac{\sigma_x}{2} \cos 2\alpha$$

$$\tau_\alpha = \frac{\sigma_x}{2} \sin 2\alpha$$

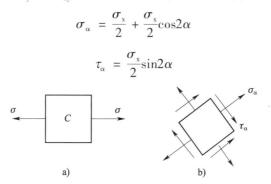

图 8-3 单向应力状态及低碳钢滑移线方位

$\alpha = 0$ 时,有:

$$\sigma_{0°} = \sigma, \tau_{0°} = 0$$

$\alpha = \frac{\pi}{4}$ 时,有:

$$\sigma_{45°} = \frac{\sigma}{2}, \tau_{45°} = \frac{\sigma}{2}$$

不难看出,当 $\alpha = 0°$ 时,横截面上只有正应力,没有剪应力,材料受单向拉伸作用产生破坏,符合铸铁的破坏特征;当 $\alpha = 45°$ 时,斜截面上的正应力不是最大值,而剪应力达到最大,如图 8-3b) 所示,正好是低碳钢试样拉伸至屈服时表面出现滑移线的方向,因此,低碳钢的屈服破坏是由最大剪应力引起的。

8.1.6 平面应力状态分析——图解法(莫尔圆)

借助应力圆确定一点应力状态的几何方法称为图解法,是 1882 年德国工程师莫尔 (O. Mohr) 对 1866 年德国库尔曼 (K. Culman) 提出的应力圆作进一步研究得到的方法,故又称为莫尔圆法。图解法简明直观,只要用作图工具就能测出满足工程设计要求的数据。

1) 应力圆方程

将式 (8-1)、式 (8-2) 改写为:

$$\sigma_\alpha - \frac{\sigma_x + \sigma_y}{2} = \frac{\sigma_x - \sigma_y}{2} \cos 2\alpha - \tau_{xy} \sin 2\alpha$$

$$\tau_\alpha = \frac{\sigma_x - \sigma_y}{2} \sin 2\alpha + \tau_{xy} \cos 2\alpha \tag{8-9}$$

消去式中的参数 α,得到一个圆方程,即

$$\left(\sigma_\alpha - \frac{\sigma_x + \sigma_y}{2}\right)^2 + \tau_\alpha^2 = \left(\sqrt{\left(\frac{\sigma_x - \sigma_y}{2}\right)^2 + \tau_{xy}^2}\right)^2 \quad (8\text{-}10)$$

根据式(8-10),若已知 σ_x、σ_y、τ_{xy},建立以 σ_α 为横坐标、τ_α 为纵坐标轴的坐标系,可以画出一个圆心为 $(\frac{\sigma_x + \sigma_y}{2}, 0)$、半径为 $\sqrt{(\frac{\sigma_x - \sigma_y}{2})^2 + \tau_{xy}^2}$ 的圆。圆周上一点的坐标就代表单元体一个斜截面上的应力。因此,这个圆称为**应力圆**或**莫尔圆**。

2)应力圆的画法

已知 σ_x、σ_y 及 τ_{xy} [图 8-4a)],作相应应力圆时,先在 $\sigma - \tau$ 坐标系中,按选定的比例尺,以 (σ_x, τ_{xy})、$(\sigma_y, -\tau_{xy})$ 为坐标确定 x(对应 x 面)、y(对应 y 面)两点,然后直线连接 x、y 两点,交 σ 轴 C 点,以 C 点为圆心、以 $\overline{Cx}$ 或 $\overline{Cy}$ 为半径画圆,此圆就是应力圆,如图 8-4b)所示。从图中不难看出,应力圆的圆心及半径与式(8-10)完全相同。

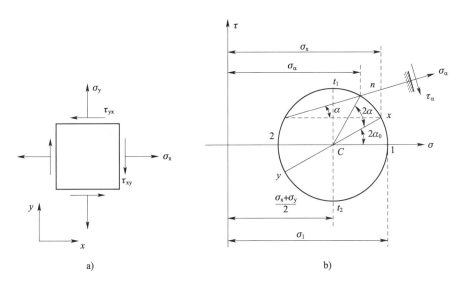

图 8-4 平面单元体及应力圆

3)典型对应关系

应力圆上的点与平面应力状态任意斜截面上的应力有如下对应关系。

(1)点面对应。应力圆上某一点的坐标对应单元体某一斜面上的正应力和剪应力值。如图 8-4b)上的 n 点的坐标即为斜截面 a 面的正应力和剪应力。

(2)转向对应。应力圆半径旋转时,半径端点的坐标随之改变,对应地,斜截面外法线亦沿相同方向旋转,才能保证某一方向面上的应力与应力圆上半径端点的坐标相对应。

(3)二倍角对应。应力圆上半径转过的角度等于斜截面外法线旋转角度的 2 倍。因为,在单元体中,外法线与 x 轴间夹角相差 180°的两个面是同一截面,而应力圆中圆心角相差 360°时才能为同一点。

4)应力圆的应用

(1)确定任意斜截面上应力的大小和方向。

如图 8-4b)所示,从与 x 面对应的 x 点开始,沿应力圆圆周逆时针方向转 2α 圆心角至 n 点,这时 n 点的坐标即为外法线与 x 轴成 α 角的斜截面上的应力 σ_α 及 τ_α。

(2)确定主应力的大小和方向。

应力圆与 σ 轴的交点 1 及 2 点,其纵坐标(即剪应力)为零,因此,1 及 2 点对应的方向面即为主平面,其上正应力便是平面应力状态的两个主应力。在图 8-4b)中,因 $\sigma_{max} > \sigma_{min} > 0$,所以用单元体主应力 σ_1、σ_2 表示,这时的 σ_3 应为零。

由图 8-4b)不难看出,应力圆上的 t_1、t_2 两点,与剪应力极值面[θ_0 面和 $(\theta_0 + \pi/2)$ 面]上的应力对应,且正应力极值面与剪应力极值面互成 $\theta = 45°$ 的夹角。

【例题 8-3】 已知单元体应力状态如图 8-5a)所示,其中 $\sigma_x = 122.7 \text{MPa}$,$\sigma_y = 0$,$\tau_{xy} = 64.6 \text{MPa}$,$\tau_{yx} = -64.6 \text{MPa}$,试用莫尔圆法求:

(1)主应力的大小和主平面的方位。
(2)在单元体上绘出主平面的位置和主应力的方向。
(3)最大切应力。

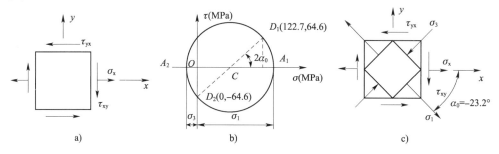

图 8-5 单元体应力状态及主应力方位

【解】 (1)取 $\sigma - \tau$ 坐标系,选定比例尺。作 $D_1(122.7, 64.6)$,$D_2(0, -64.6)$ 两点,连 D_1D_2,交 σ 轴于 C,以点 C 为圆心,以 CD_1 为半径作应力圆,如图 8-5b)所示。由应力圆得 $\sigma_1 = 150 \text{MPa}$,$\sigma_2 = 0$,$\sigma_3 = -27 \text{MPa}$。

(2)主平面的位置和主应力的方向如图 8-5c)所示,其中 $\alpha_0 = -23.2°$。

(3)$\tau_{max} = 88.5 \text{MPa}$。

8.2 强度理论

8.2.1 强度理论的概念

构件在轴向拉压和纯弯曲时危险点都是单向应力状态,通过单向拉压试验得到破坏时的正应力,除以相应的安全因数得到许用应力,即可建立强度条件;构件扭转时危险点处于纯剪切应力状态,两个主应力绝对值都等于横截面上的最大剪应力,通过扭转试验得到破坏时的剪应力,由此得到许用剪应力,即可建立强度条件;构件在剪切弯曲时,危险点一般为单向应力状态,仍可通过单向拉压试验直接建立强度条件。

然而,路桥等工程中许多构件的危险点经常处于复杂应力状态,由于复杂应力状态单元体的三个主应力可以有无限多个组合,同时,进行复杂应力状态的试验设备和试件加工相当复杂,因此,要想通过直接试验来建立强度条件实际上是不可能的。所以,需要寻找新的途径,利用简单应力状态的试验结果建立复杂应力状态下的强度条件。

通过长期的实践、观察和分析,人们发现,在复杂应力状态下,材料破坏有一定的规律,对于不同的材料,引起破坏的主要原因各不相同,但大致可以分为两类,一类是脆性断裂,一类是塑性屈服,统称为**强度失效**。进一步研究表明,不同的强度失效现象总是和一定的破坏原因有关,综合分析各种失效现象,人们提出了许多关于强度失效原因的假说。这些假说认为,在不同应力状态下,材料的某种强度失效主要是由于某种应力或应变或其他因素引起的。按照这类假说,可以由简单应力状态的试验结果,建立复杂应力状态下的强度条件。这样的假说当然必须经受科学试验和工程实际的检验,得到普遍认同的假说就被称为**强度理论**。

目前常用的强度理论都是针对均匀、连续、各向同性材料在常温、静载条件下工作时提出的。由于材料的多样性和应力状态的复杂性,一种强度理论经常是适合这类材料却不适合另一类材料,适合一般应力状态却不适合特殊应力状态,所以现有的强度理论还不能说已经圆满地解决了所有的强度问题。随着材料科学和工程技术的不断进步,强度理论的研究也在进一步的深入和发展。

8.2.2 常用强度理论

由于材料存在着脆性断裂和塑性屈服两种破坏形式,因而强度理论也分为两类:一类是解释材料脆性断裂破坏的强度理论,其中有最大拉应力理论和最大伸长线应变理论;另一类是解释材料塑性屈服破坏的强度理论,其中有最大剪应力理论和最大形状改变比能理论。

1)第一强度理论——最大拉应力理论

该理论认为材料断裂的主要因素是该点的最大主拉应力,即在复杂应力状态下,只要材料内一点的最大主拉应力 $\sigma_1(\sigma_1>0)$ 达到单向拉伸断裂时横截面上的极限应力 σ_u,材料就发生断裂破坏。

强度条件为:

$$\sigma_1 \leqslant [\sigma] \quad (\sigma_1 > 0) \tag{8-11}$$

式中,$[\sigma]$ 为单向拉伸时材料的许用应力,$[\sigma]=\sigma_b/n_s$,其中 n_s 为安全系数。

试验表明,该理论主要适用于脆性材料(例如铸铁、玻璃、石膏等)存在二向或三向受拉。对于存在有压应力的脆性材料,只要最大压应力值不超过最大拉应力值,也是正确的。

2)第二强度理论——最大伸长线应变理论

该理论认为材料断裂的主要因素是该点的最大伸长线应变,即在复杂应力状态下,只要材料内一点的最大拉应变 ε_1 达到了单向拉伸断裂时最大伸长应变的极限值 ε_u 时,材料就发生断裂破坏。

强度条件为:

$$\sigma_1 - \mu(\sigma_2 + \sigma_3) \leqslant [\sigma] \tag{8-12}$$

此理论考虑了三个主应力的影响,形式上比第一强度理论完善,但用于工程上时其可靠性很差,现在很少采用。

3)第三强度理论——最大剪应力理论

该理论认为材料屈服的主要因素是最大剪应力,即在复杂应力状态下,只要材料内一点处的最大剪应力 τ_{max} 达到单向拉伸屈服时剪应力的屈服极限 τ_s,材料就在该处发生塑性屈服。

强度条件为:

$$\sigma_1 - \sigma_3 \leqslant [\sigma] \tag{8-13}$$

该理论对于单向拉伸和单向压缩的抗力大体相当的材料(如低碳钢)是适合的。

4)第四强度理论——最大形状改变比能理论

该理论认为材料屈服的主要因素是该点的形状改变比能,即在复杂应力状态下,材料内一点的最大形状改变比能 ν_d 达到材料单向拉伸屈服时形状改变比能的极限值 ν_u，材料就会发生塑性屈服。

强度条件为：

$$\sqrt{\frac{1}{2}[(\sigma_1-\sigma_2)^2+(\sigma_2-\sigma_3)^2+(\sigma_3-\sigma_1)^2]} \leq [\sigma] \quad (8\text{-}14)$$

该理论既突出了最大主剪应力对塑性屈服的作用，又适当考虑了其他两个主剪应力的影响。试验表明，对于塑性材料，此理论比第三强度理论更符合试验结果。由于机械、动力行业遇到的荷载往往较不稳定，因而较多地采用偏于安全的第三强度理论；土建行业的荷载往往较为稳定，因而较多地采用第四强度理论。

综合以上四个强度理论的强度条件，可以把它们写成如下的统一形式，即

$$\sigma_r \leq [\sigma]$$

其中 σ_r 称为**相当应力**。四个强度理论的相当应力分别为：

$$\sigma_{r1} = \sigma_1$$
$$\sigma_{r2} = \sigma_1 - \mu(\sigma_2 + \sigma_3)$$
$$\sigma_{r3} = \sigma_1 - \sigma_3$$
$$\sigma_{r4} = \sqrt{\frac{1}{2}[(\sigma_1-\sigma_2)^2+(\sigma_2-\sigma_3)^2+(\sigma_3-\sigma_1)^2]}$$

对于简单二向拉应力状态，将主应力代入可得：

$$\sigma_{r3} = \sqrt{\sigma_x^2 + 4\tau_{xy}^2} \quad (8\text{-}15)$$

$$\sigma_{r4} = \sqrt{\sigma_x^2 + 3\tau_{xy}^2} \quad (8\text{-}16)$$

注意：

（1）对以上四个强度理论的应用，一般地，对脆性材料如铸铁、混凝土等，用第一和第二强度理论；对塑性材料如低碳钢等，用第三和第四强度理论。

（2）脆性材料或塑性材料，在三向拉应力状态下，应该用第一强度理论；在三向压应力状态下，应该用第三强度理论或第四强度理论。

（3）第三强度理论概念直观，计算简捷，计算结果偏于保守；第四强度理论着眼于形状改变比能，但其本质仍然是一种切应力理论。

（4）在不同情况下，如何选用强度理论，不单纯是个力学问题，还与有关工程技术部门长期积累的经验及根据这些经验制订的一整套计算方法和许用应力值 $[\sigma]$ 有关。

5）莫尔强度理论

该理论认为，材料发生屈服或剪切破坏，不仅与该截面上的切应力有关，还与该截面上的正应力有关，只有当材料某一截面上的切应力与正应力达到最不利组合时，才会发生屈服或剪断。

莫尔理论认为，材料是否破坏取决于三向应力圆中的最大应力圆。

在工程应用中，分别作拉伸和压缩极限状态的应力圆，这两个应力圆的直径分别等于脆性材料在拉伸和压缩时的强度极限 σ_b^+ 和 σ_b^-。这两个圆的公切线 MN 即是该材料的包络线，如图 8-6 所示。若一点的 3 个主应力 σ_1、σ_2、σ_3 已知，以 σ_1 和 σ_3 作出的应力圆与包络线相切，则此点就会发生破坏。由此可导出莫尔强度理论的强度条件为：

$$\sigma_1 - \frac{[\sigma]^+}{[\sigma]^-}\sigma_3 \leq [\sigma]^+ \quad (8\text{-}17)$$

式中，$[\sigma]^+$ 和 $[\sigma]^-$ 是脆性材料的许用拉应力和许用压应力。

对 $[\sigma]^+ = [\sigma]^-$ 的塑性材料，莫尔强度条件化为：
$$\sigma_1 - \sigma_3 \leq [\sigma] \tag{8-18}$$

此即为最大切应力理论的强度条件。可见，莫尔强度理论是最大切应力理论的发展，它把材料在单向拉伸和单向压缩时强度不等的因素都考虑进去了。

莫尔强度理论的使用范围：

(1) 适用于从拉伸型到压缩型应力状态的广阔范围，可以描述从脆性断裂向塑性屈服失效形式过渡(或反之)的多种失效形态，例如，"脆性材料"在压缩型或压应力占优的混合型应力状态下呈剪切破坏的失效形式。

(2) 特别适用于抗拉与抗压强度不等的材料。

(3) 在新材料(如新型复合材料)不断涌现的今天，莫尔理论从宏观角度归纳大量失效数据与资料的唯象处理方法仍具有广阔应用前景。

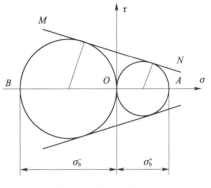

图 8-6 莫尔应力圆

【例题 8-4】 例题 8-1 所示 a 点的单元体如图 8-7 所示，试计算该点第三和第四强度理论的相当应力。

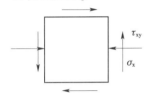

图 8-7 单元应力状态

【解】 从例题 8-1 知：$\sigma_x = 15.1\text{MPa}$，$\tau_{xy} = -2.7\text{MPa}$。分别代入式(8-13)和式(8-14)，得到：
$$\sigma_{r3} = \sqrt{\sigma_x^2 + 4\tau_{xy}^2} = 16.04\text{MPa}$$
$$\sigma_{r4} = \sqrt{\sigma_x^2 + 3\tau_{xy}^2} = 15.81\text{MPa}$$

由例题 8-4 可知，第三强度理论计算得到的相当应力大于第四强度理论的结果，因而更偏于保守。

【例题 8-5】 如图 8-8a) 所示简支梁由 20a 工字钢构成，已知 $[\sigma] = 180\text{MPa}$，$[\tau] = 100\text{MPa}$，试全面校核梁的强度。

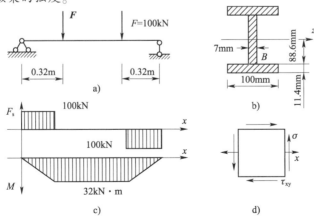

图 8-8 工字形截面简支梁的强度校核

【解】 (1) 截面几何参数。
$$I_z = 2370\text{cm}^4$$
$$W_z = 237\text{cm}^3$$
$$I_z/S_{z\max}^* = 17.2\text{cm}$$

(2)求支反力。
$$F_A = F_B = 100\text{kN}$$

(3)绘制内力图如图 8-8c)所示。

(4)最大正应力校核(上、下边缘处)。
$$\sigma_{max} = \frac{M_{max}}{W_z} = \frac{32 \times 10^6}{237 \times 10^3} = 135\text{MPa} \leqslant [\sigma]$$

(5)最大切应力校核(中性层轴)。
$$\tau_{max} = \frac{F_{smax}S_{zmax}^*}{I_z b} = \frac{100 \times 10^3}{17.2 \times 10 \times 7} = 83.1\text{MPa} \leqslant [\tau]$$

(6)主应力校核(K 截面翼缘和腹板交界处 B 点)。
$$\sigma_x = \frac{My}{I_z} = \frac{32 \times 10^6 \times 88.6}{2370 \times 10^4} = 119.5\text{MPa}$$

$$S_z^* = 100 \times 11.4 \times (88.6 + 11.4/2) = 107.5 \times 10^3 \text{mm}^3$$

$$\tau = \frac{F_{smax}S_z^*}{I_z b} = \frac{-100 \times 10^3 \times 107.5 \times 10^3}{2370 \times 10^4 \times 7} = -64.8\text{MPa}$$

$$\sigma_x = 119.5\text{MPa}, \quad \tau_{xy} = -64.8\text{MPa}$$

$$\sigma_{r3} = \sqrt{\sigma_x^2 + 4\tau_{xy}^2} = \sqrt{119.5^2 + 4 \times (-64.8)^2} = 176.3\text{MPa} < [\sigma]$$

$$\sigma_{r4} = \sqrt{\sigma_x^2 + 3\tau_{xy}^2} = \sqrt{119.5^2 + 3 \times (-64.8)^2} = 163.8\text{MPa} < [\sigma]$$

结论:满足强度要求。

单 元 小 结

(1)根据杆件受力特点画单元体图。

(2)计算单元体任意方位的正应力和剪应力(图解法)。
$$\sigma_\alpha = \frac{\sigma_x + \sigma_y}{2} + \frac{\sigma_x - \sigma_y}{2}\cos2\alpha - \tau_{xy}\sin2\alpha$$

$$\tau_\alpha = \frac{\sigma_x - \sigma_y}{2}\sin2\alpha + \tau_{xy}\cos2\alpha$$

(3)计算单元体主应力——最大和最小正应力。
$$\sigma_{max} = \frac{\sigma_x + \sigma_y}{2} + \sqrt{\left(\frac{\sigma_x - \sigma_y}{2}\right)^2 + \tau_{xy}^2}$$

$$\sigma_{min} = \frac{\sigma_x + \sigma_y}{2} - \sqrt{\left(\frac{\sigma_x - \sigma_y}{2}\right)^2 + \tau_{xy}^2}$$

$$\tan2\alpha_0 = -\frac{2\tau_{xy}}{\sigma_x - \sigma_y}$$

(4)计算单元体最大剪应力。
$$\tau_{max} = \sqrt{\left(\frac{\sigma_x - \sigma_y}{2}\right)^2 + \tau_{xy}^2}$$

$$\tau_{min} = -\sqrt{\left(\frac{\sigma_x - \sigma_y}{2}\right)^2 + \tau_{xy}^2}$$

$$\tan 2\alpha_1 = -\frac{\sigma_x - \sigma_y}{2\tau_{xy}}$$

(5)四大强度理论及其应用。

$$\sigma_{r1} = \sigma_1$$
$$\sigma_{r2} = \sigma_1 - \mu(\sigma_2 + \sigma_3)$$
$$\sigma_{r3} = \sigma_1 - \sigma_3$$
$$\sigma_{r4} = \sqrt{\frac{1}{2}[(\sigma_1-\sigma_2)^2 + (\sigma_2-\sigma_3)^2 + (\sigma_3-\sigma_1)^2]}$$

(6)莫尔强度理论及其应用。

$$\sigma_1 - \frac{[\sigma]^+}{[\sigma]^-}\sigma_3 \leq [\sigma]^+$$

自 我 检 测

8-1 填空题

(1)受力构件内一点处不同方位截面上应力的集合称为_____;一点处切应力等于零的截面称为_____;主平面上的正应力为_____。

(2)平面应力圆的圆心为_____,半径为_____;空间应力状态下材料破坏规律的假设称为_____。

8-2 选择题

(1)平面应力状态如图8-9所示,设 $\alpha = 45°$,沿该方向的正应力 σ_α 和切应力 τ_α 为(E、ν 分别表示材料的弹性模量和泊松比)(   )。

A. $\sigma_\alpha = \frac{\sigma}{2} + \tau, \tau_\alpha = \frac{\sigma}{2} + \tau$
B. $\sigma_\alpha = \frac{\sigma}{2} - \tau, \tau_\alpha = \frac{\sigma}{2} - \tau$
C. $\sigma_\alpha = \frac{\sigma}{2} + \tau, \tau_\alpha = \tau$
D. $\sigma_\alpha = \frac{\sigma}{2} - \tau, \tau_\alpha = \frac{\sigma}{2}$

(2)图8-10所示应力状态,用第四强度理论校核时,其相当应力为(   )。

A. $\sigma_{r4} = \tau^{1/2}$
B. $\sigma_{r4} = \tau$
C. $\sigma_{r4} = 3^{1/2}\tau$
D. $\sigma_{r4} = 2\tau$

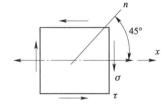
图8-9 平面应力状态

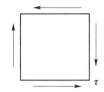
图8-10 求相当应力

8-3 计算题

(1)试用单元体表示图8-11所示构件中 A、B 点的应力状态,并求出单元体上的应力数值。

(2)已知矩形截面梁某截面上的弯矩及剪力分别为 $M = 10 \text{kN} \cdot \text{m}$,$Q = 120 \text{kN}$,试绘出图8-12所示截面上1、2、3、4各点应力状态的单元体,并求其主应力。

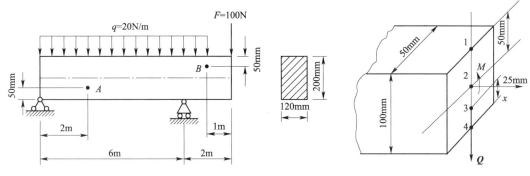

图 8-11 求单元体的应力　　　　　图 8-12 截面单元体

（3）已知应力状态如图 8-13 所示，试用解析法及图解法求：①主应力大小，主平面位置；②在单元体上绘出主平面位置及主应力方向；③剪应力极值。

（4）图 8-14 所示单元体，已知 $\sigma_y = -50\text{MPa}$，$\tau_{yx} = -10\text{MPa}$，用应力圆法求 σ_α 和 τ_α。

（5）某点的应力状态如图 8-15 所示，试画出三向应力圆，并求相当应力 σ_{r3}。

（6）设有单元体如图 8-16 所示，已知材料的许用拉应力为 $\sigma_t = 60\text{MPa}$，许用压应力为 $\sigma_c = 180\text{MPa}$，试按莫尔强度理论作强度校核。

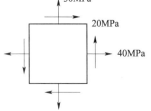

图 8-13 单元应力状态

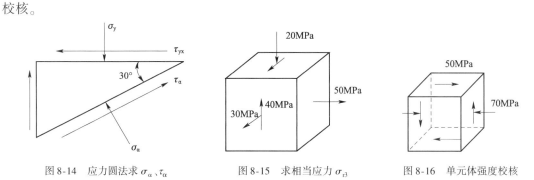

图 8-14 应力圆法求 σ_α、τ_α　　　图 8-15 求相当应力 σ_{r3}　　　图 8-16 单元体强度校核

（7）如图 8-17 所示 T 字形截面铸铁，已知抗拉许用应力 $[\sigma_t] = 30\text{MPa}$，抗压许用应力 $[\sigma_c] = 160\text{MPa}$，截面的形心惯性矩 $I_z = 763 \times 10^{-8}\text{m}^4$，形心 $y_1 = 52\text{mm}$，试用莫尔理论校核此梁的强度。

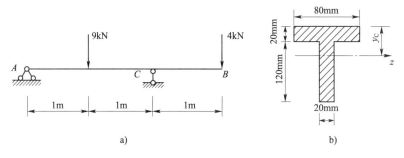

图 8-17 T 形截面铸铁梁的强度校核

第三部分 结 构 力 学

单元 9　工程结构几何组成分析

单元学习任务：

1. 掌握几何不变体系、几何可变体系、刚片、自由度、约束、必要约束与多余约束、实铰与虚铰的概念。
2. 掌握平面几何不变体系的基本组成规则及其运用。
3. 了解体系的几何组成与静力特性之间的关系。

9.1　平面杆件体系的分类和几何组成分析的目的

9.1.1　平面杆件体系的分类

一个结构要能够承受各种可能的荷载，首先它的几何构造应当合理，它本身应是几何稳固的，要能够使其几何形状保持不变。反之，如果一个杆件体系本身为几何不稳固，不能使其几何形状保持不变，则它是不能承受任意荷载的。

图 9-1a)所示为由两根杆绑扎组成的支架。结点 A 可取为铰结点；假设竖杆在地基内埋得很浅，支点 C 和 D 可取为铰支座。根据生活经验我们知道，这是一个几何稳固的平面体系。

图 9-1b)所示为两根竖杆和一根横杆绑扎组成的平面支架。结点 A 和 B 可取为铰结点；同样假设竖杆在地基内埋得很浅，支点 C 和 D 可取为铰支座。根据生活经验我们知道，这个支架是不稳固的，容易倾倒。

结构受荷载作用时，截面上产生应力，材料因而产生应变，结构发生变形，这种变形一般是微小的。在几何构造分析中，不考虑这种由于材料的应变所产生的变形。这样，杆件体系可以分成三类：

(1)几何不变体系：在不考虑材料应变的条件下，任意荷载作用后，体系的位置和形状均能保持不变的体系[图 9-1a)]。

(2)几何可变体系：在不考虑材料应变的条件下，即使受不大的荷载作用，也会产生机械运动而不能保持其原有形状和位置的体系[图 9-1b)]。

(3)几何瞬变体系：本来是几何可变体系，经微小位移后又成为几何不变体系。

一般结构都必须是几何不变体系,而不能采用几何可变体系。在设计结构和选取其计算简图时,首先必须判断它是否是几何不变体系,这种判别工作称为体系的几何组成分析。

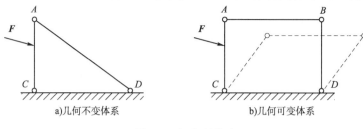

a) 几何不变体系　　　　b) 几何可变体系

图 9-1　平面杆件体系

下面介绍一种几何可变体系的特殊情况,它的特点是两根链杆共线,三个铰在同一直线上,如图 9-2 所示。

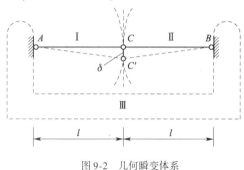

图 9-2　几何瞬变体系

这种体系具有如下一些特点:从微小运动的角度来看,这是一个可变体系。因为链杆 I 和 II 分别绕铰 A 和铰 B 转动时,在 C 点处有一公切线,此时铰 C 可以沿此公切线做微小的上下移动。当 C 点沿公切线发生微小位移后,两根链杆就不再彼此共线,铰 C 的移动便不能再进行,于是体系变成几何不变体系。

上述这种即为几何瞬变体系。为了明确起见,可变体系还可进一步分为瞬变体系和常变体系两种情况。如果一个几何可变体系可以发生大位移,则称为常变体系。

瞬变体系能否应用于工程结构?为此我们来分析图 9-3a) 体系中 AC 和 BC 两根杆件的内力。取结点 C 为隔离体,如图 9-3b) 所示。

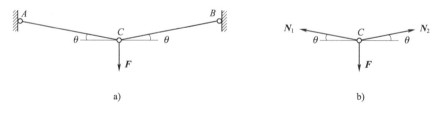

图 9-3　AC 和 BC 两根杆件组成的体系和 C 点的受力图

列静力平衡方程:

$$\sum X = 0 \quad N_2\cos\theta - N_1\cos\theta = 0$$
$$\sum Y = 0 \quad N_1\sin\theta + N_2\sin\theta - F = 0$$

解得:

$$N_1 = N_2 = \frac{P}{2\sin\theta}$$

在理论上,θ 为一无穷小量,故:

$$N_1 = N_2 = \lim_{\theta \to 0} \frac{P}{2\sin\theta} = \infty$$

由此可见,即使荷载不大,也会使杆件产生非常大的内力和变形。因此,瞬变体系在工程中不能采用,对于接近瞬变的体系也应避免。

9.1.2 平面杆件体系几何组成分析的目的

杆件结构是由若干杆件用铰结点和刚结点连接而成的杆件体系,能承担一定范围的任意荷载,否则在荷载作用下极有可能发生结构失效。这种失效是由于结构组成不合理造成的,与构件强度、刚度和稳定性失效不一样,它往往发生比较突然,范围较大,在工程中必须避免。这就需要对结构的几何组成进行分析,以保证结构有足够、合理的约束,防止结构失效。过多的约束将使结构成为超静定结构,那么超静定结构相对静定结构又有什么不同的地方呢?对防止构件(或结构)失效又有哪些有利和不利的方面呢?这些问题将在本单元中作简要的说明。

概括来说,对体系进行几何组成分析可达到如下目的:
(1)保证结构的几何不变性,以确保结构能承受荷载并维持平衡。
(2)根据体系的几何组成,来确定结构是静定的还是超静定的,从而选择支座反力与内力的计算方法。
(3)通过几何组成分析,明确结构的构成特点,从而选择结构受力分析的顺序。

9.2 工程结构几何组成分析的几个重要概念

9.2.1 刚体

在进行几何组成分析时,由于不考虑材料的应变,因而体系中的某一杆件或已经判明是几何不变的部分,均可视为刚体。平面内的刚体又称刚片。在平面杆件体系中,一根直杆、折杆或曲杆都可以视为刚片,同样,支承结构的地基也可看作一个刚片,并且由这些构件组成的几何不变体系也可视为刚片,如图9-4所示。

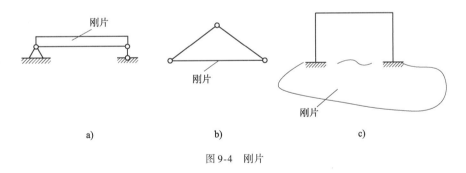

图9-4 刚片

9.2.2 自由度

1)平面内点的自由度

图9-5a)所示为平面内一点 A 的运动情况。A 点在平面内可以沿水平方向(x 轴方向)移动,又可以沿竖直方向(y 轴方向)移动。换句话说,平面内一点有两种独立的运动方式(两个坐标 x、y 可以独立地改变),因此一点在平面内有两个自由度。

2)平面内刚片的自由度

图9-5b)所示为平面内一个刚片(即平面刚体),由原来的位置 AB 改变到位置 A_1B_1。这时刚片可以有 x 轴方向的移动(Δx)、y 轴方向的移动(Δy),还可以有转动($\Delta \theta$)。因为一个刚片在平面内有三个独立的运动方式(三个坐标 x、y、θ 可以独立地改变),我们说一个刚片在平

面内有三个自由度。

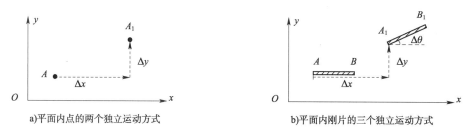

图9-5 平面内点和刚片的自由度

一般来说,如果一个体系有几个独立的运动方式,我们就说这个体系有几个自由度。换句话说,一个体系的自由度,等于这个体系运动时可以独立改变的坐标数目。

9.2.3 约束

1) 约束的概念

在实际结构体系中,各杆件之间及体系与基础之间是通过一些装置互相联系在一起的,这些联结装置使体系内各构件(刚片)之间的相对运动受到了限制。物体的自由度,将因加入限制运动的装置而减少。

能使体系减少自由度的装置称为约束,也称为联系。能使体系减少一个自由度的装置称为一个约束,如果一个装置能使体系减少 N 个自由度,则称为 N 个约束。

约束可分为外部约束和内部约束两种,外部约束是指体系与基础之间的约束,也就是支座;而内部约束则是指体系内部各杆之间或结点之间的约束,如链杆、铰结点和钢结点等。

一个平面体系,通常都是由若干个刚片加入某些约束所组成的。如果在组成体系的各刚片之间恰当地加入足够的约束,就使刚片与刚片之间不可能发生相对运动,从而使该体系成为几何不变体系。

2) 约束的分类

工程中常见的约束包括以下几种。

(1) 链杆

链杆是指两端铰结于刚片上的杆件。链杆只限制与其相连的两刚片沿链杆方向的运动,即减少了一个自由度,因此一根链杆相当于一个约束。

图9-6a)中平面内一点 A,自由度为2,用一个支座链杆将其与基础相连接,则它的竖直方向的运动受到了限制,自由度减为1。

图9-6b)中平面内互不相连的两个点 A、B,共有4个自由度,用长为 l 的链杆将其相连,则 A、B 成为同一刚片上的两个点,自由度减为3。

图9-6c)中刚片用支座链杆 A、B 和基础相连后,自由度由3个变为图示的2个。

图9-6d)中的两刚片用链杆 A、B 相连后,自由度由6个减为5个。

(2) 铰

①固定铰支座。如图9-7a)所示,刚片通过固定铰支座 A 与地基相连,刚片只能绕支座转动,只有1个自由度即自由度减少2个,因此,固定铰支座相当于2个约束。

②单铰。联结两刚片的铰称为单铰。如图9-7b)所示,刚片Ⅰ和Ⅱ用单铰 A 相连,确定刚

片Ⅰ的位置需3个独立坐标x、y、φ_1,确定刚片Ⅰ的位置后,还需一个坐标φ_2来确定刚片Ⅱ绕铰A转动时的夹角,所以体系的自由度为4个,原两刚片共有6个自由度,所以由单铰联结后自由度减少了2个。因此,一个单铰相当于2个约束。两个不共线链杆相当于一个单铰,如图9-8b)、c)所示。

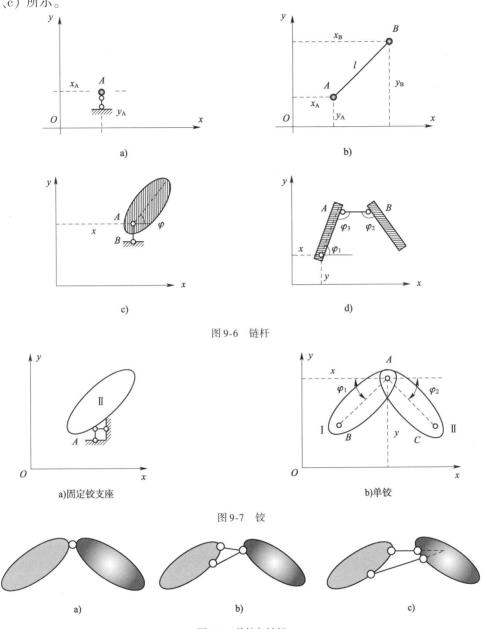

图9-6　链杆

图9-7　铰

图9-8　单铰与链杆

③复铰。联结两个以上刚片的铰称为复铰。如图9-9a)所示,刚片Ⅰ、Ⅱ、Ⅲ共用一个铰A联结,若刚片Ⅰ位置已固定,则刚片Ⅱ和Ⅲ都只能绕铰A转动,从而各减少了2个自由度,两刚片共减少了4个自由度,故此联结三个铰实际相当于两个单铰的作用,一般来说,联结n个刚片的复铰,相当于$(n-1)$个单铰作用,能使体系减少$2(n-1)$个自由度,如图9-9b)所示。

④虚铰。联结两个刚片的不共线的两个链杆延长线的交点为虚铰,虚铰与单铰的作用相同。如图9-10a)所示,两刚片只能绕O点相对转动,O点也称为两刚片的转动瞬心。由于瞬

心位置随两刚片的微小转动而改变,故虚铰又称为瞬铰。当两个链杆平行时,如图9-10b)所示,虚铰在无限远处。

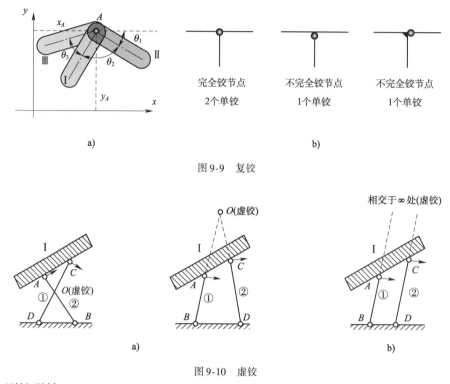

图9-9 复铰

图9-10 虚铰

(3)刚性联结

刚片之间不能发生任何相对运动的结点称为刚结点。刚片之间用刚结点联结又称为刚性联结。刚片用刚结点联结后可以看作一个刚片,自由度为3。

两个互不相连的刚片,若用刚结点联结,则两者被连为一体成为一个刚片,自由度由6减少为3。联结两个钢片的刚结点称为单刚结点[图9-11a)]。一个单刚结点相当于3个约束,即相当于三个链杆的共同作用或一个单铰与一个链杆的共同作用。

联结两个以上刚片的刚结点称为复刚结点[图9-11b)]。三个互不相连的刚片,若用刚结点联结,自由度由9减少为3。由此类推:连接 n 个刚片的复刚结点,它相当于 $n-1$ 个单刚结点或 $3(n-1)$ 个约束。

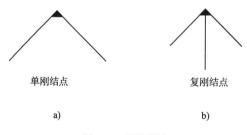

图9-11 刚性联结

(4)固定端约束

固定端约束也使刚片减少3个自由度,相当于3个约束,如图9-12所示。

3)多余约束

值得注意的是,并不是所有的约束都能减少体系的自由度。如图9-13所示,平面内的一个自由点A,自由度有2个。若用两个不共线的链杆AB、AC与基础相连,就可将点完全固定住,体系的自由度变为零。如果再增加一个链杆AD,体系的自由度仍为零。如果在体系中增加一个约束,体系的自由度并未减少,则所增加的约束称为多余约束。而把一个体系的自由度减少为零所需的最少约束称为必要约束。

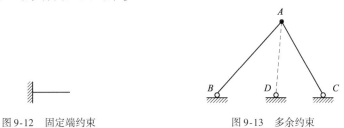

图9-12　固定端约束　　　　图9-13　多余约束

在有多余约束的体系中,多余约束并不唯一,例如在图9-14a)所示体系中,若将A处竖向链杆与B链杆看成必要的,则C链杆是多余的,如图9-14b)所示;若将B、C链杆看作是必要的,则A支座竖向链杆就是多余的,如图9-14c)所示。

图9-14　多余约束实例

若一个几何不变体系中无多余约束,则称其为无多余约束几何不变体系,反之称为有多余约束几何不变体系。

如图9-15a)表示动点A加一根水平的支座链杆1,还有一个竖向运动的自由度。由于约束数目不够,是几何可变体系。

图9-15b)是用两根不在一直线上的支座链杆1和2,把A点联结在基础上,点A上下、左右的移动自由度全被限制,不能发生移动。故图9-15b)是约束数目恰好够的几何不变体系,叫无多余约束的几何不变体系。

图9-15c)是在图b)上又增加一根水平的支座链杆3,这第三根链杆,就保持几何不变而言,是多余的。故图9-15c)是有一个多余约束的几何不变体系。

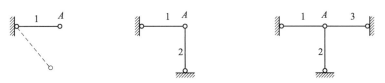

a)几何可变体系　　b)无多余约束的几何不变体系　　c)有一个多余约束的几何不变体系

图9-15　平面杆件体系实例

9.3　平面体系的计算自由度

一个体系是由若干构件加入一些约束组成的,体系的计算自由度等于各构件的自由度总和减去体系中必要的约束数。运用几何不变体系组成规则(9.4)分析得出的体系自由度称为实际自由度。

145

令体系的计算自由度为 W,实际自由度为 S,各对象的自由度总和为 a,必要约束数为 c,全部约束数 d,则:$W=a-d, S=a-c$。

计算自由度和实际自由度两者通常是一致的。若约束布置不合理,也会出现两者不一致的情况。当体系的计算自由度大于零时,体系必定是几何可变体系;但当体系的计算自由度小于或等于零时,却不能说明体系是几何不变的。这是因为,有时尽管体系的约束数目足够甚至有多余约束,但由于约束安排得不恰当,使得体系的一部分具有多余约束而另一部分约束不足,则体系仍为几何可变。因此,计算自由度只能作为判定体系几何可变性的手段之一。

下面介绍两种求计算自由度的方法,即刚片法和铰结点法。

9.3.1 刚片法

一个平面体系,通常是若干个刚片彼此用铰相连并用支座链杆与基础相连而组成的。以刚片作为组成体系的基本部件进行计算的方法,称为刚片法。

刚片法求计算自由度的公式为:

$$W = 3m - 2h - r \tag{9-1}$$

其中,m 为刚片数;h 为单铰数;r 为支座链杆数。

【**例题 9-1**】 试求图 9-16 所示体系的计算自由度。

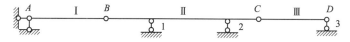

图 9-16　例题 9-1 图

【**解**】 把体系内部看成是由 3 个刚片 AB、BC、CD 和 2 个单铰 B、C 所组成,体系和基础通过 4 根链杆相连,此时有:$m=3, h=2, b=5$;故 $W=3m-2h-r=3\times3-2\times2-5=0$。

【**例题 9-2**】 求图 9-17 所示体系的计算自由度。

【**解**】 把体系内部看成是由 2 个刚片 $ABCD$、$CEFG$ 和 1 个单铰 C 所组成,体系和基础通过 5 根链杆相连,此时有:$m=3, h=2, b=5$;故 $W=3m-2h-r=3\times3-2\times2-5=0$。

【**例题 9-3**】 求图 9-18 所示体系的计算自由度。

【**解**】 因 $m=7, h=9, b=3$;故 $W=3m-2h-r=3\times7-2\times9-3=0$。

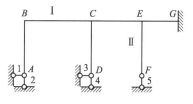

图 9-17　例题 9-2 图

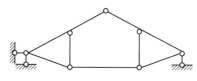

图 9-18　例题 9-3 图

9.3.2 铰结点法

完全由两端铰结的杆件所组成的体系称为铰结链杆体系。这类体系的计算自由度,除可用式(9-1)计算外,还可用下面更简便的公式来计算。假定取铰结点作为体系的基本部件,将链杆作为约束,这种计算方法称为铰结点法。

铰结点法求计算自由度的公式为：
$$W = 2j - (b + r) \quad (9\text{-}2)$$
其中, j 为铰结点个数; b 为体系本身单链杆个数; r 为支座链杆数。

【例题 9-4】 用铰结点法求图 9-19 所示体系的计算自由度。

【解】 因 $j=6, b=9, r=3$；故 $W = 2j - b - r = 2 \times 6 - 9 - 3 = 0$。

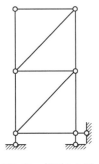

图 9-19 例题 9-4 图

9.3.3 平面体系几何不变的必要条件

任何平面体系的计算自由度, 按式(9-1)或式(9-2)计算的结果将有以下三种情况：

(1) $W > 0$, 表明体系缺少足够的约束, 因此是几何可变的。
(2) $W = 0$, 表明体系具有成为几何不变体系所必需的最少约束数目。
(3) $W < 0$, 表明体系具有多余的约束。

因此, 一个几何不变体系必须满足 $W \leq 0$ 的条件。

有时我们不考虑支座链杆, 而只考虑体系本身(或称体系内部)的几何不变性。这时, 由于本身为几何不变的体系作为一个刚片在平面内尚有 3 个自由度, 因此, 体系本身为几何不变时必须满足 $W \leq 3$ 的条件。

必须指出, $W \leq 0$ (就体系本身 $W \leq 3$) 只是体系几何不变的必要条件, 不是充分条件。因此, 尽管体系总的约束数目足够甚至还有多余, 但若布置不当, 则仍可能是几何可变的。

图 9-20 中, a) 图 $W > 0$, 为几何可变体系; b) 图 $W = 0$, 具有成为几何不变所需的最少联系, 仍为几何可变体系; c) 图 $W < 0$, 为几何不变体系; d) 图 $W < 0$, 为几何可变体系。

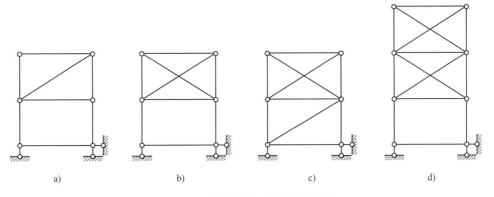

图 9-20 自由度和几何不变体系的关系

由以上分析可知, 计算自由度 $W \leq 0$ 并不能保证体系一定是几何不变的。为了判别体系是否几何不变, 还需进一步研究几何不变体系的组成规则。

9.4 几何不变体系的基本组成规则

9.4.1 二元体规则

所谓二元体是指由两根不在同一直线上的链杆联结一个新结点的装置, 如图 9-21a) 中的

BAC 部分。由于在平面内新增加一个点就会增加 2 个自由度,而新增加的两根不共线的链杆,恰能减去新结点 A 的 2 个自由度,故对原体系来说,自由度的数目没有变化。因此,在一个已知体系上增加一个二元体,不会影响原体系的几何不变性或可变性。同理,若在已知体系中拆除一个二元体,也不会影响体系的几何不变性或可变性。

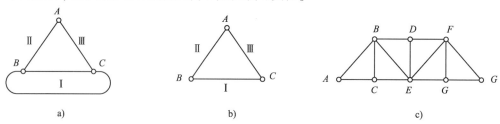

图 9-21 二元体规则

利用二元体规则,可以得到更为一般的几何不变体系。图 9-21b)所示为一个三角形铰结体系,假如链杆 Ⅰ 固定不动,将它看作一个刚片,即成为图 9-21a)所示的体系,通过前面的讲解,我们已知它是一个几何不变体系。

根据以上分析,我们得出以下结论:

规则 1(二元体规则):一个点与一个刚片用两根不共线的链杆相连,则组成无多余约束的几何不变体系。

推论 1:在一个平面杆件体系上增加或减少若干个二元体,都不会改变原体系的几何组成性质。

如图 9-21c)所示的桁架,就是在铰接三角形 ABC 的基础上,依次增加二元体而形成的一个无多余约束的几何不变体系。同样,我们也可以对该桁架从 H 点起依次拆除二元体而成为铰接三角形 ABC。

9.4.2 两刚片规则

将图 9-22b)中的链杆 Ⅰ 和链杆 Ⅱ 都看作是刚片,成为图 9-22a)所示的体系。从而得出:

规则 2(两刚片规则):两刚片用不在一条直线上的一铰(B 铰)、一链杆(AC 链杆)相连,则组成无多余约束的几何不变体系。

如果将图 9-22a)中连接两刚片的铰 B 用虚铰代替,即用两根不共线、不平行的链杆 a、b 来代替,成为图 9-22b)所示体系,则有:

推论 2:两刚片用不完全平行也不交于一点的三根链杆相连,则组成无多余约束的几何不变体系。

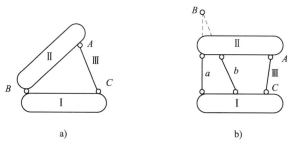

图 9-22 两刚片规则

在上述组成规则中,对刚片间的联结方式提出了限制条件,即联结两刚片的三根链杆不完全平行也不交于一点。

如图9-23a)所示的两个刚片用全交于一点 O 的三根链杆相连,此时,两个刚片可以绕点 O 做相对转动。但在发生一微小转动后,三根链杆就不再全交于一点,体系成为几何不变的。所以,这种体系也是瞬变体系。

再如图9-23b)所示的两个刚片用三根互相平行但不等长的链杆相连,此时,两个刚片可以沿与链杆垂直的方向发生相对移动。但在发生一微小移动后,由于三杆不等长,所以三根链杆不再互相平行,故这种体系也是瞬变体系。

如果联结两刚片的三根链杆的长度相等且互相平行,如图9-23c)所示,则此两刚片发生相对移动后三根链杆仍互相平行,还可继续移动,这种体系是几何可变体系。

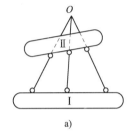
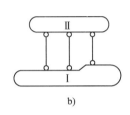
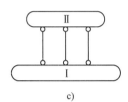

图9-23 两个刚片用三根链杆相连

9.4.3 三刚片规则

将图9-21b)中的链杆Ⅰ、Ⅱ、Ⅲ都看作刚片,成为图9-24a)所示的体系。从而得出:

规则3(三刚片规则):三刚片用不在一条直线上的三个铰两两相连,则组成无多余约束的几何不变体系。

如果将图中联结三刚片之间的铰 A、B、C 全部用虚铰代替,即都用两根不共线、不平行的链杆来代替,成为图9-24b)所示体系,则有:

推论3:三刚片分别用不完全平行也不共线的两根链杆两两相连,且所形成的三个虚铰不在同一条直线上,则组成无多余约束的几何不变体系。

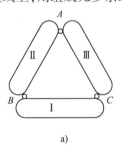
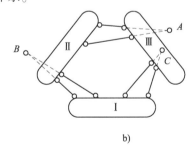

图9-24 三刚片规则

在上述组成规则中,对刚片间的联结方式提出了限制条件,即联结三刚片的三个铰不能在同一直线上。

如图9-25所示的三个刚片,它们之间用位于同一直线上的三个铰两两相连。此时,点 A 位于以 BA 和 CA 为半径的两个圆弧的公切线上,故点 A 可沿此公切线做微小运动,体系是几何可变的。但在发生一微小移动后,三个铰就不再位于同一直线上,因而体系又成为几何不变的。这种本来是几何可变的,经微小位移后又成为几何不变的体系,称为瞬变体系。

从以上叙述可知,这三个规则及其推论,实际上都是三角形规律的不同表达方式,即三个不共线的铰,可以组成无多余约束的三角形铰结体系。

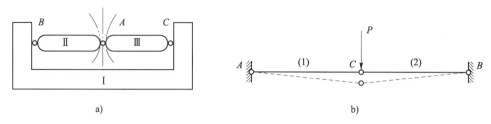

图 9-25 瞬变体系

9.5 平面体系几何组成分析示例

9.5.1 平面体系几何组成分析的一般步骤

几何不变体系的组成规则是进行几何组成分析的依据。灵活使用这些规则,就可以判定体系是否是几何不变体系及有无多余约束等。分析时,步骤大致如下:

(1)计算给定体系的自由度,即先检查它是否满足几何不变的必要条件,只有当自由度 $W \leqslant 0$(就体系本身 $W \leqslant 3$)时才进行下一步分析。如果体系的组成不复杂,这一步也可略去。

(2)选择刚片:在体系中任选一杆件或某个几何不变的部分(例如基础、铰结三角形)作为刚片。在选择刚片时,要考虑哪些是连接这些刚片的约束。

(3)先从能直接观察的几何不变的部分开始,应用几何组成规则,逐步扩大几何不变部分直至整体。

(4)对于复杂体系可以采用以下方法简化体系:

①当体系上有二元体时,应依次拆除二元体。

②如果体系只用三根不全交于一点也不全平行的支座链杆与基础相连,则可以拆除支座链杆与基础。

③利用约束的等效替换。如体系中的折线链杆或曲杆,可用直杆来代替;联结两个刚片的两根链杆可用其交点处的虚铰代替。

9.5.2 平面体系几何组成分析举例

【**例题 9-5**】 试对图 9-26 所示体系进行几何组成分析。

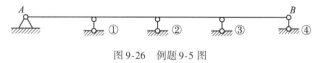

图 9-26 例题 9-5 图

【**解**】 (1)计算自由度。

$$W = 3m - 2h - r = 3 \times 1 - 6 = -3$$

(2)分析几何组成。

将杆 AB 和基础分别当作刚片 Ⅰ 和刚片 Ⅱ。刚片 Ⅰ 和刚片 Ⅱ 用固定铰支座 A 和链杆①相连,已经组成一个几何不变体系。现又在此体系上添加了 3 个链杆,故此体系为几何不变体系且具有 3 个多余联系。

【例题 9-6】 试对图 9-27 所示的体系进行几何组成分析。

图 9-27 例题 9-6 图

【解】 (1) 计算自由度。
$$W = 3m - 2h - r = 3 \times 2 - 2 \times 1 - 4 = 0$$

(2) 分析几何组成。

在此体系中,将基础视为刚片,AB 杆视为刚片,两个刚片用三根不全交于一点也不全平行的链杆 1、2、3 相连。根据两刚片规则,此部分组成几何不变体系,且没有多余约束。然后将其视为一个大刚片,它与 BC 杆再用铰 B 和不通过该铰的链杆 4 相连,又组成几何不变体系,且没有多余约束。所以,整个体系为几何不变体系,且没有多余约束。

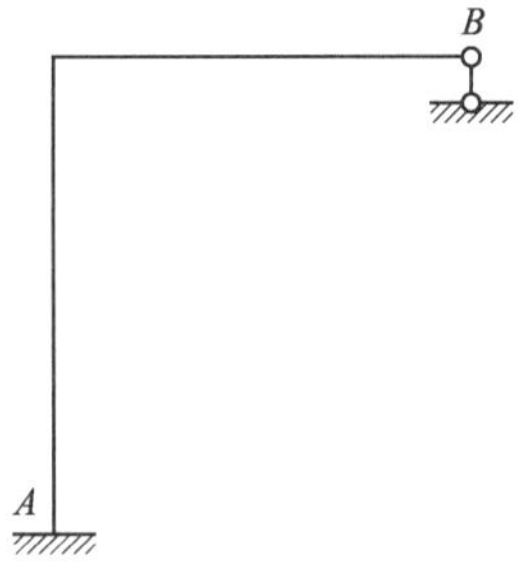

【例题 9-7】 试对图 9-28 所示的体系进行几何组成分析。

【解】 (1) 计算自由度。
$$W = 3m - 2h - r = 3 \times 1 - 4 = -1$$

(2) 分析几何组成。

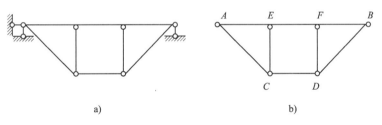

图 9-28 例题 9-7 图

杆 AB 在支座 A 和大地之间是刚性联结,是几何不变体系,在 B 支座又有一链杆与大地相连,有 1 个多余约束。

【例题 9-8】 试对图 9-29a) 所示的体系进行几何组成分析。

图 9-29 例题 9-8 图

【解】 (1) 计算自由度。
$$W = 3m - 2h - r = 3 \times 6 - 2 \times 8 - 3 = -1$$

(2) 分析几何组成。

因为该体系只用三根不全交于一点也不全平行的支座链杆与基础相连,故可直接取内部体系,如图 9-29b) 所示,进行几何组成分析。将 AB 视为刚片,再在其上增加二元体 ACE 和 BDF,组成几何不变体系,链杆 CD 是添加在几何不变体系上的约束,故此体系为具有一个多余约束的几何不变体系。

【例题 9-9】 试对图 9-30a) 所示的体系进行几何组成分析。

【解】 (1) 计算自由度。
$$W = 3m - 2h - r = 3 \times 3 - 2 \times 2 - 5 = 0$$

(2) 分析几何组成。

如图 9-30b) 所示,在此体系中,刚片 AC 只有两个铰与其他部分相连,其作用相当于一根用虚线表示的链杆 1。同理,刚片 BD 也相当于一根链杆 2。于是,刚片 CDE 与基础之间用三根链杆 1、2、3 联结,这三根链杆的延长线交于一点 O。所以,此体系为瞬变体系。

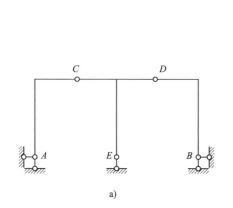
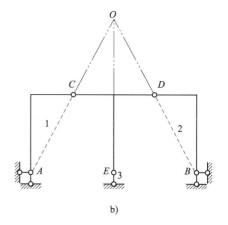

图 9-30 例题 9-9 图

【例题 9-10】 试对图 9-31a)所示的体系进行几何组成分析。

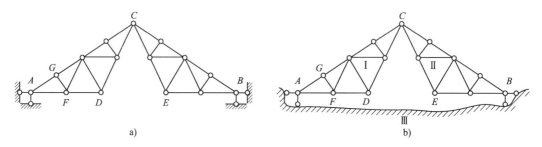

图 9-31 例题 9-10 图

【解】 (1)计算自由度。

$$W = 2j - b - r = 2 \times 15 - 26 - 4 = 0$$

(2)分析几何组成。

如图 9-31b)所示,体系中 ADC 部分是由基本铰接三角形 AFG 逐次加上二元体所组成,是一个几何不变部分,可视为刚片 Ⅰ。同样,BEC 部分也是几何不变,可作为刚片 Ⅱ。再将地基作为刚片 Ⅲ,固定铰支座 A、B 相当于两个铰,则三个刚片由三个不共线的铰 A、B、C 两两相连,该体系几何不变,且无多余约束。

9.6 静定结构与超静定结构

前面已经提到,用来作为结构的杆件体系,必须是几何不变的,而几何不变体系又可分为无多余约束的和有多余约束的,后者的约束数目除满足几何不变性要求外尚有多余。因此,结构可分为无多余约束的和有多余约束的两类。例如图 9-32a)所示连续梁,如果将 C、D 两支座链杆去掉,如图 9-32b)所示,仍能保持其几何不变性,且此时无多余约束,所以该连续梁有两个多余约束。又如图 9-33a)所示加劲梁(组合梁),若将链杆 ab 去掉,如图 9-33b)所示,则结构成为没有多余约束的几何不变体系,故该加劲梁具有一个多余约束。

对于无多余约束的结构(例如图 9-34 所示简支梁),由静力学可知,它的全部反力和内力都可由静力平衡条件($\sum X = 0$、$\sum Y = 0$、$\sum M = 0$)求得,这类结构称为**静定结构**。

但是,对于具有多余约束的结构,却不能由静力平衡条件求得其全部反力和内力。例如图

9-35 所示的连续梁,其支座反力共有 5 个,而静力平衡条件只有 3 个,因而仅利用静力平衡条件无法求得其全部反力,因此也不能求出其全部内力,这类结构称为**超静定结构**。

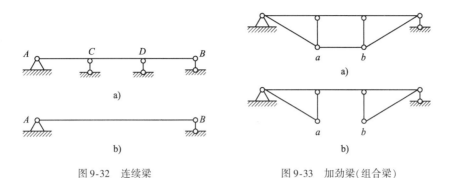

图 9-32　连续梁　　　　　　　　图 9-33　加劲梁(组合梁)

总之,静定结构是没有多余约束的几何不变体系,超静定结构是有多余约束的几何不变体系。结构的超静定次数就等于几何不变体系的多余约束个数。

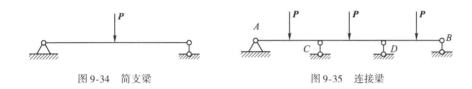

图 9-34　简支梁　　　　　　　　图 9-35　连接梁

与静定结构相比,超静定结构具有以下特性:

(1)在几何组成方面,超静定结构与静定结构一样,必须是几何不变的,但是超静定结构是具有多余联系的几何不变体系,与多余联系相应的支承反力和内力称为多余反力或多余内力。

静定结构无多余联系,即在任一联系遭到破坏后,结构就变成几何可变体系,不能承受荷载。超静定结构有多余联系,在其多余联系破坏后,仍能保持其几何不变性,并具有一定的承载力。可见,超静定结构具有一定的抵御突然破坏的防护能力。

(2)超静定结构即使不受外荷作用,如发生温度变化、支座移动、材料收缩或构件制造误差等情况,也会引起支承反力和构件内力。

(3)在超静定结构中,各部分的内力和支承反力与结构各部分的材料、截面尺寸和形状都有关系,而静定结构的反力或内力与材料及截面形状无关。

(4)从结构内力的分布情况来看,超静定结构比静定结构受力均匀,内力峰值也相应偏小。

工程中应根据具体条件,如施工条件、经济条件、工程性质、工程大小等,采用相应的结构形式。

单 元 小 结

1)平面杆件体系的分类

(1)几何不变体系:在不考虑材料应变的条件下,任意荷载作用后,体系的位置和形状均能保持不变的体系。

(2)几何可变体系:在不考虑材料应变的条件下,即使受不大的荷载作用,也会产生机械运动而不能保持其原有形状和位置的体系。

(3)几何瞬变体系:本来是几何可变体系,经微小位移后又成为几何不变体系,称为几何瞬变体系。

一般结构都必须是几何不变体系,而不能采用几何可变体系。

2)几个重要的概念

(1)刚体:已经判明是几何不变的部分,均可视为刚体。

(2)自由度:一个体系的自由度,等于这个体系运动时可以独立改变的坐标数目。例如,一点在平面内有 2 个自由度,一个刚片在平面内有 3 个自由度。

(3)约束:能使体系减少自由度的装置。

3)计算自由度

(1)刚片法:

$$W = 3m - 2h - r$$

(2)铰结点法:

$$W = 2j - (b + r)$$

(3)一个几何不变体系必须满足 $W \leq 0$ 的条件。

4)几何不变体系基本组成规则

规则 1(二元体规则):一个点与一个刚片用两根不共线的链杆相连,则组成无多余约束的几何不变体系。

规则 2(两刚片规则):两刚片用不在一条直线上的一铰(B 铰)、一链杆(AC 链杆)连接,则组成无多余约束的几何不变体系。

规则 3(三刚片规则):三刚片用不在一条直线上的三个铰两两连接,则组成无多余约束的几何不变体系。

5)静定结构与超静定结构

全部反力和内力都可由静力平衡条件($\sum X = 0$、$\sum Y = 0$、$\sum M = 0$)求得的无多余约束的结构,称为静定结构。

具有多余约束且不能由静力平衡条件求得其全部反力和内力的结构,称为超静定结构。

自 我 检 测

9-1 如图 9-36 所示,分析以下各结构几何组成。

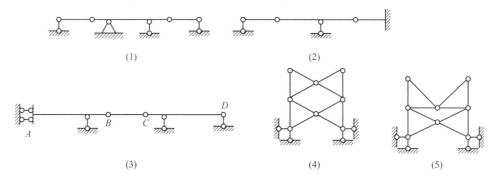

图 9-36

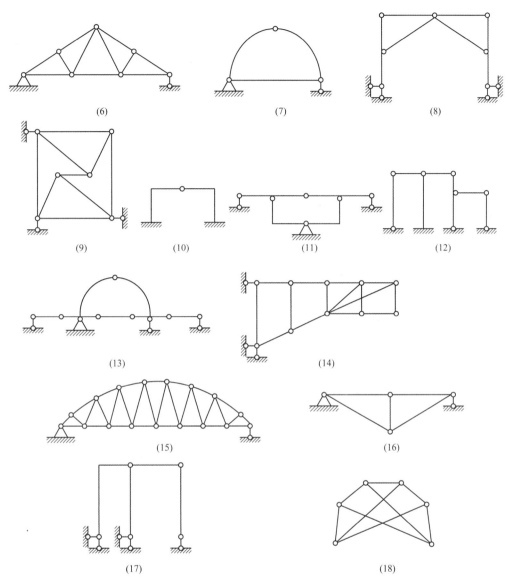

图 9-36 题 9-1 图

单元 10　静定结构内力分析

单元学习任务：

1. 熟悉各种静定结构对应的内力。
2. 掌握多跨静定梁、钢架、拱、桁架及组合结构的内力分析方法和内力图的绘制。
3. 能够运用内力分析方法和内力图进行实际工程计算。

本单元结合几种常用的典型结构形式讨论静定结构的受力分析问题，涉及梁、刚架、桁架、拱、组合结构等，内容包括支座反力和内力的计算、内力图的绘制、受力性能的分析等。

10.1　多跨静定梁

10.1.1　多跨静定梁的概念

多跨静定梁是由若干单跨梁用铰联结而成的静定结构，这种结构多用于桥梁。如图 10-1a) 所示为公路桥使用的静定多跨梁，其计算简图如图 10-1b) 所示。

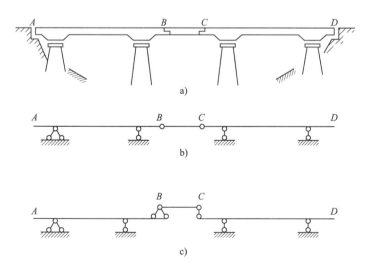

图 10-1　公路桥用静定多跨梁模型

从几何构造分析知道，梁 AB 和 CD 直接由支杆固定于基础，是几何不变的。短梁 BC 两端支于梁 AB 和 CD 的伸臂上面，整个结构是几何不变的。梁 AB 和 CD 本身不依赖梁 BC，独立地与基础组成一个几何不变体系，可独立承受荷载并平衡，称为基本部分；梁 BC 必须依靠基本部分的支承才能维持其几何不变性,本身不能独立承受荷载,称为附属部分。为了更清楚地表示各部分之间的支承关系,把基本部分画在下层,将附属部分画在上层,中间的连接部分则由与原结构等效的链杆代替,一个铰链相当于两根相交的链杆。我们把这种图称为多跨静定梁的构造层次图或层叠图,如图 10-1c)所示。

从受力情况来看,当荷载作用于基本部分时,只有基本部分受力而附属部分不受力。当荷载作用于附属部分时,则不仅附属部分受力,而且由于附属部分是支承在基本部分之上的,其荷载效应将通过铰结处传给基本部分,从而使基本部分也同时受力。

10.1.2 多跨静定梁的内力分析

(1)在计算多跨静定梁时,应先分析其层次关系,然后根据其受力特点,先计算附属部分,再计算基本部分。

(2)多跨静定梁可以分成若干单跨梁分别计算,从而可避免解联立方程。

(3)在绘制内力图时,可先分别绘出每段单跨梁的内力图,最后将各单跨梁的内力图连在一起,从而得到多跨梁的内力图。也可在求出支座约束反力后,根据整体的受力情况直接绘制内力图。

【例题 10-1】 计算如图 10-2a)所示的多跨静定梁的支座反力,并绘制内力图。

【解】 (1)分析梁的层次关系。ABC 梁为基本部分,CD 梁为附属部分,如图 10-2b)所示。

(2)计算支座约束反力。从层叠图看出,应先从附属部分 CD 梁开始取分离体,如图 10-2c)所示。

$$对 CD: F_C = F_D = \frac{2qa}{2} = qa(\uparrow);$$

$$对 ABC: F'_C = qa(\downarrow);$$

$$F_B = \frac{2qa \cdot 3a}{2a} = 3qa(\uparrow);$$

$$F_A = 3qa - 2qa = qa(\uparrow)$$

(3)作内力图,如图 10-2d)、e)所示。

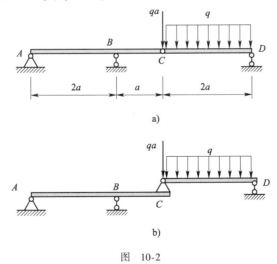

图 10-2

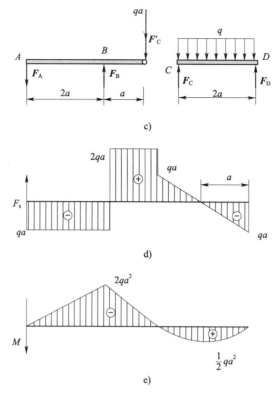

c)

d)

e)

图 10-2 例题 10-1 多跨静定梁及其内力图

【例题 10-2】 试作图 10-3a) 所示的多跨静定梁的内力图。

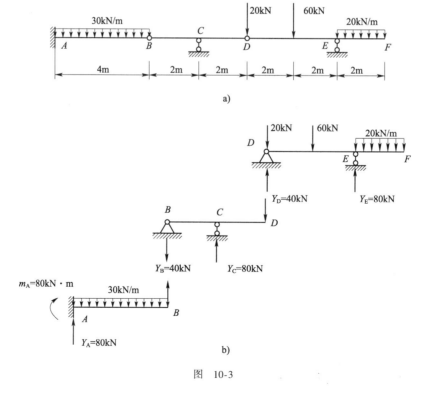

图 10-3

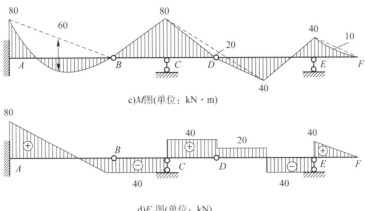

c) M 图(单位：kN·m)

d) F_S 图(单位：kN)

图 10-3 例题 10-2 多跨静定梁及其内力图

【解】 (1)分析梁的层次关系。AB 梁为基本部分；BD 梁是 AB 梁的附属部分，又是 DF 梁的基本部分；DF 梁是 BD 梁的附属部分。层叠图如图 10-3b)所示。

(2)计算支座约束反力。从层叠图看出，应先从附属部分 DF 梁开始计算。

取 DF 梁为隔离体，有：

$\sum M_D = 0 : Y_E \times 4 - 60 \times 2 - 20 \times 2 \times 5 = 0$，得 $Y_E = 80\text{kN}$

$\sum y = 0 : Y_D + Y_E - 20 - 60 - 20 \times 2 = 0$，得 $Y_D = 40\text{kN}$

取 BD 梁为隔离体，有：

$\sum M_B = 0 : Y_C \times 2 - Y_D \times 4 = 0$，得 $Y_C = 80\text{kN}$

$\sum y = 0 : Y_C - Y_B - Y_D = 0$，得 $Y_B = 40\text{kN}$

取 AB 梁为隔离体，有：

$\sum M_A = 0 : Y_B \times 4 - 30 \times 4 \times 2 - m_A = 0$，得 $m_A = 80\text{kN·m}$

$\sum y = 0 : Y_A + Y_B - 30 \times 4 = 0$，得 $Y_A = 80\text{kN}$

(3)绘制内力图。在所有反力和约束力求出之后，即可逐段作梁的弯矩图与剪力图，如图 10-3c)、d)所示。

10.2 静定平面刚架

10.2.1 平面刚架的特征

刚架是由若干直杆部分或全部刚结点组成的结构。从变形角度看，在刚结点处各杆不能发生相对转动，因而各杆间的夹角在变形过程中始终保持不变。从受力角度看，刚结点可以承受和传递弯矩。刚架的优点是：结构具有较大的刚度，整体性好，内力分布较均匀，净空间较大，便于使用。

静定平面刚架常见的类型有悬臂刚架、简支刚架、三铰刚架及组合刚架等，如图 10-4 所示。刚架结构在建筑、路桥等各种工程中被广泛地使用。

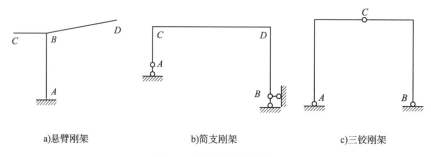

图 10-4 静定平面刚架类型

10.2.2 静定平面刚架的内力分析

静定平面刚架的受力分析、内力图绘制方法,原则上与静定梁相同。平面刚架横截面上一般有轴力、剪力和弯矩三个内力。通常将刚架的弯矩图画在杆件弯曲时受拉的一侧,而不必标注正负号,但在作剪力图和轴力图时,其正负号仍按以前的规定。

作刚架内力图时,可先将刚架拆成单个杆件,由各杆件的平衡条件求出各杆的杆端内力,然后利用杆端内力和荷载情况分别作出各杆件的内力图,最后将各杆件的内力图合在一起就是刚架的内力图。

静定刚架内力求解的步骤通常如下:

(1) 求支座反力。简单刚架可由三个整体平衡方程求出支座反力,三铰刚架及组合刚架等,一般要利用整体平衡和局部平衡求支座反力。

(2) 求控制截面的内力。控制截面一般选在支承点、结点、集中荷载作用点、分布荷载不连续点等,控制截面把刚架划分成受力简单的区段,运用截面法或直接由截面一边的外力求出控制截面的内力值。结点处有不同的杆端截面,各截面上的内力用该杆两端字母作为下标来表示,并把该端字母列在前面。

(3) 作内力图。内力图一般可用叠加法画出。

绘制弯矩图时,要利用荷载与内力之间的微分关系画出。当两杆结点上无外力偶作用时,结点处两杆弯矩图的纵标在同侧且数值相等;铰支端和悬臂端无外力偶作用时,弯矩为零;作用有外力偶时,该端的弯矩值等于该处外力偶矩的大小。

剪力图和轴力图可以画在杆件的任一侧,并注明正负号。

(4) 内力图的校核。选择一未使用过的隔离体,建立平衡方程,进行验算。由于刚架中的刚结点应保持平衡状态,经常也用刚结点的平衡进行验算。

【例题 10-3】 试作图 10-5a)所示悬臂刚架的内力图。

【解】 对于悬臂刚架可以不求支座反力,直接用悬臂段一侧计算杆端内力,作内力图。

(1) 计算杆端弯矩,作弯矩图。

$M_{DC} = 0$

$M_{CD} = -40 \times 4 - 10 \times 4 \times 2 = -240 \text{kN} \cdot \text{m}$ (上侧受拉)

$M_{CA} = M_{CD} = -240 \text{kN} \cdot \text{m}$ (左侧受拉)

$M_{AC} = -40 \times 4 - 10 \times 4 \times 2 - 40 \times 2 = -320 \text{kN} \cdot \text{m}$ (左侧受拉)

根据悬臂刚架各段杆端弯矩可直接作弯矩图。弯矩图画在受拉侧,不标正负号,如图 10-5e) 所示。

(2) 计算杆端剪力,作剪力图。

$F_{\text{SCD}} = 40 + 10 \times 4 = 80 \text{kN}$, $\quad F_{\text{SDC}} = 40 \text{kN}$

$F_{\text{SCA}} = 0$, $\quad F_{\text{SAC}} = 40 \text{kN}$

根据杆端剪力即可作刚架的剪力图,如图10-5f)所示。图中须标明正负号。

(3) 计算杆端轴力,作轴力图。

$F_{\text{NCD}} = F_{\text{NDC}} = 0$

$F_{\text{NCA}} = F_{\text{NAC}} = -10 \times 4 - 40 = -80 \text{kN}$

根据计算结果,即可作轴力图,如图10-5g)所示。图中须标明正负号。

(4) 校核略。

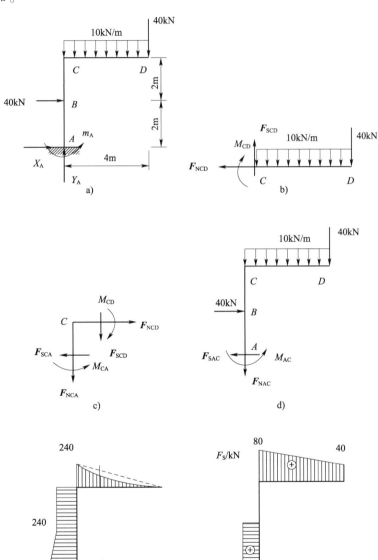

图 10-5

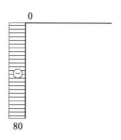

g)F_N图(单位：kN)

图 10-5 例题 10-3 悬臂刚架及其内力图

【例题 10-4】 计算图 10-6a)所示静定刚架的内力，并作内力图。

【解】 （1）求支座反力。由整体平衡：

$\sum M_A = 0 : F_{Dy} \times 4 - 40 \times 2 - 20 \times 4 \times 2 = 0$,

得 $F_{Dy} = 60 \text{kN}(\uparrow)$

$\sum M_D = 0 : F_{Ay} \times 4 - 40 \times 2 + 20 \times 4 \times 2 = 0$,

得 $F_{Ay} = -20 \text{kN}(\downarrow)$

$\sum F_x = 0 : F_{Ax} - 20 \times 4 = 0$,

得 $F_{Ax} = 80 \text{kN}(\leftarrow)$

（2）画内力图，如图 10-6b)～d)所示。

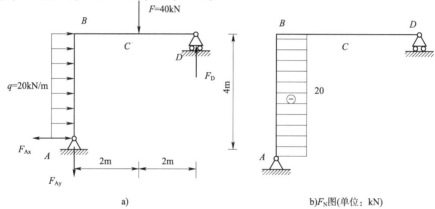

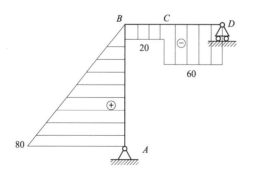

c)F_S图(单位：kN)

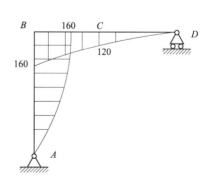

d)M图(单位：kN·m)

图 10-6 例题 10-4 静定刚架及其内力图

【例题 10-5】 三铰刚架如图 10-7a) 所示,求三铰刚架的内力,并画出内力图。

【解】 对于三铰刚架作内力图与简支钢架基本相同,即先求支座反力,再分段计算杆端内力,最后作内力图。在求支座反力时须取两个隔离体,一般先整体后局部。

(1) 求支座反力。取整体为研究对象,根据平衡条件,有:

$$\sum M_B = 0 : F_{yA} l - \frac{1}{2} \times q \times \frac{l^2}{4} = 0,$$

得 $F_{yA} = \frac{1}{8}ql (\downarrow)$

$$\sum F_y = 0 : F_{yA} - F_{yB} = 0,$$

得 $F_{yB} = \frac{1}{8}ql (\uparrow)$

$$\sum F_x = 0 : F_{xA} + F_{xB} - q \times \frac{l}{2} = 0$$

取铰 C 的右边部分为研究对象,根据平衡条件,有:

$$\sum M_C = 0 : F_{yB} \times \frac{l}{2} - F_{xB} \times \frac{l}{2} = 0,$$

得 $F_{xB} = \frac{1}{8}ql (\leftarrow)$,$F_{xA} = \frac{3}{8}ql (\leftarrow)$

(2) 计算杆端弯矩,作弯矩图。因铰结处的杆端弯矩除有集中力偶外都为零,所以知道 D、E 两刚结点上的弯矩就可以作弯矩图。

$M_{DA} = \frac{3}{8}ql \times \frac{l}{2} - \frac{1}{2} \times q \times \frac{l^2}{4} = \frac{1}{16}ql^2$ (右侧受拉)

$M_{EB} = \frac{1}{8}ql \times \frac{l}{2} = \frac{1}{16}ql^2$ (右侧受拉)

$M_{DA中} = \frac{1}{2} \times (\frac{1}{16}ql^2 + 0) + \frac{1}{8} \times q \times \frac{l^2}{4} = \frac{1}{16}ql^2$ (右侧受拉)

利用叠加法可作出弯矩图,如图 10-7c) 所示。

(3) 计算杆端剪力,作剪力图。

$F_{SDA} = \frac{3}{8}ql - q \times \frac{l}{2} = -\frac{1}{8}ql$

$F_{SDC} = F_{SCD} = F_{SCE} = F_{SEC} = -\frac{1}{8}ql$

$F_{SEB} = \frac{1}{8}ql$

根据杆端剪力即可作刚架的剪力图,如图 10-7d) 所示。图中须注明正负号。

(4) 计算杆端轴力,作轴力图。

$F_{NDA} = F_{NAD} = \frac{1}{8}ql$

$F_{NDC} = F_{NCD} = F_{NCE} = F_{NEC} = -\frac{1}{8}ql$

$F_{NEB} = F_{NBE} = -\frac{1}{8}ql$

根据计算结果即可作轴力图,如图 10-7e) 所示。图中须注明正负号。

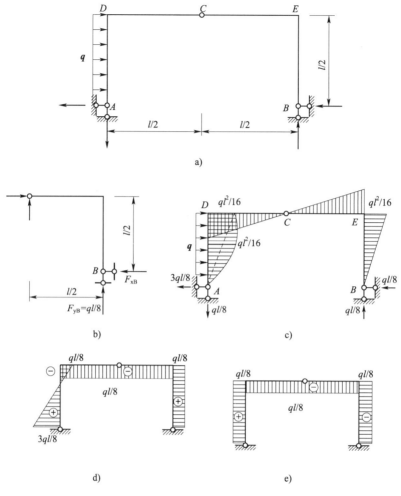

图 10-7 例题 10-5 三铰刚架及其内力图

10.3 静定平面桁架

10.3.1 桁架的特点和组成

工程中,房屋建筑、桥梁、起重机、油田井架、电视塔等结构物常用桁架结构。**桁架**是一种由杆件彼此在两端用铰链连接而成的结构,它在受力后几何形状不变。如图 10-8 所示,a)、c)分别是工程实物图,b)、d)分别是其桁架结构的计算简图。

如桁架所有的杆件都在同一平面内,这种桁架称为平面桁架。桁架中杆件的铰链接头称为结点。

桁架的优点是:杆件主要承受拉力或压力,可以充分发挥材料的作用,节约材料,减轻结构的重量。

为了简化桁架的计算,工程实际中采用以下几个假设:

(1) 桁架的杆件都是直的。
(2) 杆件用光滑的铰链连接。
(3) 桁架所受的力(荷载)都作用在结点上,而且在桁架的平面内。

(4)桁架杆件的重量略去不计,或平均分配在杆件两端的结点上。

这样的桁架,称为理想桁架。

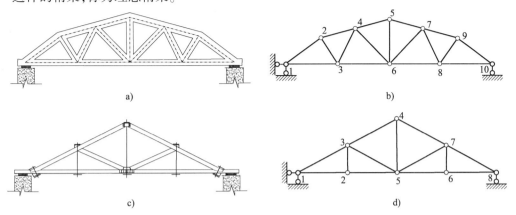

图 10-8　平面桁架实物图及相应计算简图

实际的桁架,当然与上述假设有差别,如桁架的结点不是铰结的,杆件的中心线也不可能是绝对直的。但在工程实际中,上述假设能够简化计算,而且所得的结果已符合工程实际的需要。根据这些假设,桁架的杆件都看成为只是两端受力作用的二力杆件,因此,各杆件所受的力必定沿着杆的方向,只受拉力或压力。

计算静定平面桁架内力的方法主要有两种:结点法和截面法。实际中,常将这两种方法联合应用。

10.3.2　结点法

结点法是逐次考虑桁架每一结点的平衡,从而算出桁架各杆未知轴力的方法。因为杆件的轴线均汇交于一点,故作用于每一结点的各力组成一平面汇交力系,对每一结点可以列出两个平衡方程。在实际计算过程中,为了避免解算联立方程,应从未知力不超过两个的结点开始,依次进行。

在桁架内力计算过程中,规定受拉杆的轴力为正,受压杆的轴力为负。

【**例题 10-6**】　平面桁架的尺寸和支座如图 10-9a)所示。在结点 D 处受一集中荷载 $P = 10\mathrm{kN}$ 的作用。试求桁架各杆件所受的内力。

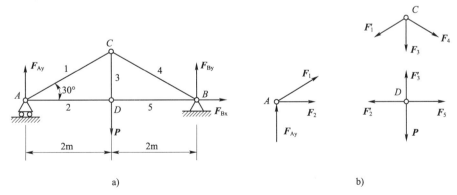

图 10-9　例题 10-6 平面桁架及受力图

【**解**】　(1)求支座反力。以桁架整体为研究对象。在桁架上受四个力 P、F_{Ay}、F_{Bx}、F_{By} 作用。列平衡方程:

165

$$\sum X = 0: F_{Bx} = 0$$
$$\sum M_A(F) = 0: F_{By} \times 4 - P \times 2 = 0$$
$$\sum M_B(F) = 0: P \times 2 - F_{Ay} \times 4 = 0$$

解得，$F_{Bx} = 0, F_{Ay} = F_{By} = 5 \text{kN}$。

(2) 依次取一个结点为研究对象，计算各杆内力。假定各杆均受拉力，各结点受力如图10-9b)所示，为计算方便，最好逐次列出只含两个未知力的结点的平衡方程。

在结点 A，杆的内力 F_1 和 F_2 未知。列平衡方程：
$$\sum X = 0: F_2 + F_1 \cos 30° = 0$$
$$\sum Y = 0: F_{Ay} + F_1 \sin 30° = 0$$

解得，$F_1 = -10 \text{kN}, F_2 = 8.66 \text{kN}$。

在结点 C，杆的内力 F_3 和 F_4 未知。列平衡方程：
$$\sum X = 0: F_4 \cos 30° - F'_1 \cos 30° = 0$$
$$\sum Y = 0: -F_3 - (F'_1 + F_4) \sin 30° = 0$$

代入 $F'_1 = F_1$ 值后，解得 $F_4 = -10 \text{kN}, F_3 = 10 \text{kN}$。

在结点 D，只有一个杆的内力 F_5 未知。列平衡方程：
$$\sum X = 0: F_5 - F'_2 = 0$$

代入 $F'_2 = F_2$ 值后，得 $F_5 = 8.66 \text{kN}$。

(3) 判断各杆受拉力或受压力。原假定各杆均受拉力，计算结果 F_2、F_5、F_3 为正值，表明杆2、5、3确受拉力；内力 F_1 和 F_4 的结果为负，表明杆1、4承受压力。

(4) 校核计算结果。解出各杆内力之后，可用尚未应用的结点平衡方程校核已得的结果。例如，可对结点 D 列出另一个平衡方程：
$$\sum Y = 0: P - F'_3 = 0$$

解得 $F'_3 = 10 \text{kN}$，与已求得的 F_3 相等，计算无误。

应当指出，在桁架中有些杆受力特殊，例如，杆的轴力为零，或多根杆内力相等且性质相同。将桁架中轴力为零的杆件称为零杆。在计算桁架时，应首先找出这些杆，以使计算工作简化。图10-10所示结点所联结的杆件往往就是这些受力特殊的杆件。

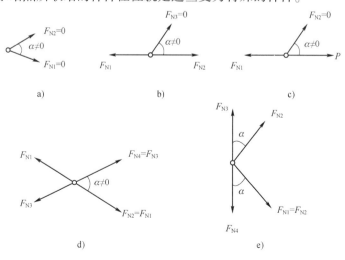

图 10-10 各种形式的结点

(1) L形结点。如图 10-10a)所示，不共线的两杆结点，当结点上无外力作用时，则两杆均为零杆。

（2）T形结点。如图10-10b）所示，三杆结点，且有两杆共线，当结点无外力作用时，则第三杆必为零杆，且在同一直线上的两杆轴力一定大小相等，正负号一致。还有另一种情况，即如图10-10c）所示，不共线的两杆交于一结点，当外荷载沿其中一杆轴线作用时，则另一杆轴力为零。

（3）X形结点。如图10-10d）所示，四杆结点且两两共线，如结点上无外荷载作用，则共线的两杆内力相等且性质相同。

（4）K形结点。如图10-10e）所示，四杆结点，其中两杆共线，另两杆在此直线的同侧，且与该直线夹角相等。当结点上无外荷载作用，若共线两杆轴力大小相等，拉压性质相同，则不共线两杆为零杆；若共线两杆轴力不等，则不共线的两杆轴力相等但符号相反。

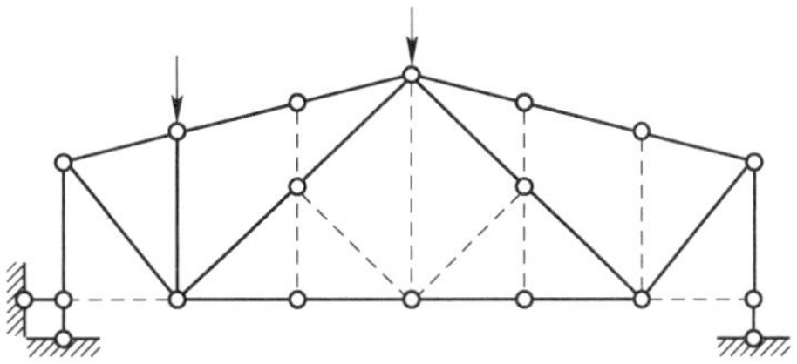

利用以上结论，可以看出图10-11中虚线所示各杆的内力都等于零。

图10-11 平面桁架结构图

10.3.3 截面法

截面法是用假想截面切断欲求其内力的杆件，从桁架中截出一部分为隔离体，利用平面一般力系的三个平衡方程，计算所截各杆的未知轴力的方法。如果所截各杆的未知轴力只有三个，且既不相交于同一点也不彼此平行，则用截面法即可直接求出这三个未知轴力。因此，截面法最适用于计算桁架中少数杆件的轴力。

【**例题 10-7**】 如图10-12a）所示平面桁架，各杆件的长度都等于1m。在结点E上作用荷载$P_1=10$kN，在结点G上作用荷载$P_2=7$kN。试计算杆1、2、3的内力。

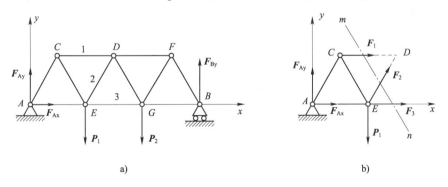

图10-12 例题10-7平面桁架及受力图

【**解**】 先求桁架的支座反力。以桁架整体为研究对象。桁架受主动力P_1和P_2以及约束反力F_{Ax}、F_{Ay}和F_{By}的作用。列出平衡方程：

$$\sum X = 0: F_{Ax} = 0$$
$$\sum Y = 0: F_{Ay} + F_{By} - P_1 - P_2 = 0$$
$$\sum M_B(F) = 0: P_1 \times 2 + P_2 \times 1 - F_{Ay} \times 3 = 0$$

解得，$F_{Ax}=0$，$F_{Ay}=9$kN，$F_{By}=8$kN。

为求杆1、2、3的内力，可作一截面$m-n$将三杆截断。选取桁架左半部为研究对象。假

定所截断的三杆都受拉力,受力如图10-12b)所示,为一平面任意力系。列平衡方程:

$$\sum M_E(F) = 0: -F_1 \times \frac{\sqrt{3}}{2} \times 1 - F_{Ay} \times 1 = 0$$

$$\sum Y = 0: F_{Ay} + F_2 \sin 60° - P_1 = 0$$

$$\sum M_D(F) = 0: P_1 \times \frac{1}{2} + F_3 \times \frac{\sqrt{3}}{2} \times 1 - F_{Ay} \times 1.5 = 0$$

解得,$F_1 = -10.4 \text{kN}$(压力),$F_2 = 1.15 \text{kN}$(拉力),$F_3 = 9.81 \text{kN}$(拉力)。

如选取桁架的右半部为研究对象,可得相同的结果。

同样,可以用截面截断另外三根杆件计算其他各杆的内力,或用以校核已求得的结果。

由上例可见,采用截面法时,选择适当的力矩方程,常可较快地求得某些指定杆件的内力。当然,应注意到,平面任意力系只有三个独立的平衡方程,因而,作截面时每次最多只能截断三根内力未知的杆件。如截断内力未知的杆件多于三根时,它们的内力还需联合由其他截面列出的方程一起求解。

10.3.4 结点法与截面法的联合应用

在一些比较复杂的桁架中,仅用单纯的结点法或截面法不容易求得所有杆件的内力。联合使用结点法与截面法,则方便很多。

【**例题10-8**】 平面桁架的支座和荷载如图10-13a)所示,试计算1、2、3杆的内力。

【**解**】 (1)取 $m-m$ 截面,列平衡方程

$$\sum M_K = 0: -F \cdot \frac{2}{3}a - F_2 \cdot a = 0$$

$$\sum F_x = 0: F_3 = 0$$

得 $F_2 = -\frac{2}{3}F$。

(2)取结点 C,列平衡方程

$$\sum F_y = 0: -F_2 - F_5 \sin\alpha = 0$$

$$\sum F_x = 0: -F_1 - F_5 \cos\alpha = 0$$

得 $F_5 = -F_2/\sin\alpha$,$F_1 = F_2 \cot\alpha = -\frac{2}{3}F \cdot \frac{2}{3} = -\frac{4}{9}F$。

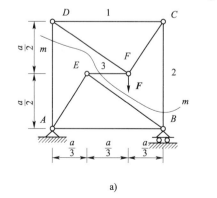
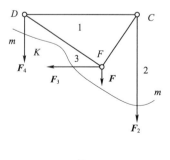
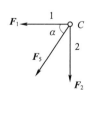

图10-13 例题10-8平面桁架及受力图

10.4 三铰拱结构

10.4.1 三铰拱的基本概念

拱是杆轴线为曲线并且在竖向荷载作用下会产生水平反力的结构。拱常用的形式有三铰拱、两铰拱和无铰拱等几种,如图10-14所示。除桥梁、隧道外,在房屋建筑中,屋面承重结构也用到拱结构。

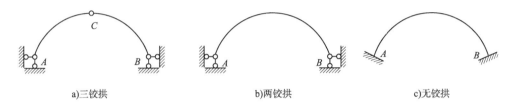

图10-14 拱常用结构形式

拱结构的特点是:杆轴为曲线,而且在竖向荷载作用下支座将产生水平力。这种水平反力又称为水平推力,或简称为推力。拱结构与梁结构的区别,不仅在于外形不同,更重要的还在于竖向荷载作用下是否产生水平推力。例如图10-15所示的两个结构,虽然它们的杆轴都是曲线,但图10-15a)所示结构在竖向荷载作用下不产生水平推力,其弯矩与相应简支梁(同跨度,同荷载的梁)的弯矩相同,所以这种结构不是拱结构而是一根曲梁。但图10-15b)所示结构,由于其两端都有水平支座链杆,在竖向荷载作用下将产生水平推力,所以属于拱结构。

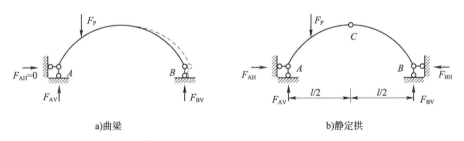

图10-15 拱与梁的受力图

有时,在拱的两支座间设置拉杆来代替支座承受水平推力,在竖向荷载作用下,使支座只产生竖向反力。但是这种结构的内部受力情况与三铰拱完全相同,故称为具有拉杆的拱,或简称拉杆拱。它的优点在于消除了推力对支承结构(如砖墙、柱等)的影响。拉杆拱的计算简图如图10-16所示。

拱的各部位名称如图10-17所示。拱身截面形心之轴线称为拱轴,拱两端与支座联结处称为拱趾,或称为拱脚,通常两拱趾位于同一高程上,两拱趾之间的水平距离 l 称为拱的跨度。拱轴最高一点称为拱顶。三铰拱的中间铰通常布置在拱顶处。拱顶到两拱趾连线的竖向距离 f 称为拱高,或称拱矢、矢高。高跨比(f/l)值的变化范围很大,是拱的重

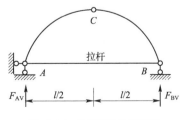

图10-16 拉杆拱的计算简图

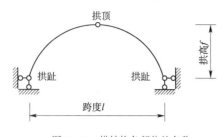

图 10-17 拱结构各部位的名称

要几何特征,是决定拱主要性能的重要因素。工程实际中,高跨比为 1~1/10。

10.4.2 三铰拱的支座反力和内力

因三铰拱是静定结构,故其全部约束反力和内力可由平衡条件确定。现在讨论在竖向荷载作用下三铰拱的支座反力和内力的计算方法,并将拱与梁进行比较,用以说明拱的受力特性。

1) 支座反力计算

如图 10-18a) 所示的三铰拱,有四个支座反力,求解时需要四个方程。拱的整体有三个平衡方程,因此,还需取左(或右)半拱为隔离体,利用铰 C 处的弯矩为零这一条件建立一个平衡方程。

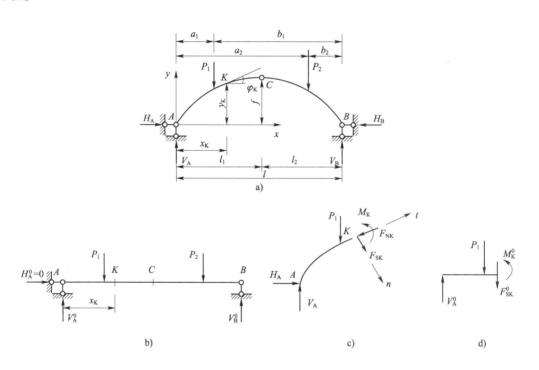

图 10-18 三铰拱的计算简图及受力图

考虑拱的整体平衡,由 $\sum M_A(F_i)=0$ 与 $\sum M_B(F_i)=0$ 可求出拱的竖向反力为:

$$V_A = \frac{1}{l}(P_1 b_1 + P_2 b_2), V_B = \frac{1}{l}(P_1 a_1 + P_2 a_2) \tag{10-1}$$

由 $\sum F_x = 0$,可得:

$$H_A = H_B = H$$

为了求水平推力 H,取左半个拱 AC 为隔离体,对 C 点取矩,有 $\sum M_C(F_i) = 0$,即

$$V_A l_1 - P_1(l_1 - a_1) - H \times f = 0$$

整理可得:

$$H = \frac{V_A l_1 - P_1(l_1 - a_1)}{f} \tag{10-2}$$

式(10-1)恰等于图10-18b)所示的相应简支梁(跨度、荷载均与三铰拱相同的水平简支梁)的支座竖向反力 V_A 和 V_B。而式(10-2)右边的分子恰等于相应简支梁上与拱的中间铰处对应的 C 处截面的弯矩 M_C^0。因此以上各式可写成：

$$\left. \begin{array}{l} V_A = V_A^0 \\ V_B = V_B^0 \\ H = \dfrac{M_C^0}{f} \end{array} \right\} \qquad (10\text{-}3)$$

由式(10-3)可知，水平推力 H 等于相应简支梁的截面 C 的弯矩 M_C^0 除以拱高 f。其值只与三个铰的位置有关，而与各铰间的拱轴线无关。即 H 只与拱的高跨比 f/l 有关。当荷载和拱的跨度不变时，推力 H 将与拱高 f 成反比，即 f 愈大则 H 愈小，f 愈小则 H 愈大。若 $f=0$，则 $H=\infty$，此时 A、B、C 三铰在一条直线上，拱已成为瞬变体系。

2) 内力计算

求得支座反力后，用截面法可求出任一截面的弯矩、剪力和轴力。

如图10-18a)所示，取 K 处截面的左半部分为隔离体。将该截面的形心坐标以 (x_K, y_K) 表示，该形心处拱轴切线的倾角以 φ_K 表示，如图10-18c)所示。下面分别求 M_K、F_{SK} 和 F_{NK} 三个内力分量。

(1) 弯矩的计算。

弯矩的符号规定以使拱内侧纤维受拉为正，取 AK 段为隔离体，受力图如图10-18c)所示。由 $\sum M_K = 0$，得：

$$M_K = [V_A x_K - P_1(x_K - a_1)] - H y_K$$

根据 $V_A = V_A^0$，可知上式中方括号内的值即等于图10-18b)所示的相应简支梁 K 处截面的弯矩 M_K^0，故上式可写成：

$$M_K = M_K^0 - H y_K \qquad (10\text{-}4)$$

可见拱内任一截面的弯矩 M_K 等于相应简支梁对应截面的弯矩 M_K^0 减去推力所引起的弯矩 $H y_K$。由此可知，因推力的存在，三铰拱的弯矩比相应简支梁的弯矩要小。

(2) 剪力的计算。

剪力的符号仍规定使所取隔离体顺时针方向转为正，逆时针方向转为负。任一截面的剪力等于该截面一侧所有外力在该截面处拱轴的法线上投影的代数和，即

$$F_{SK} = (V_A - P_1)\cos\varphi_K - H\sin\varphi_K$$

式中，括号内之值是相应简支梁 K 处截面的剪力 F_{SK}^0，因此，上式可写成：

$$F_{SK} = F_{SK}^0 \cos\varphi_K - H\sin\varphi_K \qquad (10\text{-}5)$$

应用式(10-5)时，应注意 φ_K 的符号，它在图示坐标系中左半拱取正，右半拱取负。

(3) 轴力的计算。

拱式结构主要是受压，其轴力的符号规定以压力为正。任一截面的轴力等于该截面一侧所有外力在该截面处拱轴的切线上投影的代数和，即

$$F_{NK} = (V_A - P_1)\sin\varphi_K + H\cos\varphi_K$$

也可写成：

$$F_{NK} = F_{SK}^0 \sin\varphi_K + H\cos\varphi_K \qquad (10\text{-}6)$$

式中，φ_K 的符号规定与前述相同。

3)受力特点

(1)与相应的简支梁相比,三铰拱与梁的竖向反力相等,且与拱轴形状和拱高无关,只取决于荷载的大小和位置。

(2)在竖向荷载作用下,梁无水平推力,而拱有水平推力 H,且水平推力 H 与拱高 f 成反比。

(3)拱的截面弯矩比简支梁小,故拱的截面尺寸可比简支梁的小,所以,拱比简支梁更经济实惠,能跨越更大跨度。

(4)在竖向荷载作用下,拱截面上轴力大,且为压力。

【例题 10-9】 三铰拱及其所受荷载如图 10-19 所示,计算该三铰拱的反力并绘制内力图。拱的轴线方程为抛物线 $y = \dfrac{4f}{l^2} \cdot x(l-x)$。

【解】 (1)计算支座反力。

$$F_{VA} = F_{VA}^0 = \frac{2 \times 6 \times 9 + 8 \times 3}{12} = 11\text{kN}$$

$$F_{VB} = F_{VB}^0 = \frac{2 \times 6 \times 3 + 8 \times 9}{12} = 9\text{kN}$$

$$F_H = \frac{M_C^0}{f} = \frac{11 \times 6 - 2 \times 6 \times 3}{4} = 7.5\text{kN}$$

(2)内力计算(以截面 2 为例)。

$$y_2 = \frac{4f}{l^2}x(l-x) = \frac{4 \times 4}{12^2} \times 3(12-3) = 3\text{m}$$

$$\tan\varphi_2 = \frac{\mathrm{d}y}{\mathrm{d}x}\Big|_{x=3} = \frac{4f}{l}\left(1 - \frac{2x}{l}\right)\Big|_{x=3} = \frac{4 \times 4}{12}\left(1 - \frac{2 \times 3}{12}\right) = 0.667$$

故

$$\varphi_2 = 33°41', \sin\varphi_2 = 0.555, \cos\varphi_2 = 0.832$$

$$F_{N2} = -F_{Q2}^0\sin\varphi_2 - F_H\cos\varphi_2 = -(11 - 2 \times 3) \times 0.555 - 7.5 \times 0.832 = -9.015\text{kN}$$

$$F_{Q2} = F_{Q2}^0\cos\varphi_2 - F_H\sin\varphi_2 = (11 - 2 \times 3) \times 0.832 - 7.5 \times 0.555 = -0.0025\text{kN}$$

$$M_2 = M_2^0 - F_H y_2 = (11 \times 3 - 2 \times 3 \times 1.5) - 7.5 \times 3 = 1.5\text{kN} \cdot \text{m}$$

(3)画内力图如图 10-19b)所示。

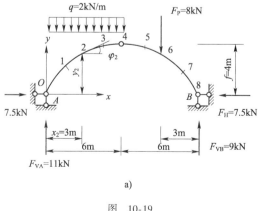

a)

图 10-19

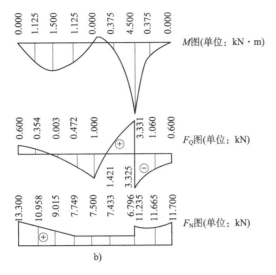

图 10-19 例题 10-9 三铰拱计算简图及内力图

10.4.3 三铰拱的合理拱轴线

在一般情况下,三铰拱截面上有弯矩、剪力和轴力,处于偏心受压状态,其正应力分布不均匀。但是,我们可以选取一根适当的拱轴线,使得在给定荷载作用下,拱上各截面只承受轴力,而弯矩为零,这样的拱轴线称为合理轴线。

由式(10-4)知,任意截面 K 的弯矩为:

$$M_K = M_K^0 - Hy_K$$

上式说明,三铰拱的弯矩 M_K 是由相应简支梁的弯矩 M_K^0 与 $-Hy_K$ 叠加而得。当拱的跨度和荷载为已知时,M_K^0 不随拱轴线改变而变,而 $-Hy_K$ 则与拱的轴线有关。因此,我们可以在三个铰之间恰当地选择拱的轴线形式,使拱中各截面的弯矩 M_K 都为零,即

$$M_K = M_K^0 - Hy = 0$$

因此,合理拱轴的方程为:

$$y = \frac{M_K^0}{H} \tag{10-7}$$

由式(10-7)可知,合理轴线的竖标 y 与相应简支梁的弯矩竖标成正比,$1/H$ 是这两个竖标之间的比例系数。当拱上所受荷载已知时,只需求出相应简支梁的弯矩方程,然后除以推力 H,便可得到三铰拱的合理轴线方程。

【例题 10-10】 试求图 10-20a)所示三铰拱在竖向均布荷载 q 作用下的合理拱轴线。

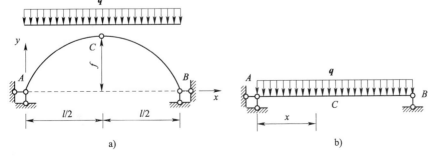

图 10-20 例题 10-10 三铰拱计算简图

【解】 作相应简支梁图,如图 10-20b)所示,其弯矩方程为:

$$M_K^0 = \frac{1}{2}qx(l-x)$$

再由式(10-3)的第三式求得推力为:

$$H = \frac{M_C^0}{f} = \frac{\frac{1}{8}ql^2}{f} = \frac{ql^2}{8f}$$

将 M_K^0 与 H 代入式(10-7)后,即求得合理拱轴线方程为:

$$y = \frac{\frac{1}{2}qx(l-x)}{\frac{ql^2}{8f}} = \frac{4f}{l^2}(l-x)x$$

由此可见,在竖向均布荷载作用下,三铰拱的合理拱轴线为一抛物线。

10.5 静定组合结构

由链件和梁式杆组合成的结构,称为**组合结构**,又称桁梁结构。例如,图 10-21a)所示的悬索式桥梁,其中一部分杆件如悬索、吊杆等只受轴力作用,是链杆;另一部分杆件如桥面大梁,除了受轴力外同时还承担弯矩和剪力,是梁式杆件。又如三铰屋架以及图 10-21b)所示的五角形屋架,它们都是组合结构。

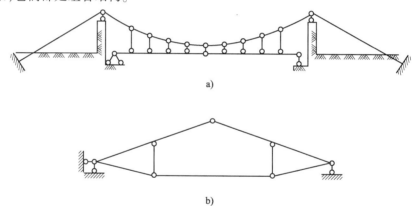

图 10-21 组合结构实物图

计算组合结构的内力时,仍采用结点法或截面法。应用截面法计算组合结构时,应注意被截的是梁式杆件还是轴力杆件。对于梁式杆件,截面上一般应有弯矩、剪力和轴力;对于轴力杆件,截面上只有轴力。另外,链杆必须是直杆且两端是完全铰接,杆中无垂直于杆轴的外力作用。为了不使隔离体上的未知力过多,应尽可能避免截断梁式杆件。因此,计算组合结构的一般步骤是:先求出各链杆的轴力,然后根据荷载和所求得的轴力,作梁式杆的弯矩、剪力和轴力图。

【例题 10-11】 试作图 10-22a)所示组合结构的内力图。

【解】 (1)求支座反力。利用对称性,由整体平衡条件得:

$$F_{YA} = F_{YB} = 1 \times 4 = 4\text{kN} \ , \ F_{XA} = 0$$

(2)计算链杆轴力。几何组成分析:本结构是由 ADE 和 BFG 两个刚片用铰 C 和链杆 EG 连接而成的几何不变且无多余约束的组合结构。计算内力时,先作截面 $n-n$,截断铰 C 和链杆 EG，隔离体如图 10-22b)所示，由力矩平衡方程得：

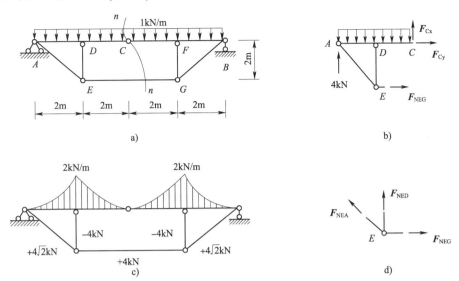

图 10-22 例题 10-11 组合结构计算简图及内力图

$\sum M_C = 0$：

$$F_{NEG} = \frac{-1 \times 4 \times 2 + 4 \times 4}{2} = 4\text{kN}$$

取 E 结点为隔离体，如图 10-22d)所示，由 $\sum F_x = 0$、$\sum F_y = 0$ 得：

$$F_{NEA} = 4\sqrt{2}\text{kN}，F_{NED} = -4\text{kN}$$

（3）画弯矩和轴力图，如图 10-22c)所示。

单 元 小 结

（1）计算多跨静定梁时，可以将其分成若干单跨梁分别计算，应首先计算附属部分，再计算基础部分，最后将各单跨梁的内力图连在一起，即可得到多跨静定梁的内力图。

（2）作刚架内力图的基本方法是将刚架拆成单个杆件，求各杆件的杆端内力，分别作出各杆件的内力图，然后将各杆的内力图合并在一起即得到刚架的内力图。在求解各杆的杆端内力时，应注意结点的平衡。

（3）求解静定平面桁架的基本方法是结点法和截面法。前者是以结点为研究对象，用平面汇交力系的平衡方程求解内力，一般首先选取的结点上未知内力的杆不超过 2 根；而截面法是用假想的截面把桁架断开，取一部分为研究对象，用平面任意力系的平衡方程求解内力，应注意假想的截面一定要把桁架断为两部分（即每一部分必须有一根完整的杆件），一个截面一般不应截断超过 3 根未知内力的杆件。

（4）三铰拱的内力计算与相应简支梁的剪力和弯矩联系起来，这样求三铰拱的内力归结为求拱的水平推力和相应简支梁的剪力和弯矩，然后代入相应公式计算即可。

（5）静定平面结构不同类型及比较：

静定平面结构主要有：静定梁、静定刚架、静定桁架、静定拱和组合结构。

静定梁包括单跨静定梁和多跨静定梁。单跨静定梁可分为简支梁、外伸梁和悬臂梁，是组成各种结构的基本形式之一。多跨静定梁是使用短梁小跨度的一种较合理的结构形式。

静定刚架分为简支刚架、悬臂刚架和三铰刚架,是直杆由刚结点连接组成的结构。由于有刚结点,各杆之间可以传递弯矩,内力分布较为均匀,可以充分发挥材料的性能,同时刚结点处刚架杆数少,可以形成较大的内部空间。

静定桁架是由等截面直杆相互用铰链连接组成的结构。理想桁架的各杆均为只受轴向力的二力杆,内力分布均匀,可以用较少的材料跨越较大的跨度。

静定拱主要有三铰拱和带拉杆的三铰拱。它们是由曲杆组成,在竖向荷载作用下,支座处有水平反力的结构。水平推力使拱上的弯矩比同情况下的梁的弯矩小得多,因而材料可以得到充分利用。又由于拱主要是受压,这样可以利用抗压性能好而抗拉性能差的砖、石和混凝土等建筑材料。

自 我 检 测

10-1 如何区分多跨静定梁与连续梁?

10-2 如何定义多跨静定梁中的基本部分和附属部分?其受力分析次序应怎样?

10-3 刚架的刚结点处弯矩值有何特点?

10-4 试说明绘制刚架内力图的步骤。

10-5 在用结点法、截面法求解平面桁架的内力时应该注意哪些问题?

10-6 从实际工作出发,能否将零杆从结构中撤掉?为什么?

10-7 如何区分拱与梁?

10-8 简述三铰拱的特点。

10-9 何谓合理拱轴条件?

10-10 试作图 10-23 所示铰结单跨或两跨静定梁的内力图。

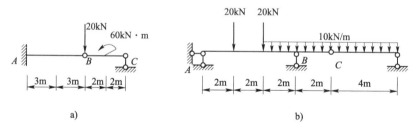

图 10-23 题 10-10 图

10-11 试作图 10-24 所示多跨静定梁的内力图。

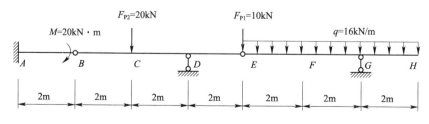

图 10-24 题 10-11 图

10-12 试作图 10-25 所示刚架的内力图。

10-13 求图 10-26 所示平面桁架指定杆 1、2、3、4 的内力。

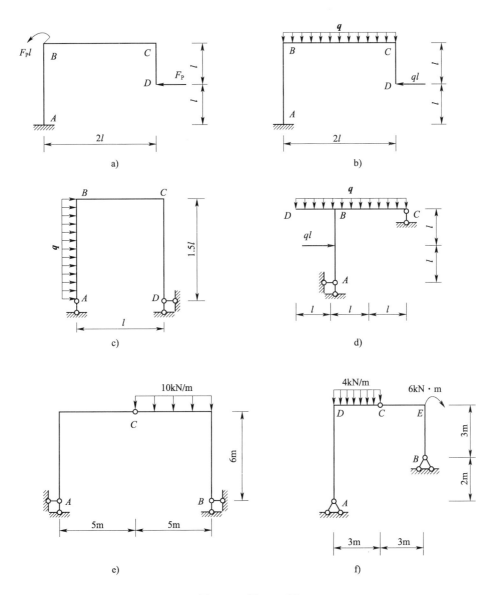

图 10-25 题 10-12 图

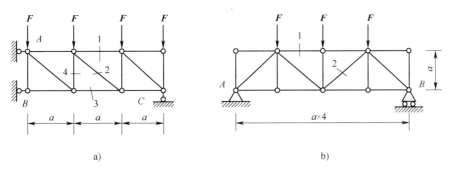

图 10-26

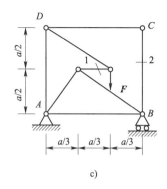
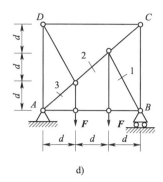

图 10-26 题 10-13 图

10-14 试求图 10-27 所示三铰拱支座反力和 K 点处截面的内力,已知拱的轴线方程为 $y=\dfrac{4f}{l^2}(l-x)x$。

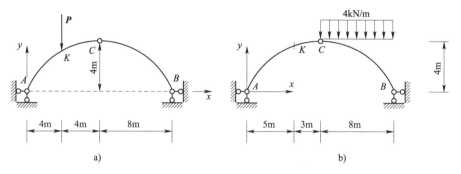

图 10-27 题 10-14 图

10-15 计算图 10-28 所示组合结构,求出二力杆中的轴力,并作梁式杆的弯矩图。

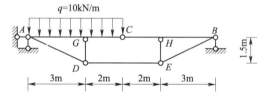

图 10-28 题 10-15 图

10-16 作图 10-29 所示的下撑式五角形组合屋架的内力图。

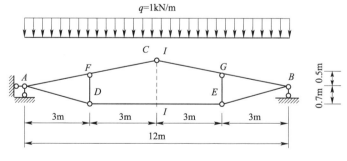

图 10-29 题 10-16 图

178

单元 11 静定结构的位移计算

单元学习任务：

1. 理解变形体虚功原理。
2. 会进行荷载作用下的位移计算。
3. 能用图乘法计算各种荷载作用下的位移。

11.1 结构位移计算的目的

11.1.1 结构位移

结构都是由变形材料制成的,当结构受到外部因素的作用时,它将产生变形和伴随而来的位移。变形是指形状的改变,位移是指某点位置或某截面位置和方位的移动。

如图 11-1a)所示刚架,在荷载作用下发生如虚线所示的变形,使截面 A 的形心从 A 点移动到了 A' 点,线段 AA' 称为 A 点的线位移,记为 Δ_A,它也可以用水平线位移 Δ_{Ax} 和竖向线位移 Δ_{Ay} 两个分量来表示,如图 11-1b)所示。同时截面 A 还转动了一个角度,称为截面 A 的角位移,用 φ_A 表示。

除上述位移之外,静定结构由于支座沉降等因素作用,亦可使结构或杆件产生位移,但结构的各杆件并不产生内力,也不产生变形,故把这种位移称为刚体位移。

一般情况下,结构的线位移、角位移或者相对位移,与结构原来的几何尺寸相比都是极其微小的。

引起结构产生位移的主要因素有:荷载作用、温度改变、支座移动及杆件几何尺寸制造误差和材料收缩变形等。

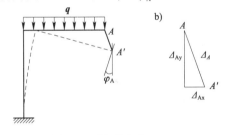

图 11-1 刚架的变形

11.1.2 结构位移计算的目的

(1)验算结构的刚度

结构在荷载作用下如果变形太大,即使不破坏也不能正常使用。故结构设计时,要计算结构的位移,控制结构不能发生过大的变形。让结构位移不超过允许的限值,这一计算过程称为刚度验算。

(2)解算超静定

计算超静定结构的反力和内力时,由于静力平衡方程数目不够,需建立位移条件的补充方程,所以必须计算结构的位移。

(3)保证施工

在结构的施工过程中,也常常需要知道结构的位移,以确保施工安全和拼装就位。

(4)研究振动和稳定

在结构的动力计算和稳定计算中,也需要计算结构的位移。

可见,结构的位移计算在路桥等工程上具有重要的意义。

11.2 变形体的虚功原理

11.2.1 功与广义位移

如图 11-2 所示,设物体上 A 点受到恒力 P 的作用时,从 A 点移到 A' 点,发生了 Δ 的线位移,则力 P 在位移 Δ 过程中所做的功为:

$$W = P\Delta\cos\theta \tag{11-1}$$

式中,θ 为力 P 与位移 Δ 之间的夹角。

功是标量,它的量纲为力乘以长度,其单位用 N·m 或 kN·m 表示。

图 11-3 为一绕 O 点转动的轮子。在轮子边缘作用有力 P。设力 P 的大小不变而方向改变,但始终沿着轮子的切线方向。当轮缘上的一点 A 在力 P 的作用下转到点 A',即轮子转动了角度 φ 时,力 P 所做的功为:

$$W = PR\varphi$$

式中,PR 表示 P 对 O 点的力矩,以 M 来表示,则有:

$$W = M\varphi \tag{11-2}$$

即力矩所做的功,为力矩的大小和其所转过的角度的乘积。

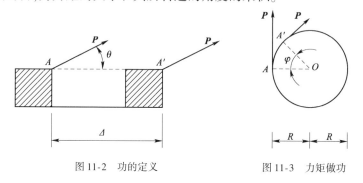

图 11-2 功的定义　　　图 11-3 力矩做功

另外,力偶所做的功为力偶矩的大小和其所转过的角度的乘积。为了方便计算,可将力、力偶做的功统一写成:

$$W = P\Delta \tag{11-3}$$

式中,若 P 为集中力,则 Δ 就为线位移;若 P 为力偶,则 Δ 为角位移。P 为广义力,它可以是一个集中力或集中力偶,还可以是一对力或一对力偶等;称 Δ 为广义位移,它可以是线位移、角位移等。对于功的基本概念,需注意以下两个问题:

(1)功的正负号

功可以为正,也可以为负,还可以为零。当 P 与 Δ 方向相同时,为正;反之则为负。若 P

与 Δ 方向相互垂直时,功为零。

(2)实功与虚功

实功是指外力或内力在自身引起的位移上所做的功;若外力(或内力)在其他原因引起的位移上做功,称为虚功。

例如,图 11-4a)所示简支梁,在静力荷载 P_1 的作用下,结构发生了图 11-4a)虚线的变形,达到平衡状态。当 P_1 由零缓慢逐渐的加到其最终值时,其作用点沿 P_1 方向产生了位移 Δ_{11},此时,$W_{11} = 0.5 P_1 \Delta_{11}$ 就为 P_1 所做的实功,称之为外力实功;若在此基础上,又在梁上施加另外一个静力荷载 P_2,梁就会达到新的平衡状态,如图 11-4b)所示,P_1 的作用点沿 P_1 方向又产生了位移 Δ_{12}(此时的 P_1 不再是静力荷载,而是一个恒力)。P_2 的作用点沿 P_2 方向产生了位移 Δ_{22},那么,由于 P_1 不是产生 Δ_{12} 的原因,所以 $W_{12} = 0.5 P_1 \Delta_{12}$ 就为 P_1 所做的虚功,称之为外力虚功;而 P_2 是产生 Δ_{22} 的原因,所以 $W_{22} = 0.5 P_2 \Delta_{22}$ 就是外力实功。

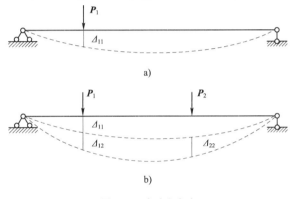

图 11-4 实功和虚功

11.2.2 内力虚功

内力虚功也称为虚应变能,是指内力在其他因素引起的位移上所做的功。

如图 11-5 所示,简支梁在外力作用下各微段两侧的内力为 M、F_s、F_N,其对应的变形为 $d\varphi$、γds、du,所做的虚功称为内力虚功,其微段表达式为:

$$dw_{内} = F_N du + M d\varphi + F_s \gamma ds$$

对于整个平面杆系结构而言,则有:

$$W_{内} = \sum \int dw_{内} = \sum \int F_N du + \sum \int M d\varphi + \sum \int F_s \gamma ds \tag{11-4}$$

将这个功称为内力虚功。虚功强调做功的力与产生位移的原因无关。

11.2.3 变形体的虚功原理

根据能力转变和守恒定律,可推出外力虚功等于内力虚功,即

$$W_{外} = W_{内}$$

或

$$W_{外} = \sum \int F_N du + \sum \int M d\varphi + \sum \int F_s \gamma ds \tag{11-5}$$

式(11-5)表明:外力在此虚位移上所做虚功总和等于各微段上内力在微段虚变形位移上所做虚功总和,即外力虚功等于内力虚功,这就是**虚功原理**。式(11-5)称为变形体虚功方程。

虚功原理在具体应用时有两种方式：

(1)虚设力状态。对于给定的力状态,另外虚设一个位移状态,利用虚功方程来求解力状态中的未知力,这样应用的虚功原理可称为**虚位移原理**。

(2)虚设位移状态。对于给定的位移状态,另外虚设一个力状态,利用虚功方程来求解位移状态中的未知位移,这样应用的虚功原理可称为**虚力原理**。

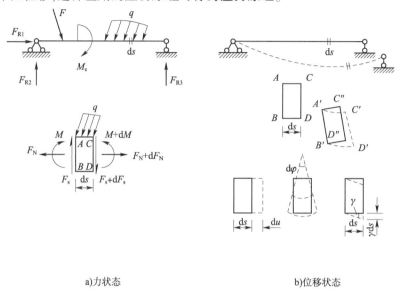

a)力状态　　　　　　　　　　　　b)位移状态

图 11-5　内力与变形分析

11.2.4　利用虚功原理计算结构的位移

虚力原理是在虚功原理两个彼此无关的状态中,在位移状态给定的条件下,通过虚设平衡力状态而建立虚功方程,求解结构实际存在的位移。

(1)结构位移计算的一般公式

如图 11-6a)所示,刚架在荷载支座移动及温度变化等因素影响下,产生了如虚线所示的实际变形,此状态为位移状态。为求此状态的位移,需按所求位移相对应地虚设一个力状态。若求图 11-6a)所示刚架 K 点沿 $k-k$ 方向的位移 Δ_K,现虚设如图 11-6b)所示刚架的力状态。即在刚架 K 点沿拟求位移 Δ_K 的 $k-k$ 方向虚加一个集中力 F_K,为使计算简便,令 $F_K=1$。

为求外力虚功 W,在位移状态中给出了实际位移 Δ_K、C_1、C_2 和 C_3,在力状态中可根据 $F_K=1$ 的作用,求出 $\overline{F}_{R1}$、$\overline{F}_{R2}$、$\overline{F}_{R3}$ 支座反力。力状态上的外力在位移状态上的相应位移做虚功为：

$$W_{外} = F_K \Delta_K + \overline{F}_{R1} C_1 + \overline{F}_{R2} C_2 + \overline{F}_{R3} C_3$$
$$= 1 \times \Delta_K + \sum \overline{F}_R C$$

为求变形虚功,在位移状态中任取一微段 ds,微段上的变形位移分别为 du、$d\varphi$ 和 γds。在力状态中,可在与位移状态相对应的相同位置取 ds 微段,并根据 $F_K=1$ 的作用,求出微段上的内力。$\overline{F}_N$、$\overline{M}$ 和 $\overline{F}_s$ 这样力状态微段上的内力,在位移状态微段上的变形位移所做虚功为：

$$dw_{内} = \overline{F}_N du + \overline{M} d\varphi + \overline{F}_s \gamma ds$$

而整个结构的变形虚功为：

$$W_{内} = \sum \int \overline{F}_N du + \sum \int \overline{M} d\varphi + \sum \int \overline{F}_s \gamma ds$$

由虚功原理 $W_{外} = W_{内}$ 有：

$$1 \times \Delta_K + \sum \int \overline{F}_R C = \sum \int \overline{F}_N du + \sum \int \overline{M} d\varphi + \sum \int \overline{F}_s \gamma ds$$

可得：

$$\Delta_K = -\sum \overline{F}_R C + \sum \int \overline{F}_N du + \sum \int \overline{M} d\varphi + \sum \int \overline{F}_s \gamma ds \tag{11-6}$$

式(11-6)就是平面杆件结构位移计算的一般公式。

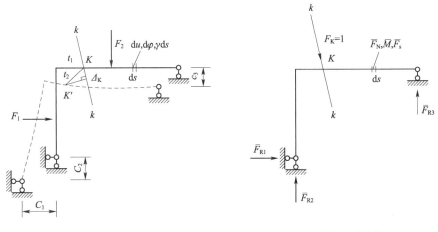

a) 位移状态(实际状态)　　　　b) 力状态(虚状态)

图 11-6　外力虚功和内力虚功

如果确定了虚拟力状态，其反力 $\overline{F}_R$ 和微段上的内力 $\overline{F}_N$、$\overline{M}_1$ 和 $\overline{F}_s$ 可求，同时若已知了实际位移状态下支座的位移 C，并可求解微段的变形 du、$d\varphi$、γds，则位移 Δ_K 可求。若计算结果为正，表示单位荷载所做虚功为正，即所求位移 Δ_K 的指向与单位荷载 $F_K = 1$ 的指向相同，为负则相反。

(2) 单位荷载的设置

利用虚功原理来求结构的位移，很关键的是虚设恰当的力状态，而方法的巧妙之处在于虚设的单位荷载一定在所求位移点沿所求位移方向设置，这样虚功恰等于位移。这种计算位移的方法称为**单位荷载法**。

在实际问题中，除了计算线位移外，还要计算角位移、相对位移等。因集中力是在其相应的线位移上做功，力偶是在其相应的角位移上做功，则若拟求绝对线位移，则应在拟求位移处沿拟求线位移方向虚设相应的单位集中力；若拟求绝对角位移，则应在拟求角位移处沿拟求角位移方向虚设相应的单位集中力偶；若拟求相对位移，则应在拟求相对位移处沿拟求位移方向虚设相应的一对平衡单位力或力偶。图 11-7 分别表示了在拟求 Δ_{Ky}、Δ_{Kx}、φ_K、Δ_{K5} 和 φ_{CE} 的单位荷载设置。

为研究问题的方便，在位移计算中，我们引入广义位移和广义力的概念。线位移、角位移、相对线位移、相对角位移以及某一组位移等，可统称为广义位移；而集中力、力偶、一对集中力、一对力偶以及某一力系等，则统称为广义力。

这样在求任何广义位移时，虚拟状态所加的荷载就应是与所求广义位移相应的单位广义力。这里的"相应"是指力与位移在做功的关系上的对应，如集中力与线位移对应、力偶与角位移对应等。

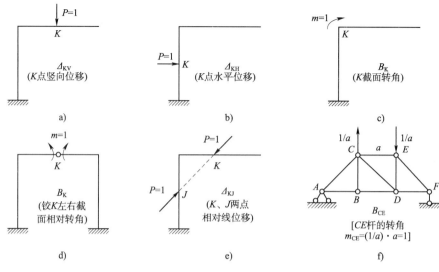

图 11-7 单位荷载的设置

11.3 荷载作用下的位移计算

设位移仅是荷载引起,而无支座移动,则式(11-6)中的 $\sum \overline{F}_R C$ 一项为零,位移计算公式为:

$$\Delta_K = \sum \int \overline{M} d\varphi_P + \sum \int \overline{F}_s \gamma_P ds + \sum \int \overline{F}_N du_P \tag{11-7}$$

在荷载作用下,应用式(11-7)计算位移时,应根据材料是弹性的特点,计算荷载作用下各截面的应变。计算时,从结构上截取长度为 ds 的微段,在虚拟状态中由单位荷载 $P_k=1$ 引起的此微段两端截面上的内力用 $\overline{M}$、$\overline{F}_s$、$\overline{F}_N$ 表示;在实际状态中,由荷载 P 引起的此微段两端截面上的内力用 M_P、F_{sP} 和 F_{NP} 表示,微段的变形为 $d\varphi_P$、$\gamma_P ds$、du_P,故虚拟状态的内力在实际状态相应的变形上所做的虚功为:

$$W = \sum \int \overline{M} d\varphi_P + \sum \int \overline{F}_s \gamma_P ds + \sum \int \overline{F}_N du_P$$

对于弹性结构,因:

$$d\varphi_P = \frac{M_P ds}{EI}$$

$$du_P = \frac{F_{NP} ds}{EA}$$

$$\gamma_P ds = \frac{k F_{sP} ds}{GA}$$

代入式(11-7),得:

$$\Delta_K = \sum \int \frac{\overline{M} M_P}{EI} ds + \sum \int \frac{k \overline{F}_s F_{sP}}{GA} ds + \sum \int \frac{\overline{F}_N F_{NP}}{EA} ds \tag{11-8}$$

式(11-8)为平面杆系结构在荷载作用下的位移计算公式。

在荷载作用下的实际结构中,不同的结构形式其受力特点不同,各内力项对位移的影响也不同。为简化计算,对不同结构常忽略对位移影响较小的内力项,这样既满足于工程精度求,又使计算简化。各类结构的位移计算简化公式如下：

（1）梁和刚架

位移主要是弯矩引起的，为简化计算可忽略剪力和轴力对位移的影响。

$$\Delta_K = \sum \int \frac{\overline{M}M_P}{EI}ds \tag{11-9}$$

（2）桁架

各杆件只有轴力，因而：

$$\Delta_K = \sum \int \frac{\overline{F}_N F_{NP}}{EA}ds \tag{11-10}$$

（3）拱

对于拱，当其轴力与压力线相近（两者的距离与拱截面高度为同一数量级）或者为扁平拱 $\left(\frac{f}{l} < \frac{1}{5}\right)$ 时，要考虑弯矩和轴力对位移的影响。

$$\Delta_K = \sum \int \frac{\overline{M}M_P}{EI}ds + \sum \int \frac{\overline{F}_N F_{NP}}{EA}ds \tag{11-11}$$

其他情况下一般只考虑弯矩对位移的影响。

$$\Delta_K = \sum \int \frac{\overline{F}_N F_{NP}}{EA}ds \tag{11-12}$$

（4）组合结构

此类结构中梁式杆以受弯为主，只计算弯矩一项的影响；对于链杆，只有轴力影响。

$$\Delta_K = \sum \int \frac{\overline{M}M_P}{EI}ds + \sum \frac{\overline{F}_N F_{NP}}{EA}ds \tag{11-13}$$

【例题 11-1】 如图 11-8a) 所示刚架，各杆段抗弯刚度均为 EI，试求 B 截面水平位移 Δ_{Bx}。

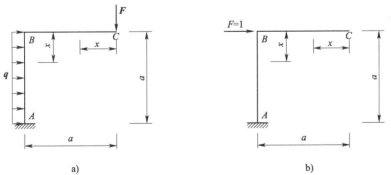

图 11-8 刚架的位移计算

【解】 已知实际位移状态如图 11-8a) 所示，设立虚拟单位力状态如图 11-8b) 所示。刚架弯矩以内侧受拉为正，有：

BA 杆：

$$M_P(x) = -Fa - \frac{qx^2}{2}$$

$$\overline{M}(x) = -1 \times x$$

BC 杆：

$$M_P(x) = -Fx$$

$$\overline{M}(x) = 0$$

将内力及 $ds = dx$ 代入式(11-8)有：

$$\Delta_{Bx} = \int_0^a \frac{-x}{EI} \times \left(-Fa - \frac{qx^2}{2}\right)dx$$

$$= \frac{1}{EI}\left(\frac{Fa^3}{2} + \frac{qa^4}{8}\right) \quad (\rightarrow)$$

【例题 11-2】 试计算如图 11-9a)所示桁架结点 C 的竖向位移。设各杆 EA 为同一常数。

【解】 实际位移状态如图 11-9a)所示,并求内力 F_{NP},设立虚拟单位力状态如图 11-9b)所示,并求内力 $\overline{F}_N$,代入式(11-10)有：

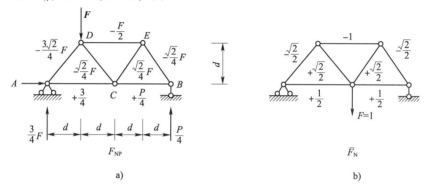

图 11-9 桁架的位移计算

$$\Delta_{Cy} = \frac{1}{EA} \Sigma \overline{F}_N F_{NP} l$$

$$= \frac{1}{EA}\left(-\frac{\sqrt{2}}{2}\right) \times \left(-\frac{3\sqrt{2}}{4}F\right) \times (\sqrt{2}d) + \left(\frac{\sqrt{2}}{2}\right) \times \left(-\frac{\sqrt{2}}{4}F\right) \times (\sqrt{2}d) +$$

$$\left(\frac{\sqrt{2}}{2}\right) \times \left(\frac{\sqrt{2}}{4}F\right) \times \sqrt{2}d + \left(-\frac{\sqrt{2}}{2}\right) \times \left(-\frac{\sqrt{2}}{4}F\right) \times \sqrt{2}d + (-1) \times$$

$$\left(-\frac{F}{2}\right) \times (2d) + \left(\frac{1}{2}\right) \times \left(\frac{3}{4}F\right) \times 2d + \left(\frac{1}{2}\right) \times \left(\frac{F}{4}\right) \times 2d$$

$$= \frac{Fd}{EA}\left(2 + \frac{\sqrt{2}}{2}\right) \approx 2.71 \frac{Fd}{EA}(\downarrow)$$

11.4 图 乘 法

计算梁和刚架在荷载作用下的位移时,先要写出 M_P 和 $\overline{M}$ 的方程式,然后代入公式(11-9)进行积分运算。当荷载比较复杂时,两个函数乘积的积分计算很烦琐。当结构的各杆段符合下列条件时,问题可以简化。①杆轴线为直线。②EI 为常数。③$\overline{M}$ 和 M_P 两个弯矩图至少有一个为直线图形。

若符合上述条件,则可用下述图乘法来代替积分运算,使计算工作简化。如图 11-10 所示为等截面直杆 AB 段上的两个弯矩图,$\overline{M}$ 图为一段直线,M_P 图为任意形状对于图示坐标,$\overline{M} = x\tan\alpha$,于是有：

$$\int_A^B \frac{\overline{M}M_P}{EI}ds = \frac{1}{EI}\int_A^B \overline{M}M_P ds = \frac{1}{EI}\int_A^B x\tan\alpha M_P dx$$

$$= \frac{1}{EI}\tan\alpha \int_A^B xM_P dx$$

$$= \frac{1}{EI}\tan\alpha \int_A^B x dA_\omega \tag{11-14}$$

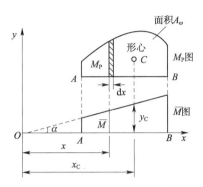

图 11-10　图乘法的公式推导

式中，$dA_\omega = M_P dx$ 表示 M_P 图的微面积，因而积分 $\int_A^B x dA_\omega$ 就是 M_P 图形面积 A_ω 对 y 轴的静矩。

这个静矩可以写为：

$$\int_A^B x dA_\omega = A_\omega x_c \tag{11-15}$$

其中，x_c 为 M_P 图形心到 y 轴的距离。将式(11-11)代入式(11-14)得：

$$\int_A^B \frac{\overline{M}M_P}{EI}ds = \frac{1}{EI}A_\omega x_c \tan\alpha \tag{11-16}$$

而 $x_c \tan\alpha = y_c$，y_c 为 $\overline{M}$ 图中与 M_P 图形心相对应的竖标，可写为：

$$\int_A^B \frac{\overline{M}M_P}{EI}ds = \frac{1}{EI}A_\omega y_c \tag{11-17}$$

上述积分式等于一个弯矩图的面积 A_ω 乘以其形心所对应的另一个直线弯矩图的竖标 y_c，再除以 EI。这种利用图形相乘来代替两函数乘积的积分运算称为图乘法。

根据上面的推证过程，在应用图乘法时要注意以下几点：

(1) 必须符合前述的条件。

(2) 竖标只能取自直线图形。

(3) A_ω 与 y_c 若在杆件同侧，图乘取正号，异侧取负号。

(4) 需要掌握几种简单图形的面积及形心位置，如图 11-12 所示。

(5) 当遇到面积和形心位置不易确定时，可将它分解为几个简单的图形，分别与另一图形相乘，然后把结果叠加。

例如，图 11-11a)所示两个梯形相乘时，梯形的形心不易定出，我们可以把它分解为两个三角形，$M_P = M_{Pa} + M_{Pb}$，形心对应竖标分别为 y_a 和 y_b，则：

$$\frac{1}{EI}\int \overline{M}M_P dx = \frac{1}{EI}\int \overline{M}(M_{Pa} + M_{Pb})dx$$

$$= \frac{1}{EI}\int \overline{M} M_{Pa} dx + \frac{1}{EI}\int \overline{M} M_{Pb} dx$$

$$= \frac{1}{EI}\left(\frac{al}{2}y_a + \frac{bl}{2}y_b\right)$$

式中：

$$y_a = \frac{2}{3}c + \frac{1}{3}d$$

$$y_b = \frac{1}{3}c + \frac{2}{3}d$$

当 M_P 或 $\overline{M}$ 图的竖标 a、b、c、d 不在基线的同一侧时，可继续分解为位于基线两侧的两个三角形，如图 11-11b) 所示。

$$A\omega_a = \frac{al}{2} \quad (基线上)$$

$$A\omega_b = \frac{bl}{2} \quad (基线下)$$

$$y_a = \frac{2}{3}c - \frac{d}{3} \quad (基线下)$$

$$y_b = \frac{c}{3} - \frac{2}{3}d \quad (基线下)$$

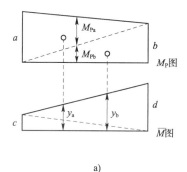
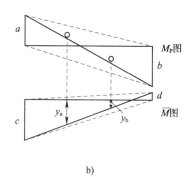

a)　　　　　　　　　　　　　b)

图 11-11　图乘叠加

如图 11-12 所示为几种简单图形，其中各抛物线图形均为标准抛物线图形。在采用图形数据时，一定要分清楚是否为标准抛物线图形。

所谓标准抛物线图形，是指抛物线图形具有顶点（顶点是指切线平行于底边的点），并且顶点在中点或者端点。

(6) 当 y_c 所在图形是折线时，或各杆段截面不相等时，均应分段图乘，再进行叠加，如图 11-13 所示。

如图 11-13a) 所示应为：

$$\Delta = \frac{1}{EI}(A_{\omega 1}y_1 + A_{\omega 2}y_2 + A_{\omega 3}y_3)$$

如图 11-13b) 所示应为：

$$\Delta = \frac{A_{\omega 1}y_1}{EI_1} + \frac{A_{\omega 2}y_2}{EI_2} + \frac{A_{\omega 3}y_3}{EI_3}$$

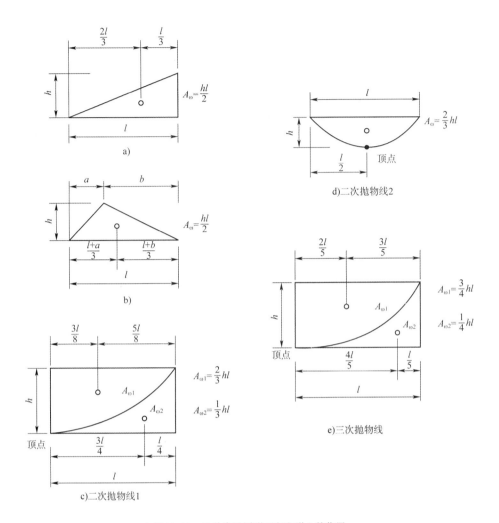

图 11-12 几种常见图形面积和形心的位置

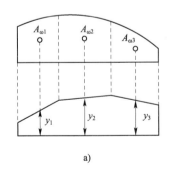
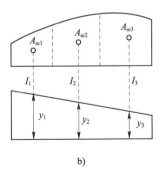

图 11-13 分段图乘

【例题 11-3】 试用图乘法计算如图 11-14a)所示简支刚架距截面 C 的竖向位移 Δ_{Cy}，B 点的角位移 φ_B 和 D、E 两点间的相对水平位移 Δ_{DE}。各杆 EI 为常数。

【解】 (1) 计算 C 点的竖向位移 Δ_{Cy}。

作出 M_P 图和 C 点作用单位荷载 $F=1$ 时的 $\overline{M}_1$ 图,分别如图 11-14b)、c)所示。由于 $\overline{M}$ 图是折线,故需分段进行图乘,然后叠加。

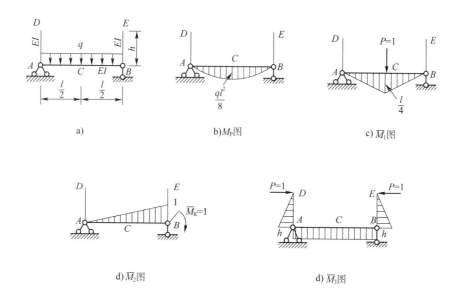

图 11-14 图乘法计算刚架位移

$$\Delta_{Cy} = \frac{1}{EI} \times 2\left[\left(\frac{2}{3} \times \frac{l}{2} \times \frac{ql^2}{8}\right) \times \left(\frac{5}{8} \times \frac{l}{4}\right)\right] = \frac{5ql^4}{384EI}(\downarrow)$$

(2)计算 B 结点的角位移 φ_B。

在 B 点处加单位力偶,单位弯矩图 $\overline{M}_2$ 如图 11-14d)所示,将 M_P 与 $\overline{M}_2$ 图乘得:

$$\varphi_B = \frac{-1}{EI}\left(\frac{2}{3} \times l \times \frac{ql^2}{8}\right) \times \frac{1}{2} = -\frac{ql^3}{24EI}(\uparrow)$$

式中,最初所用负号是因为两个图形在基线的异侧,最后结果为负号表示 φ_B 的实际转向与所加单位力偶的方向相反。

(3)为求 D、E 两点的相对水平位移,在 D、E 两点沿着两点连线加一对指向相反的单位力为虚拟状态,作出 $\overline{M}_3$ 图如图 11-14e)所示,将 M_P 与 $\overline{M}_3$ 图乘得:

$$\Delta_{DE} = \frac{1}{EI}\left(\frac{2}{3} \times \frac{ql^2}{8} \times l\right) \times h = \frac{ql^3h}{12EI}(\rightarrow\leftarrow)$$

计算结果为正号,表示 D、E 两点相对位移方向与所设单位力的指向相同,即 D、E 两点相互靠近。

【例题 11-4】 试求如图 11-15a)所示外伸梁 C 点的竖向位移 Δ_{Cy}。梁的 EI 为常数。

【解】 作 M_P 和 $\overline{M}$ 图,分别如图 11-15b)、c)所示。BC 段 M_P 图是标准二次抛物线图形;AB 段 M_P 图不是标准二次抛物线图形,现将其分解为一个三角形和一个标准二次抛物线图形。由图乘法可得:

$$\Delta_{Cy} = \frac{1}{EI}\left[\left(\frac{1}{3}\frac{ql^2}{8} \times \frac{l}{2}\right)\frac{3l}{8} - \left(\frac{2}{3}\frac{ql^2}{8} \times l\right) \times \frac{l}{4} + \left(\frac{1}{2}\frac{ql^2}{8} \times l\right) \times \frac{l}{3}\right]$$

$$= \frac{ql^4}{128EI}(\downarrow)$$

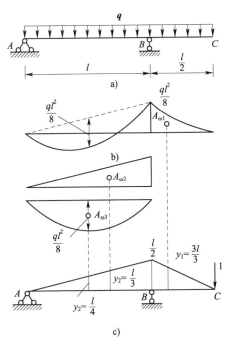

图 11-15 例题 11-4 图

11.5 温度作用下的位移计算

静定结构温度变化时不产生内力,但产生变形,从而产生位移。

如图 11-16a)所示,结构外侧升高 t_1 时内侧升高 t_2,现要求由此引起的 K 点竖向位移 Δ_{Kt}。此时,位移计算的一般公式(11-16)成为:

$$\Delta_{Kt} = \sum \int \overline{F}_N du_t + \sum \int \overline{M} d\varphi_t + \sum \int \overline{F}_s \gamma_t ds \tag{11-18}$$

为求 Δ_{Kt},需先求微段上由于温度变化而引起的变形位移 du_t、$d\varphi_t$、$\gamma_t ds$。

取实际位移状态中的微段 ds 如图 11-16a)所示,微段上、下边缘处的纤维由于温度升高而伸长,分别为 $\alpha t_1 ds$ 和 $\alpha t_2 ds$,这里 α 是材料的线膨胀系数。为简化计算,可假设温度沿截面高度成直线变化,这样在温度变化时截面仍保持为平面。由几何关系可求微段在杆轴处的伸长为:

$$\begin{aligned} du_t &= \alpha t_1 ds + (\alpha t_2 ds - \alpha t_1 ds)\frac{h_1}{h} \\ &= \alpha\left(\frac{h_2}{h}t_1 + \frac{h_1}{h}t_2\right)ds \\ &= \alpha t ds \end{aligned} \tag{11-19}$$

式中,$t = (h_2/h)t_1 + (h_1/h)t_2$,为杆轴线处的温度变化。若杆件的截面对称于形心轴,即 $h_1 = h_2 = \dfrac{h}{2}$,则 $t = (t_1 + t_2)/2$。

而微段两端截面的转角为:

$$d\varphi_t = \frac{\alpha t_2 ds - \alpha t_1 ds}{h} = \frac{\alpha(t_2-t_1)ds}{h} = \frac{\alpha \Delta t ds}{h} \tag{11-20}$$

式中,$\Delta t = t_2 - t_1$,为两侧温度变化之差。

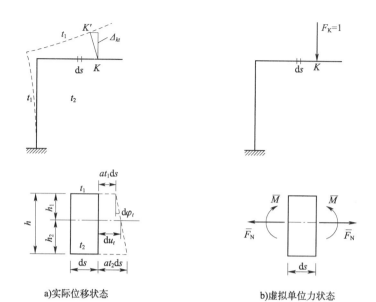

a)实际位移状态 b)虚拟单位力状态

图 11-16 温度变化引起的结构变形

对于杆件结构,温度变化并不引起剪切变形,即 $\gamma_t = 0$。

将以上微段的温度变形,即式(11-19)、式(11-20)代入式(11-18),可得:

$$\Delta_{Kt} = \sum \int \overline{F}_N \alpha t \mathrm{d}s + \sum \int \overline{M} \frac{\alpha \Delta t \mathrm{d}s}{h}$$

$$= \sum \alpha t \int \overline{F}_N \mathrm{d}s + \sum \frac{\alpha \Delta t}{h} \int \overline{M} \mathrm{d}s \qquad (11\text{-}21)$$

若各杆均为等截面杆,则:

$$\Delta_{Kt} = \sum \alpha t \int \overline{F}_N \mathrm{d}s + \sum \frac{\alpha \Delta t}{h} \int \overline{M} \mathrm{d}s$$

$$= \sum \alpha t A_{\omega \overline{F}_N} + \sum \frac{\alpha \Delta t}{h} A_{\omega \overline{M}} \qquad (11\text{-}22)$$

式中, $A_{\omega \overline{F}_N}$ 为 $\overline{F}_N$ 图的面积; $A_{\omega \overline{M}}$ 为 $\overline{M}$ 图的面积。

式(11-21)、式(11-22)是温度变化所引起的位移计算的一般公式,它右边两项的正负号作如下规定:若虚拟力状态的变形与实际位移状态的温度变化所引起的变形方向一致则取正号;反之,取负号。

对于梁和刚架,在计算温度变化所引起的位移时,一般不能略去轴向变形的影响。对于桁架,在温度变化时,其位移计算公式为:

$$\Delta_{Kt} = \sum \overline{F}_N \alpha t l \qquad (11\text{-}23)$$

当桁架的杆件长度因制造而存在误差时,由此引起的位移计算与温度变化时相类似。设各杆长度误差为 Δl,则位移计算公式为:

$$\Delta_K = \sum \overline{F}_N \Delta l \qquad (11\text{-}24)$$

式中, Δl 以伸长为正, $\overline{F}_N$ 以拉力为正;反之,为负。

【例题 11-5】 如图 11-17a)所示刚架,已知刚架各杆内侧温度无变化,外侧温度下降 16℃,各杆截面均为矩形,高度为 h,线膨胀系数 α。试求温度变化引起的 C 点竖向位移 Δ_{Cy}。

【解】 设立虚拟单位力状态 $F = 1$,作出相应的 $\overline{F}_N$ 和 $\overline{M}$ 图,分别如图 11-17b)、c)所示。

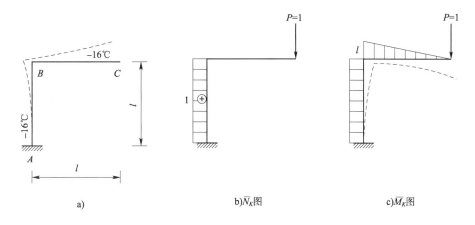

图 11-17 温度变化引起的刚架竖向位移计算

$$t_1 = -16℃ \quad t_2 = 0$$
$$t = \frac{t_1+t_2}{2} = \frac{-16+0}{2} = -8℃$$
$$\Delta t = t_2 - t_1 = 0 - (-16) = 16℃$$

AB 杆由于温度变化产生轴向收缩变形,与 $\overline{F}_N$ 所产生的变形(压缩)方向相同。而 AB 和 BC 杆由于温度变化产生的弯曲变形(外侧纤维缩短,向外侧弯曲)与由 $\overline{M}$ 所产生的弯曲变形(外侧受拉,向内侧弯曲)方向相反,故计算时,第一项取正号而第二项取负号。代入式(11-23)得:

$$\Delta_{Cy} = \alpha \times 8 \times l - \alpha \frac{16}{h} \times \frac{3}{2}l^2$$
$$= 8\alpha l - 24\frac{\alpha l^2}{h} \quad (\uparrow)$$

由于 $l > h$,所得结果为负值,表示 C 点竖向位移与单位力方向相反,即实际位移向上。

11.6 支座移动时的位移计算

由于静定结构在支座移动时不会引起结构的内力和变形,只会使结构发生刚体位移,此时,位移计算的一般公式(11-6)或为:

$$\Delta_{Kc} = -\sum \overline{F}_R C \tag{11-25}$$

式(11-25)为静定结构在支座移动时的位移计算公式。式中,$\overline{F}_R$ 为虚拟单位力状态的支座反力。$\sum \overline{F}_R C$ 为反力虚功的总和。当 $\overline{F}_R$ 与实际支座位移 C 方向一致时,其乘积取正,相反时为负。

此外,式(11-25)右项的前面有一负号,系原来移项时产生,不可漏掉。

【例题 11-6】 如图 11-18a)所示三铰刚架,若支座 B 发生如图所示位移 $a = 4\text{cm}$,$b = 6\text{cm}$,$l = 8\text{m}$,$h = 6\text{m}$,求由此而引起的左支座处杆端截面的转角 φ_A。

【解】 在 A 点处加一单位力偶,建立虚拟力状态。依次求得支座反力,如图 11-18b)所示。由式(11-25)得:

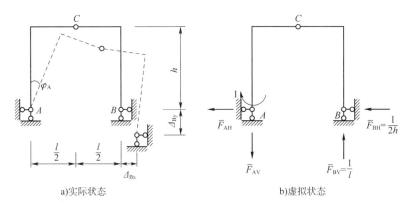

图 11-18 刚架支座位移时的位移计算

$$\varphi_A = -\left[\left(-\frac{1}{2h}\times a\right)+\left(-\frac{1}{l}\times b\right)\right]$$
$$=\frac{a}{2h}-\frac{b}{l}=\frac{4}{2\times 600}-\frac{6}{800}$$
$$=0.0108\,\text{rad}(\curvearrowright)$$

单 元 小 结

静定结构的位移计算是超静定结构内力计算的基础。位移计算的基本原理是虚功原理，基本方法是单位荷载法。

1) 实功与虚功的区别

实功:力在其本身引起的位移上所做的功。

虚功:力在其他原因引起的位移上所做的功,即做功的力系和相应的位移是彼此独立无关的。

2) 静定结构的位移计算公式

(1) 荷载作用

$$\Delta_{KP}=\sum\int\frac{\overline{M}M_P}{EI}\text{d}s+\sum\int\frac{\overline{F}_N F_{NP}}{EA}\text{d}s+\sum\int\frac{k\overline{F}_Q F_{QP}}{GA}\text{d}s$$

公式适用范围:线弹性材料,微小变形,直杆(可近似地用于曲杆)。

各类结构位移计算的简化公式如下:

①梁和刚架。

$$\Delta_{KP}=\sum\int\frac{\overline{M}M_P}{EI}\text{d}s$$

②桁架。

$$\Delta_{KP}=\sum\frac{\overline{F}_N F_{NP}l}{EA}$$

③组合结构。

$$\Delta_{KP}=\sum\int\frac{\overline{M}M_P}{EI}\text{d}s+\sum\frac{\overline{F}_N F_{NP}l}{EA}$$

(2) 支座移动

当静定结构仅发生支座位移时,各杆不产生变形,因此,由结构位移计算一般公式得到支座移动时的位移公式：
$$\Delta_{iC} = -\sum \overline{R}_i c_i$$
在应用时，注意不能遗漏式中等号右端的负号。

(3) 温度变化

将实际状态中结构的任一微段 ds 因温度变化发生的变形代入结构位移计算一般公式，得到温度变化时的位移计算公式：
$$\Delta_{Kt} = \sum \int \overline{M} \frac{\alpha \Delta t}{h} ds + \sum \int \overline{F}_N \alpha t_0 ds$$

对于等截面杆，若温度变化沿全杆相同，h、α、t_0、Δt 为常数，则：
$$\Delta_{Kt} = \sum \frac{\alpha \Delta t}{h} \omega_{\overline{M}} + \sum \alpha t_0 \omega \overline{F}_N$$

注意正负号：当实际温度变形与虚拟内力方向一致时，Δ 取为正值；反之，取为负值。

3) 图乘法及应用条件

在计算由弯曲变形引起的位移时，可采用图乘法进行计算，图乘公式为：
$$\Delta_{KP} = \sum \int \frac{\overline{M} M_P}{EI} ds = \sum \frac{A_\omega y_c}{EI}$$

上式表示，积分式 $\int \overline{M} M_P ds$ 等于一个弯矩图的面积 A_ω 乘以其形心处对应的另一个直线弯矩图上的竖标 y_c。

图乘法的应用条件：①杆轴为直线，EI 常数；②$\overline{M}$ 和 M_P 图中至少应有一个是直线图形，y_c 必须取自相同斜率段的直线图形的弯矩图中。

自 我 检 测

11-1 如图 11-19 所示结构上的广义力相对应的广义位移为( )。
 A. B 点水平位移 　　　　　　　　　 B. A 点水平位移
 C. AB 杆的转角 　　　　　　　　　　 D. AB 杆与 AC 杆的相对转角

11-2 如图 11-20 所示结构加 F_{P1} 引起位移 Δ_{11}、Δ_{21}，再加 F_{P2} 又产生新的位移 Δ_{12}、Δ_{22}，两个力所做的总功为( )。

 A. $W = F_{P1}(\Delta_{11} + \Delta_{12}) + F_{P2}\Delta_{22}$ 　　　　 B. $W = F_{P1}(\Delta_{11} + \Delta_{12}) + \frac{1}{2}F_{P2}\Delta_{22}$

 C. $W = \frac{1}{2}F_{P1}\Delta_{11} + F_{P1}\Delta_{12} + \frac{1}{2}F_{P2}\Delta_{22}$ 　　 D. $W = F_{P1}(\Delta_{11} + \Delta_{12}) + F_{P2}(\Delta_{21} + \Delta_{22})$

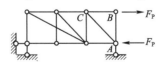
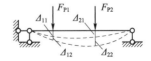

图 11-19 题 11-1 图　　　　　　　　　图 11-20 题 11-2 图

11-3 变形体虚功原理适用于( )。
 A. 线弹性体系　　　 B. 任何变形体　　　 C. 静定结构　　　 D. 杆件结构

11-4 下面说法中正确的一项是( )。
 A. 图乘法适用于任何直杆结构　　　　　 B. 虚功互等定理适用于任何结构

C. 单位荷载法仅适用于静定结构　　　　D. 位移互等定理仅适用于线弹性结构

11-5　试求图 11-21 所示结构的指定位移。

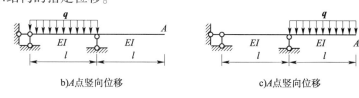

a) A截面转角、中点竖向位移　　　b) A点竖向位移　　　c) A点竖向位移

图 11-21　题 11-5 图

11-6　求图 11-22 所示三铰刚架点 E 的水平位移 Δ_{EH} 和截面 B 的转角 θ_B。EI 为常数。

11-7　如图 11-23 所示简支刚架支座 B 下沉 b，试求 D 点的竖向位移 Δ_{DV} 和水平位移 Δ_{DH}。

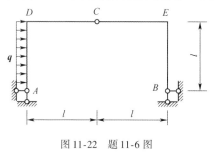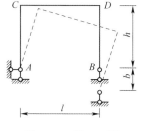

图 11-22　题 11-6 图　　　　图 11-23　题 11-7 图

11-8　如图 11-24 所示悬臂刚架内部温度升高 $t\,^\circ\mathrm{C}$，求 D 点的竖向位移 Δ_{DV}、水平位移 Δ_{DH} 和转角 θ_D。材料的线膨胀系数为 α，各杆截面均为矩形，且高度 h 相同。

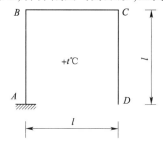

图 11-24　题 11-8 图

11-9　用图乘法求图 11-25 所示悬臂梁 C 截面的竖向位移 Δ_{CV} 和转角 θ_C。EI 为常数。

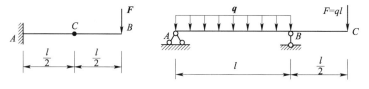

图 11-25　题 11-9 图

11-10　求图 11-26 所示桁架 A、B 两点间相对线位移 Δ_{AB}。EI 为常数。

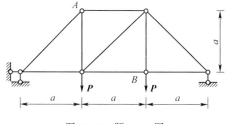

图 11-26　题 11-10 图

单元 12　超静定结构内力分析

单元学习任务：

1. 确定超静定结构的次数和基本结构。
2. 理解并掌握力法典型方程，能运用方程求解一、二次超静定结构。
3. 掌握位移法的基本概念，准确分析基本未知量，用位移法计算超静定梁。
4. 掌握力矩分配法的基本概念及解题思路。
5. 熟练用力矩分配法计算连续梁和无侧移刚架。

12.1　力　　法

12.1.1　力法基本概念

前面几单元我们讨论了各类静定结构的内力计算。静定结构的特征是：全部支座反力和截面内力都可以通过静力平衡方程求得。但在实际工程中，不少结构都是超静定结构。此类结构的支座反力和截面内力不能完全由静力平衡方程确定。从几何构造方面分析，静定结构是没有多余约束的几何不变体系，而超静定结构是有多余约束的几何不变体系。多余约束内部因外力产生的内力叫多余约束力。例如，图 12-1a) 中所示的连续梁就是一个超静定结构，此结构的全部支座反力是四个，用我们常用的三个平衡方程无法全部解出。

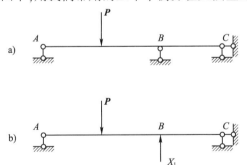

图 12-1　超静定结构示意图

如果一个结构去掉 n 个多余约束后，由超静定结构变成静定结构，此静定结构就称为原超静定结构的基本结构。例如，在图 12-1a) 中去掉连续梁的中支座 B，而以相应的约束反力 X_1 代替，便成为图 12-1b) 所示的基本结构。需强调的是，基本结构必须是几何不变的。对于一个超静定结构，去掉多余约束的方法很多，所以基本结构也有很多种形式，但不论采用哪种形式，去掉的多余约束个数是相同的。

常见的超静定结构也分梁、刚架、桁架、组合结构及拱等类型,如图 12-2 所示。

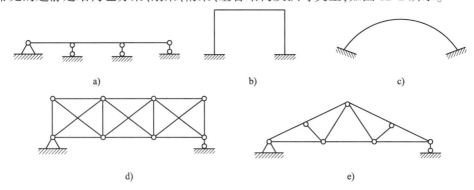

图 12-2 常见的超静定结构

从几何组成方面来看,超静定次数是指超静定结构中多余约束的个数。从静力平衡方面来看,超静定次数就是运用平衡方程分析结构未知力时所缺少的平衡方程个数。通常,可以用去掉多余约束使原结构变成基本结构的方法来确定它的超静定次数。若超静定结构拆掉 n 个约束后成为静定体系,那么原结构就是 n 次超静定。

在超静定结构上去掉多余约束的基本方式,通常有如下几种。

(1) 去掉一根链杆,等于拆掉 1 个约束,如图 12-3 所示。

图 12-3 带链杆的基本结构

(2) 去掉一个铰支座或拆开一个单铰,等于拆掉 2 个约束,如图 12-4 所示。

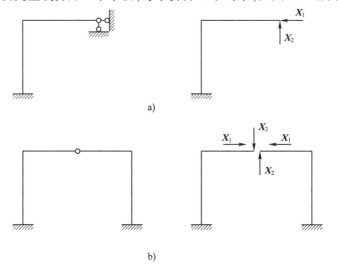

图 12-4 带铰结点的基本结构

(3) 去掉一个固定端或切断一个梁式杆,等于拆掉 3 个约束,如图 12-5 所示。

(4) 将一固定端支座改成铰支座,或者将连续杆某处改为单铰,等于拆掉 1 个约束,如图 12-6 所示。

(5) 对于有封闭框格的结构,切开一个封闭框格,相当于去掉一个刚性约束,也就是去掉 3 个约束。如图 12-7 所示,将每一个封闭框格的横梁切断,共去掉 12 个多余的约束。

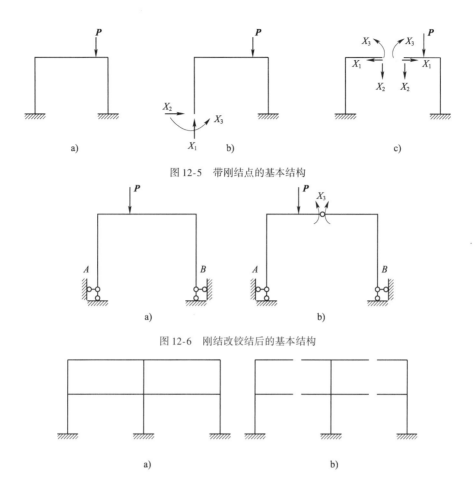

图 12-5 带刚结点的基本结构

图 12-6 刚结改铰结后的基本结构

图 12-7 带封闭框格的基本结构

（6）拆开一联结 n 个刚片的复铰,相当于拆开 $(n-1)$ 个单铰,等于拆掉 $2(n-1)$ 个约束。如图 12-8 所示刚架,将顶部复铰去掉,等于拆掉 4 个约束。

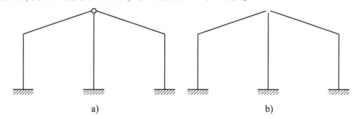

图 12-8 带复铰的基本结构

另外注意,不要把原结构拆成几何可变体系,如图 12-9a)所示,若把水平杆件去掉,就变成了几何可变体系,如图 12-9b)所示。

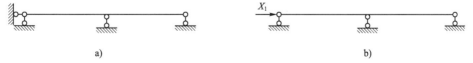

图 12-9 错误的基本结构

12.1.2 力法基本原理

力法是分析超静定结构最基本的方法。力法的解题途径是以结构的未知支座反力或截面

199

的未知截面内力作为基本未知量,按位移协调条件列方程求解未知力。再根据平衡条件求解其他截面内力。本节以图 12-10 为例,来说明力法是怎样解决超静定问题的。

图 12-10a)所示为一端固定、另一端铰支的超静定梁。显然,该梁有 4 个未知反力,而独立的静力平衡方程只有 3 个,所以该梁有 1 个多余约束,是一次超静定结构。

若将支撑 B 的链杆去掉,代之以竖向的约束反力 X_1,则结构变成了在荷载 q 和未知反力 X_1 共同作用下的静定结构——力法基本结构。若能求出未知反力 X_1,则整个问题就转化为静定问题,应用平衡条件就可以求出其他支座反力和所有截面内力了。

对于图 12-10b)所示的静定结构,受力和变形状态均应与原结构保持一致,而在原结构中,B 点的竖向位移为零,所以在未知反力 X_1 和荷载 q 共同作用下,B 点产生的竖向位移 Δ_1 也应为零。用 Δ_{1P} 表示荷载 q 引起的 B 点沿初始假设 X_1 方向(本题向上)的竖向位移,Δ_{11} 表示未知力 X_1 引起的 B 点沿初始假设 X_1 方向(本题向上)的竖向位移,则:

$$\Delta_1 = \Delta_{11} + \Delta_{1P} = 0 \quad (12\text{-}1)$$

式(12-1)就是 B 点的位移协调条件,利用它就可以计算出 X_1 的数值大小。

我们令 δ_{11} 为 $\overline{X}_1 = 1$ 时引起 B 点的竖向沿 X_1 方向(此处向上)位移,X_1 作用下 B 点的竖向沿 X_1 方向位移(此处向上)就应该是 $\Delta_{11} = \delta_{11} X_1$,则公式(12-1)可以写成:

$$\Delta_1 = \delta_{11} X_1 + \Delta_{1P} = 0 \quad (12\text{-}2)$$

公式(12-2)是含有多余未知力的位移方程,称为力法方程。

先分别绘制 $\overline{X}_1 = 1$ 与荷载 q 单独作用下的弯矩图 $\overline{M}_1$ 和 M_P。用图乘法求解图 12-10 所示结构的 δ_{11} 和 Δ_{1P}。

$$\delta_{11} = \frac{1}{EI} \times \frac{1}{2} \times L \times L \times \frac{2L}{3} = \frac{L^3}{3EI} \quad (12\text{-}3)$$

$$\Delta_{1P} = -\frac{1}{EI} \times \frac{1}{3} \times \frac{qL^2}{2} \times L \times \frac{3L}{4} = -\frac{qL^4}{8EI}$$
$$(12\text{-}4)$$

将以上结果代入到公式(12-2),得:

$$X_1 = \frac{3qL}{8}(\uparrow) \quad (12\text{-}5)$$

计算结果 X_1 为正号,表示反力 X_1 的实际方向与原假设方向(向上)相同。多余未知力 X_1 求出后,用静力平衡方程,即可求出其余反力和内力,分别绘出弯矩图 $\overline{M}_1$ 和 M_P 如图 12-10d)、f)所示,再根据叠加法绘出最后弯矩图。任一截面弯矩的叠加公式为:

$$M = \overline{M}_1 \cdot X_1 + M_P \quad (12\text{-}6)$$

叠加后的弯矩图和剪力图如图 12-11 所示。

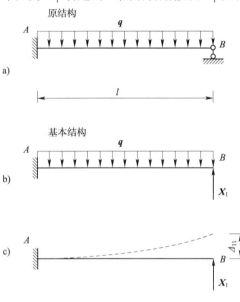
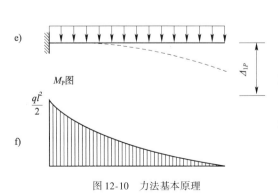

图 12-10 力法基本原理

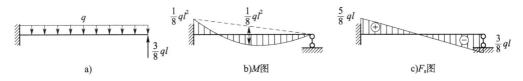

图 12-11 叠加后的弯矩图和剪力图

由上述讨论可知,力法基本原理是:以多余未知力为基本未知量,利用未知量作用处的位移协调条件,将超静定结构转化为静定结构,建立位移协调方程,从中解出多余未知力,然后求解出整个超静定结构的内力。

12.1.3 力法典型方程

以上我们用一次超静定结构的计算过程说明了力法基本原理。由此可见,用力法计算超静定结构的关键在于,根据位移协调条件建立力法方程求出多余未知力。对于多次超静定结构,其计算方法也完全相同。

图 12-12a)为二次超静定刚架,如去掉 A 支座 2 个多余约束,并用多余未知力 X_1、X_2 代替,得到基本结构,如图 12-12b)所示。由于原结构在 A 点的水平位移和竖向位移为零,因此,基本结构在荷载 P 和多余未知力共同作用下,A 点沿 X_1、X_2 方向的相应位移也都是零,即位移协调条件为:

$$\Delta_1 = 0 \tag{12-7}$$
$$\Delta_2 = 0 \tag{12-8}$$

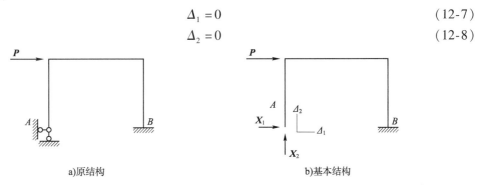

图 12-12 刚架的基本结构

这里 Δ_1 是基本结构沿 X_1 方向的位移,即 A 点水平位移;Δ_2 是基本结构沿 X_2 方向的位移,即 A 点竖向位移。为了计算 Δ_1 和 Δ_2,首先分别计算基本结构在各单位力 $\overline{X}_1 = 1$、$\overline{X}_2 = 1$ 和荷载 P 作用下的位移。

$\overline{X}_1 = 1$ 单独作用时,沿 X_1 方向位移(指右)为 δ_{11},沿 X_2 方向位移(指上)为 δ_{21}(图12-13)。

$\overline{X}_2 = 1$ 单独作用时,沿 X_1 方向位移(指右)为 δ_{12},沿 X_2 方向位移(指上)为 δ_{22}(图12-13)。

P(外力荷载)单独作用时,沿 X_1 方向位移(指右)为 δ_{1P},沿 X_2 方向位移(指上)为 δ_{2P}(图12-13)。

位移第一个脚标代表位移的地点和方向,第二个脚标代表产生位移的原因。

根据叠加原理,式(12-7)、式(12-8)的位移条件可以写成:

$$\left.\begin{array}{l} \Delta_1 = \delta_{11}X_1 + \delta_{12}X_2 + \Delta_{1P} = 0 \\ \Delta_2 = \delta_{21}X_1 + \delta_{22}X_2 + \Delta_{2P} = 0 \end{array}\right\} \tag{12-9}$$

求解这组方程,可求得多余未知力 X_1、X_2。

对于 n 次超静定结构来说,则有 n 个多余未知力,而每一个多余未知力都对应着一个多余联系,相应也就有一个已知的位移协调条件,故可按此 n 个位移协调条件建立 n 个方程,从而可以解出 n 个多余未知力。当原结构上各多余未知力作用处的位移为零时,这 n 个方程可以写为:

$$\left.\begin{array}{l}\delta_{11}X_1 + \delta_{12}X_2 + \cdots + \delta_{1i}X_i + \cdots + \delta_{1n}X_n + \Delta_{1P} = 0 \\ \delta_{21}X_1 + \delta_{22}X_2 + \cdots + \delta_{2i}X_i + \cdots + \delta_{2n}X_n + \Delta_{2P} = 0 \\ \cdots \\ \delta_{i1}X_1 + \delta_{i2}X_2 + \cdots + \delta_{ii}X_i + \cdots + \delta_{in}X_n + \Delta_{iP} = 0 \\ \cdots \\ \delta_{n1}X_1 + \delta_{n2}X_2 + \cdots + \delta_{ni}X_i + \cdots + \delta_{nn}X_n + \Delta_{nP} = 0 \end{array}\right\} \quad (12\text{-}10)$$

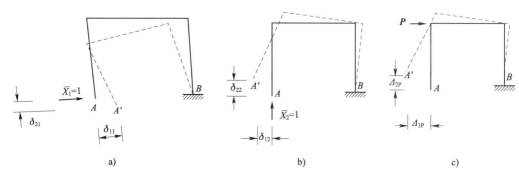

图 12-13　力法图示

这一组方程的物理意义是:基本结构在全部未知力和荷载的共同作用下,在去掉各多余联系处沿各多余未知力方向的位移,应与原结构中相应的位移相等。

式中,主斜线(自左上方的 δ_{11} 至右下方的 δ_{nn})上的系数 δ_{ii} 称为主系数或主位移。它是单位多余未知力 $\overline{X}_i = 1$ 单独作用时,沿其自身方向上所引起的位移,显然其值恒为正且不会等于零。非主斜线上的系数 δ_{ij} 则称为副系数或副位移,它是沿多余未知力 X_i 方向上由于单位多余未知力 $\overline{X}_j = 1$ 单独作用而引起的位移。根据互等定理,可知 $\delta_{ij} = \delta_{ji}$。式中,最后一项 Δ_{iP} 称为自由项,它是荷载 P 单独作用时沿多余未知力 X_i 方向上所引起的位移。副系数和自由项可能为正、负或零。

上述方程在组成上具有一定的规律,我们称它为力法的典型方程。

因为基本结构是静定结构,力法典型方程中的各系数和自由项可按虚功原理求位移的方法求得,对于平面结构中的梁和刚架,位移计算公式可写成:

$$\delta_{ii} = \sum \int \frac{\overline{M}_i^2}{EI} \mathrm{d}s \qquad (\overline{M}_i \text{图乘} \overline{M}_i) \tag{12-11}$$

$$\delta_{ij} = \delta_{ji} = \sum \int \frac{\overline{M}_i \overline{M}_j}{EI} \mathrm{d}s \qquad (\overline{M}_i \text{图乘} \overline{M}_j) \tag{12-12}$$

$$\delta_{iP} = \sum \int \frac{\overline{M}_i M_P}{EI} \mathrm{d}s \qquad (\overline{M}_i \text{图乘} M_P) \tag{12-13}$$

系数和自由项求得后,将他们代入典型方程即可求出多余未知力,然后由平衡条件求出其余未知反力和内力。在绘制最后内力图时,可利用基本结构的单位内力图和荷载内力图,按叠加法绘制。按下列公式计算:

$$M = \overline{M}_1 X_1 + \overline{M}_2 X_2 + \cdots + \overline{M}_i X_i + \cdots + \overline{M}_n X_n + M_P \tag{12-14}$$

12.1.4 力法计算示例

力法计算超静定结构的步骤可归纳如下:
(1)确定原结构的超静定次数,选择合适的基本结构。
(2)根据基本结构建立力法典型方程。
(3)作基本结构的单位力弯矩图和荷载弯矩图。
(4)用图乘法计算力法方程中的系数和自由项。对于曲杆或变截面杆则不能用图乘法,这时必须列出弯矩方程,用位移公式进行积分求解。
(5)将计算出的系数和自由项代入力法方程,求解多余未知力。
(6)算出多余未知力后,可用叠加法绘制原结构的最后弯矩图,然后根据弯矩图,用平衡条件求剪力图和轴力图。

【**例题 12-1**】 假设 EI 为常数,试作图 12-14 所示连续梁(一次超静定结构)的内力图。

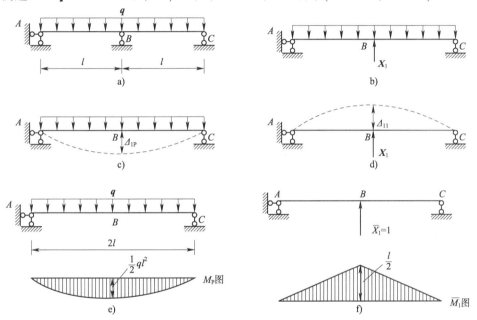

图 12-14 一次超静定结构的计算

【**解**】 (1)确定基本结构。本连续梁结构为一次超静定结构,去掉 B 支座约束,并用多余未知力 X_1 代替,得到如图 12-14b)所示的基本结构。

(2)建立力法方程。根据支座 B 处的位移条件,建立力法方程。则有:

$$\Delta_1 = \delta_{11}X_1 + \Delta_{1P} = 0$$

(3)求系数和自由项。分别作基本结构的荷载弯矩图和单位弯矩图 M_P 和 $\overline{M}_1$,如图 12-14e)、f)所示,采用图乘法得:

$$\delta_{11} = \frac{2}{EI}\left(\frac{1}{2} \times \frac{L}{2} \times L \times \frac{2}{3} \times \frac{L}{2}\right) = \frac{L^3}{6EI}$$

$$\Delta_{1P} = \frac{2}{EI}\left[\frac{2}{3} \times \frac{qL^2}{2} \times L \times \left(-\frac{5}{8} \times \frac{L}{2}\right)\right] = -\frac{5qL^4}{24EI}$$

(4)求多余未知力。将求得结果代入力法方程,求解得到:

$$X_1 = \frac{5}{4}qL(\uparrow)$$

(5)作内力图。多余力求出后,利用平衡条件求原结构的支座反力。根据叠加法绘制最终弯矩图,如图 12-15 所示。

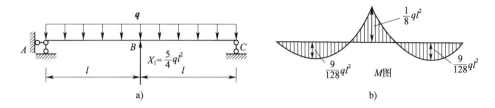

图 12-15　最终弯矩图

【例题 12-2】　假设 EI 为常数,试作图 12-16 所示超静定刚架(二次超静定)的内力图。

【解】　(1)确定基本结构。此刚架为二次超静定结构,去掉 C 支座约束,并用多余未知力 X_1、X_2 代替,得到如图 12-16b)所示的基本结构。

(2)建立力法方程。根据支座 C 处的位移条件,建立力法方程。则有:

$$\left.\begin{array}{l}\Delta_1 = \delta_{11}X_1 + \delta_{12}X_2 + \Delta_{1P} = 0 \\ \Delta_2 = \delta_{21}X_1 + \delta_{22}X_2 + \Delta_{2P} = 0\end{array}\right\}$$

(3)求系数和自由项。分别作基本结构的荷载弯矩图和单位弯矩图 M_P、$\overline{M}_1$ 和 $\overline{M}_2$,如图 12-16c)~e)所示,采用图乘法得:

$$\delta_{11} = \frac{1}{EI} \times (a \times a \times \frac{1}{2} \times \frac{2a}{3} + a \times a \times a) = \frac{4a^3}{3EI}$$

$$\delta_{22} = \frac{1}{EI} \times (a \times a \times \frac{1}{2} \times \frac{2a}{3} + 0) = \frac{a^3}{3EI}$$

$$\delta_{12} = \delta_{21} = \frac{1}{EI} \times (a \times a \times \frac{1}{2} \times a) = \frac{a^3}{2EI}$$

$$\Delta_{1P} = -\frac{1}{EI} \times (\frac{1}{3} \times \frac{qa^2}{2} \times a \times \frac{3a}{4} + \frac{qa^2}{2} \times a \times a) = -\frac{5qa^4}{8EI}$$

$$\Delta_{2P} = -\frac{1}{EI} \times (a \times a \times \frac{1}{2} \times \frac{qa^2}{2}) = -\frac{qa^4}{4EI}$$

(4)求多余未知力。将求得结果代入力法方程,求解得到:

$$X_1 = \frac{3}{7}qa(\uparrow)$$

$$X_2 = \frac{3}{28}qa(\rightarrow)$$

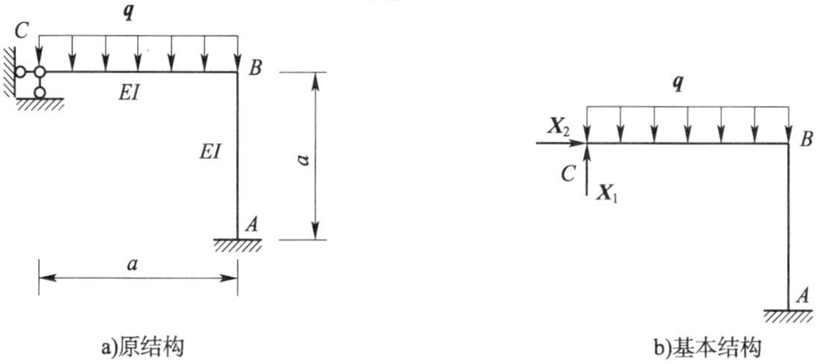

图　12-16

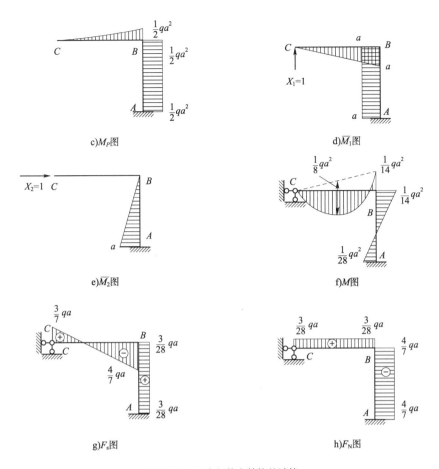

图 12-16 二次超静定结构的计算

(5) 作内力图。多余力求出后,利用平衡条件求原结构的支座反力。根据叠加法绘制最后内力图,如图 12-16f)~h) 所示。

12.2 位 移 法

12.2.1 位移法的基本概念

力法是解超静定结构的最基本和最古老的方法。从钢筋混凝土结构问世以来,开始大量采用高次超静定结构,用力法进行计算十分烦琐。这就迫使人们探讨新方法,于是在力法的基础上出现了另一种解超静定结构的方法——位移法。

结构的内力与位移之间往往具有恒定的关系,位移法的思路是以节点位移作为基本未知量,设法求出节点位移,然后根据节点位移反求杆端内力,由杆端内力绘出超静定结构的内力图。下面以图 12-17 为例来说明位移法的过程。

如图 12-17 所示超静定刚架在荷载作用下发生了如图中虚线所示变形,刚结点 B 发生了转角 φ_B,根据刚架的性质,它所联结的杆 BA、BC 同样会在 B 端发生相同的转角 φ_B。在刚架中,BA 杆的受力和变形与图 12-17b) 所示单跨超静定梁完全相同,BC 杆的受力与变形又与图

12-17c)所示单跨超静定梁完全相同,而图 12-17b)、c)所示的单跨超静定梁用力法可求出杆端弯矩 M_{BA}、M_{BC} 等内力与荷载 P 及 φ_B 的关系式。若 φ_B 为已知量,那么杆端内力可随之求出。由此可知,计算该刚架时,若把刚节点 B 的转角 φ_B 作为基本未知量并设法求出,则各杆的内力也随之求出。

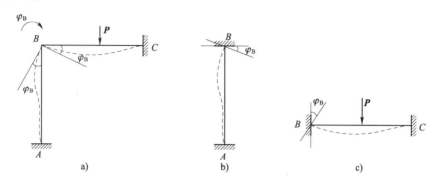

图 12-17 位移法图示

位移法是以节点位移作为基本未知量,节点位移包括节点角位移和节点线位移。

(1)节点角位移的确定

根据刚架的性质,同一刚结点处各杆的转角是相等的,因此,每一个刚结点只有一个独立的角位移。在固定支座处,没有角位移,所以转角为零。至于铰结点和铰结点处的角位移,结构容许自由转动,其角位移由相邻结点角位移和外荷载决定,也不能作为基本未知量。因此,确定结点角位移的数目时,只要计算刚结点的数目即可,即角位移数目等于刚结点数目。

如图 12-18 所示,有两个刚结点 D、E,故有两个结点角位移 φ_D 和 φ_E。

(2)节点线位移的确定

一般情况下,结点都有线位移,但通常略去受弯杆件的轴向变形,可认为受弯杆件两端之间的距离变形前后是不变的,从而减少了结点线位移的数目。如图 12-18 所示,由于各杆不考虑轴向变形,刚结点 D 和 E 在原位置保持不动,因此,没有线位移只有角位移。

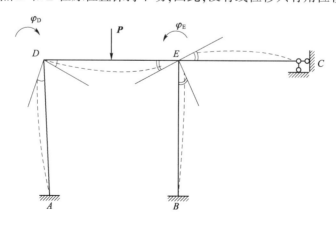

图 12-18 节点角位移

在确定结点线位移通常可用"铰化结点法"来进行,具体做法是:把结构中所有的刚结点、固定端全部改成铰结,得到一个铰结体系;按二元体规则组成几何不变体系,需要增加的链杆数即为原结构的结点线位移数。结点线位移也称侧移。

如图 12-19a)所示刚架,其铰化体系如图 12-19b)所示,它必须增加一根链杆 A 才能成为几何不变体系,所以原结构有一个结点线位移为 Δ_1。

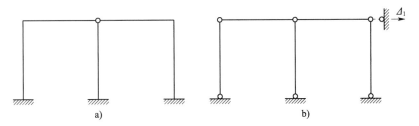

图 12-19 结点线位移

结点角位移和结点线位移符号规定:角位移以顺时针转动为正方向,侧移是以整个杆轴线相对于原位置顺时针转动为正方向。

【例题 12-3】 如图 12-20 所示刚架,试确定用位移法计算所需的基本未知量。

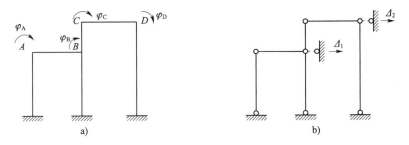

图 12-20 例题 12-3 图

【解】 该体系有 4 个刚结点 A、B、C 和 D,因此有 4 个角位移 φ_A、φ_B、φ_C 和 φ_D。

将图 12-20a)的刚架改为图 12-20b)的铰结体系,必须增加两根如图中虚线所示链杆,才能保持几何不变,故结点线位移有 2 个,分别是 Δ_1、Δ_2。

【例题 12-4】 如图 12-21 所示刚架,试确定用位移法计算所需的基本未知量。

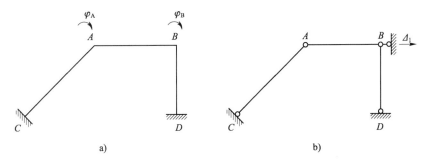

图 12-21 例题 12-4 图

【解】 该体系有 2 个刚结点 A 和 B,所以有 2 个角位移 φ_A、φ_B。

将刚架铰化成铰结体系后,按二元体规则需要增加一根如图 12-21 中所示链杆,才能保持几何不变,故有一个结点线位移 Δ_1。

【例题 12-5】 如图 12-22 所示连续梁,试确定用位移法计算所需的基本未知量。

【解】 图 12-22 中所示连续梁中,B、C 可看作是刚结点,因此有 2 个角位移 φ_B、φ_C。

若将图 12-22a)改成图 12-22b)的铰结体系,则为多跨简支梁,是几何不变体系,故无结点线位移。

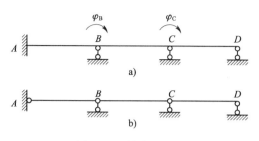

图 12-22 例题 12-5 图

12.2.2 等截面直杆的转角位移方程

用位移法计算超静定结构时,可将超静定结构看作是几个单跨超静定梁。如图 12-23 所示,超静定刚架可看作是图 12-23b)~d)所示的单跨超静定梁。本节我们将首先导出常见单跨超静定梁在杆端位移和荷载影响下杆端弯矩的计算公式,称作等截面直杆的转角位移方程,也称杆端弯矩方程。

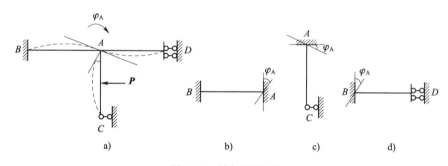

图 12-23 转角位移方程

在位移法中,杆端弯矩的符号规定为:加于杆端的弯矩以顺时针方向为正,加在结点或支座上的反作用力矩则以逆时针方向为正。

等截面直杆的转角位移方程可以用力法求出,以下是常见的三种单跨超静定梁的转角位移方程。

(1)两端固定梁

超静定结构中,凡两端与刚结点或固定支座连接的杆件,均可看作是两端固定梁。如图 12-23a)中的 AB 杆。

图 12-24 所示为两端固定的等截面梁,其抗弯刚度为 EI,跨度为 l。已知杆端 A 与 B 的角位移分别为 φ_A、φ_B,两端垂直于杆轴线的相对线位移为 Δ(也称侧移,注意杆件两端同时单方向侧移不引起杆端弯矩)。这种超静定梁的转角位移方程为:

$$\left.\begin{array}{l} M_{AB} = 4i\varphi_A + 2i\varphi_B - \dfrac{6i}{l}\Delta + M_{AB}^F \\ M_{BA} = 2i\varphi_A + 4i\varphi_B - \dfrac{6i}{l}\Delta + M_{BA}^F \end{array}\right\} \quad (12\text{-}15)$$

式中,i 称为线刚度,$i = EI/l$;M_{AB}^F、M_{BA}^F 称作固端弯矩,可查表 12-1 得出。

(2)一端固定一端铰支梁

凡是一端与固定支座或刚结点连接,另一端与铰支座、可动铰支座、铰结点连接的杆件均可看作是这类梁,如图 12-23a)中的 AC 杆。

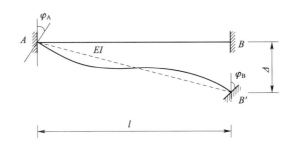

图 12-24 两端固定梁的转角位移方程

图 12-25 所示一端固定一端铰支的等截面梁,其抗弯刚度为 EI,跨度为 l。已知杆端 A 的角位移为 φ_A,AB 端垂直于杆轴线的相对线位移为 Δ,这种超静定梁的转角位移方程为:

$$\left.\begin{aligned} M_{AB} &= 3i\varphi_A - \frac{3i}{l}\Delta + M_{AB}^F \\ M_{BA} &= 0 \end{aligned}\right\} \quad (12\text{-}16)$$

式中,i 称为线刚度,$i = EI/l$;M_{AB}^F、M_{BA}^F 称作固端弯矩,可查表格 12-1 得出。

(3)一端固定一端为定向支座的梁

凡是一端与固定支座或刚结点连接,另一端与定向支座连接的杆件均可看作是这类梁,如图 12-23a)中的 AD 杆。如图 12-26 所示,一端固定一端为定向支座的等截面梁,当已知 φ_A 时,这种超静定梁的转角位移方程为:

$$\left.\begin{aligned} M_{AB} &= i\varphi_A + M_{AB}^F \\ M_{BA} &= -i\varphi_A + M_{BA}^F \end{aligned}\right\} \quad (12\text{-}17)$$

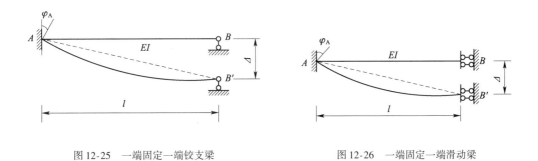

图 12-25 一端固定一端铰支梁   图 12-26 一端固定一端滑动梁

式中符号同前,为了应用方便,表 12-1 列出了以上 3 种单跨超静定梁在各种荷载和位移情况下的杆端弯矩(固端弯矩)和杆端剪力值(固端剪力),供读者使用。

12.2.3 位移法的应用

位移法的基本未知量是节点角位移或节点线位移,那么我们怎样才能求出这些节点位移呢?

超静定结构的解答应满足平衡条件和变形连续条件。位移法确定基本未知量时,已经满足了变形连续条件,所以我们就应用平衡条件建立方程确定基本未知量。

单跨超静定梁的杆端弯矩和剪力

表 12-1

支座情况	编号	梁的简图	弯矩图	弯矩 M_{AB}	弯矩 M_{BA}	剪力 Q_{AB}	剪力 Q_{BA}
两端固结	1	$\varphi=1$, EI, 长 l, B端固定		$4i\left(i=\dfrac{EI}{l},\text{下同}\right)$	$2i$	$-\dfrac{6i}{l}$	$-\dfrac{6i}{l}$
	2	B端水平位移		$-\dfrac{6i}{l}$	$-\dfrac{6i}{l}$	$\dfrac{12i}{l^2}$	$\dfrac{12i}{l^2}$
	3	集中力 P，距离 a、b		$-\dfrac{Pab^2}{l^2}$	$\dfrac{Pa^2b}{l^2}$	$\dfrac{Pb^2(l+2a)}{l^3}$	$-\dfrac{Pa^2(l+2b)}{l^3}$
				$-\dfrac{Pl}{8}\;(a=b=0.5l)$	$\dfrac{Pl}{8}$	$\dfrac{P}{2}$	$-\dfrac{P}{2}$
	4	均布荷载 q，长 l		$-\dfrac{ql^2}{12}$	$\dfrac{ql^2}{12}$	$\dfrac{ql}{2}$	$-\dfrac{ql}{2}$
	5	集中力偶 M，距离 a、b		$M\dfrac{b(2l-3b)}{l^2}$	$M\dfrac{a(2l-3a)}{l^2}$	$-M\dfrac{6ab}{l^3}$	$-M\dfrac{6ab}{l^3}$

续上表

支座情况	编号	梁的简图	弯矩图	弯矩 M_{AB}	弯矩 M_{BA}	剪力 Q_{AB}	剪力 Q_{BA}
一端固结，一端铰支	6			$3i$	0	$-\dfrac{3i}{l}$	$-\dfrac{3i}{l}$
	7			$-\dfrac{3i}{l}$	0	$\dfrac{3i}{l^2}$	$\dfrac{3i}{l^2}$
	8			$-\dfrac{Pab(l+b)}{2l^2}$	0	$\dfrac{Pb(3l^2-b^2)}{2l^3}$	$-\dfrac{Pa^2(2l+b)}{2l^3}$
				$-\dfrac{3Pl}{16}(a=b=0.5l)$		$\dfrac{11P}{16}$	$-\dfrac{5P}{16}$
	9			$-\dfrac{ql^2}{8}$	0	$\dfrac{5ql}{8}$	$-\dfrac{3ql}{8}$
	10			$M\dfrac{l^2-3b^2}{2l^2}$	0	$-M\dfrac{3(l^2-b^2)}{2l^3}$	$-M\dfrac{3(l^2-b^2)}{2l^3}$
				$0.5M(a=l)$		$-M\dfrac{3}{2l}$	$-M\dfrac{3}{2l}$

续上表

编号	梁的简图	弯矩图	弯矩 M_{AB}	弯矩 M_{BA}	剪力 Q_{AB}	剪力 Q_{BA}
11	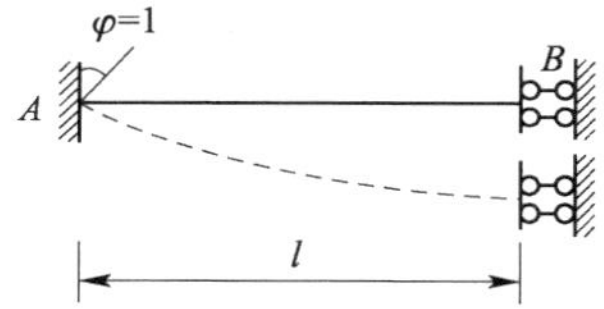		i	$-i$	0	0
12	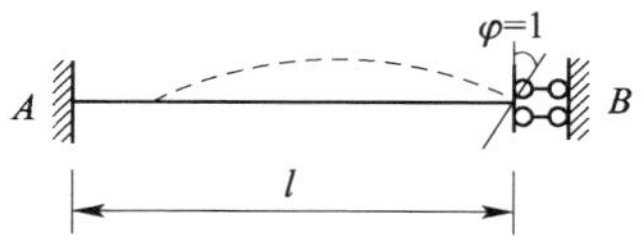	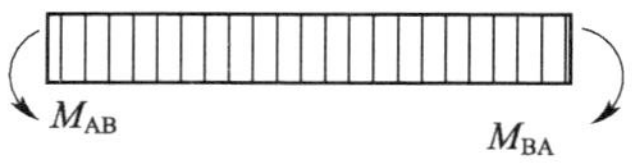	$-i$	i	0	0
13	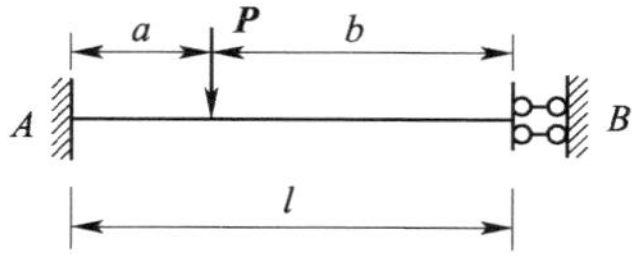	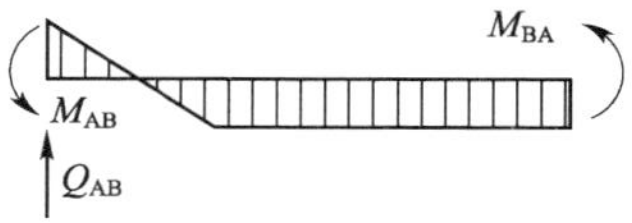	$-\dfrac{Pa}{2l}(2l-a)$	$-\dfrac{Pa^2}{2l}$	P	0
14			$-\dfrac{3Pl}{8}\,(a=b=0.5l)$			
14			$-\dfrac{Pl}{2}$	$-\dfrac{Pl}{8}$	P	0
14	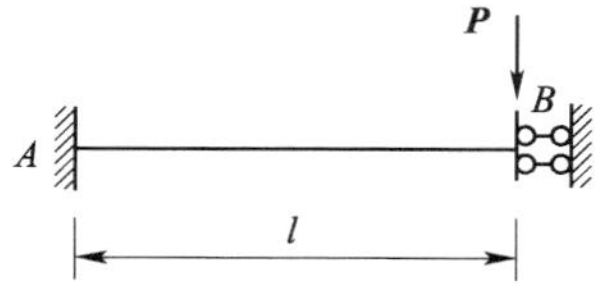	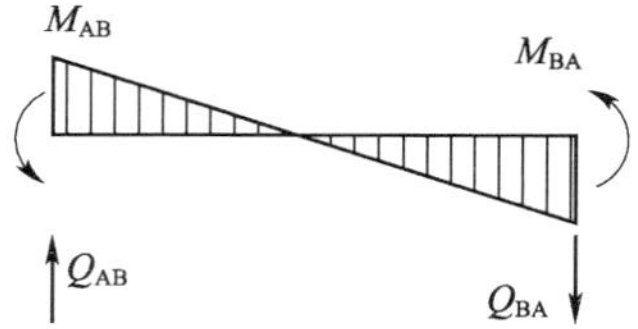	$-\dfrac{Pl}{2}$	$-\dfrac{Pl}{2}$	P	P
15	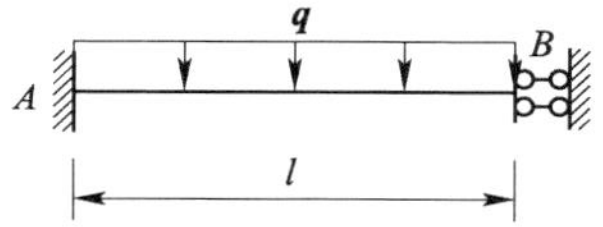	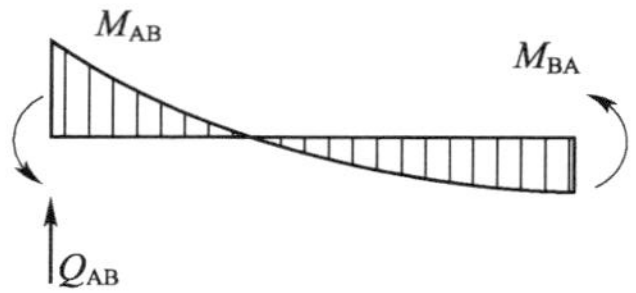	$-\dfrac{ql^2}{3}$	$-\dfrac{ql^2}{6}$	ql	0

支座情况：一端固结，一端定向

【例题 12-6】 试用位移法解图 12-27 所示超静定刚架,作出弯矩图。已知横梁的惯性矩为 $2I_0$,柱子的惯性矩为 I_0,荷载及尺寸如图所示。

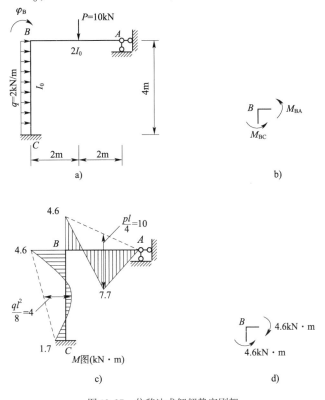

图 12-27 位移法求解超静定刚架

【解】 (1)确定基本未知量。图示刚架只有一个刚结点 B,因此只有一个角位移,没有线位移。

(2)写出各杆的转角位移方程。设 BC 的线刚度为 $EI_0/4 = i$,BA 的线刚度为 $2EI_0/4 = 2i$。因此,各杆的转角位移方程如下:

$$M_{AB} = 0$$

$$M_{BA} = 3 \times 2i\varphi_B - \frac{3Pl}{16} = 6i\varphi_B - \frac{3 \times 10 \times 4}{16} = 6i\varphi_B - 7.5$$

$$M_{BC} = 4i\varphi_B + \frac{ql^2}{12} = 4i\varphi_B + \frac{2 \times 4^2}{12} = 4i\varphi_B + 2.67$$

$$M_{CB} = 2i\varphi_B - \frac{ql^2}{12} = 2i\varphi_B - \frac{2 \times 4^2}{12} = 2i\varphi_B - 2.67$$

(3)建立位移法的基本方程。取刚结点 B 为隔离体,如图 12-27b)所示,刚结点 B 在力矩 M_{BA} 和 M_{BC} 作用下处于平衡状态,所以有平衡方程 $\sum M_B = 0$,故:

$$M_{BA} + M_{BC} = 0$$
$$6i\varphi_B - 7.5 + 4i\varphi_B + 2.67 = 0$$

(4)解方程求出基本未知量 $i\varphi_B = 0.483$ ( )。

(5)将求得的 $i\varphi_B = 0.483$ 代入回转角位移方程,求得各杆杆端弯矩如下:

$$M_{AB} = 0, \quad M_{BA} = 6 \times 0.483 - 7.5 = -4.60 \text{kN} \cdot \text{m} (\ )$$

$M_{BC} = 4 \times 0.483 + 2.67 = 4.60 \text{kN} \cdot \text{m}$, $M_{CB} = 2 \times 0.483 - 2.67 = -1.70 \text{kN} \cdot \text{m}$

（6）根据杆端弯矩和各杆荷载，应用区段叠加法作出弯矩图，如图 12-27c）所示。

（7）根据弯矩图作出其他内力图（略）。

【例题 12-7】 使用位移法求解图 12-28 所示连续梁，并作出内力图，求出支座反力。各跨相对刚度依次为 $i_{AB}=2, i_{BC}=3, i_{CD}=1$。

【解】（1）确定基本未知量。本题中有两个角位移 φ_B 和 φ_C，没有线位移。

（2）写出各杆的转角位移方程：

$$M_{AB} = 0$$

$$M_{BA} = 3i_{AB}\varphi_B + \frac{ql^2}{8} = 6\varphi_B + 9$$

$$M_{BC} = 4i_{BC}\varphi_B + 2i_{BC}\varphi_C - \frac{Pab^2}{l^2} = 12\varphi_B + 6\varphi_C - 16$$

$$M_{CB} = 4i_{BC}\varphi_C + 2i_{BC}\varphi_B + \frac{Pa^2b}{l^2} = 12\varphi_C + 6\varphi_B + 8$$

$$M_{CD} = 4i_{CD}\varphi_C = 4\varphi_C$$

$$M_{DC} = 2i_{CD}\varphi_C = 2\varphi_C$$

（3）建立位移法的基本方程。分别取结点 B 和 C 为隔离体，如图 12-28b）、c）所示。

$$\sum M_B = 0: M_{BA} + M_{BC} = 6\varphi_B + 9 + 12\varphi_B + 6\varphi_C - 16 = 0$$

$$\sum M_C = 0: M_{CB} + M_{CD} = 12\varphi_C + 6\varphi_B + 8 + 4\varphi_C = 0$$

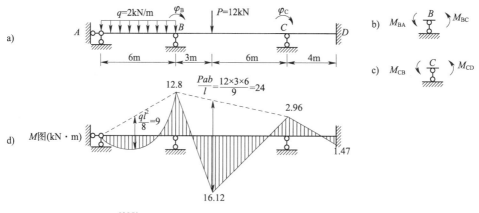

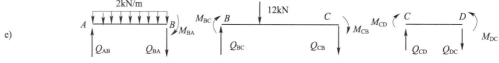

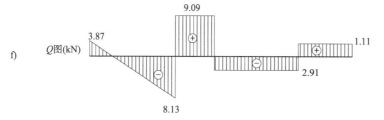

图 12-28

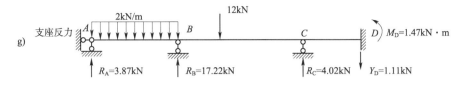

图 12-28 位移法过程图示

(4) 解方程求出基本未知量 $\varphi_B = 0.635(\curvearrowright)$, $\varphi_C = -0.738(\curvearrowleft)$。

(5) 将求得的 $\varphi_B = 0.635$, $\varphi_C = -0.738$ 代入回转角位移方程,求得各杆杆端弯矩如下:

$$M_{AB} = 0, \qquad M_{BA} = 12.8 \text{kN} \cdot \text{m}$$
$$M_{BC} = -12.8 \text{kN} \cdot \text{m}(\curvearrowleft), \qquad M_{CB} = 2.96 \text{kN} \cdot \text{m}(\curvearrowright)$$
$$M_{CD} = -2.96 \text{kN} \cdot \text{m}(\curvearrowleft), \qquad M_{DC} = -1.47 \text{kN} \cdot \text{m}(\curvearrowleft)$$

(6) 根据杆端弯矩和各杆荷载,应用区段叠加法作出弯矩图,如图 12-28c) 所示。

(7) 根据弯矩图作出其他内力图。取各杆为隔离体,如图 12-28e) 所示,求出杆端剪力如下,由此作出剪力图。

$$\sum M_B = 0: Q_{AB} = \frac{1}{6} \times (2 \times 6 \times 3 - 12.8) = 3.87 \text{kN}$$

$$\sum M_A = 0: Q_{BA} = -\frac{1}{6} \times (12.8 + 2 \times 6 \times 3) = -8.13 \text{kN}$$

同理,$Q_{BC} = 9.09 \text{kN}$, $Q_{CB} = -2.91 \text{kN}$, $Q_{CD} = 1.11 \text{kN}$, $Q_{DC} = 1.11 \text{kN}$。

12.3 力矩分配法

12.3.1 力矩分配法的基本概念

力矩分配法是在位移法基础上发展起来的解超静定结构的实用方法。用位移法解超静定结构时,以结点线位移和角位移作为基本未知量,需要求解联立方程组。用力矩分配法则无须解联立方程组,而是直接考虑结构的受力状态,采用渐进解法。先求出近似解,然后逐步加以修正,最后趋近于精确解。力矩分配法适用于求解连续梁和无结点线位移的刚架。

力矩分配法的基本概念主要包括线刚度、转动刚度、分配系数、传递系数等。杆端弯矩的正负号规定与位移法相同。

(1) 转动刚度

转动刚度表示杆端抵抗转动的能力,它在数值上等于迫使杆端产生单位转角时需要施加的力矩。杆端的转动刚度以 S 表示。任一杆 AB,其 A 端转动刚度为 S_{AB},A 端是截面被转动的施力端,称为近端,B 端称为远端。当远端支撑情况不同时,S_{AB} 的数值也不一样。图 12-29 绘出了等截面杆在远端支撑情况不同时,A 端的转动刚度 S_{AB} 的数值:

①远端固定:$S_{AB} = 4i$;
②远端铰支:$S_{AB} = 3i$;
③远端滑动:$S_{AB} = i$;
④远端自由:$S_{AB} = 0$。

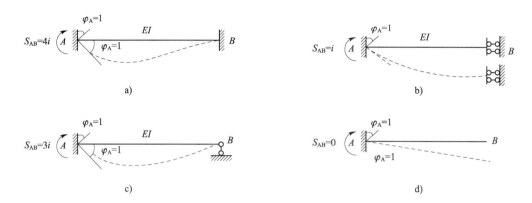

图 12-29 转动刚度计算

（2）分配系数

如图 12-30 所示刚架，B 端为固定端，D 端为铰支座，C 端为滑动支座。设结点 A 处作用有力矩 M，使杆端产生转角 A，杆端弯矩 M_{AD}、M_{AB}、M_{AC} 的求取如下。

使结点产生转角的力矩，称为该结点将要分配的力矩 M（也称不平衡弯矩）。由于结点转角而引起连接此结点的各杆近端产生抵抗这一转动的力矩，称为各杆的分配力矩。所以，杆端弯矩的求取问题就是已知结构及作用于结点上的不平衡力矩 M，求各杆近端分配弯矩的问题。

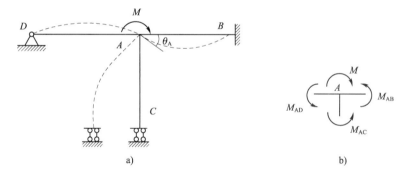

图 12-30 分配系数计算

依据转动刚度的定义，可得各杆分配弯矩为：

$$\left.\begin{array}{l} M_{AB} = S_{AB}\theta_A = 4i_{AB}\theta_A \\ M_{AC} = S_{AC}\theta_A = i_{AC}\theta_A \\ M_{AD} = S_{AD}\theta_A = 3i_{AD}\theta_A \end{array}\right\} \qquad (12\text{-}18)$$

截取结点 A，由于这时各杆分配弯矩的转向尚未得知，故假定作用于结点 A 上的所有力矩均为正方向，如图 12-30b）所示（图中所示均为正方向）。由力矩平衡条件 $\sum M_A(F) = 0$ 得：

$$M = M_{AB} + M_{AC} + M_{AD} = S_{AB}\theta_A + S_{AC}\theta_A + S_{AD}\theta_A = (S_{AB} + S_{AC} + S_{AD})\theta_A \qquad (12\text{-}19)$$

$$\theta_A = \frac{M}{S_{AB} + S_{AC} + S_{AD}} = \frac{M}{\sum\limits_A S} \qquad (12\text{-}20)$$

式中，$\sum\limits_A S$ 表示各杆 A 端转动刚度之和，将 θ_A 代入公式（12-18）中得：

$$M_{AB} = \frac{S_{AB}}{\sum_A S} \cdot M$$

$$M_{AC} = \frac{S_{AC}}{\sum_A S} \cdot M \tag{12-21}$$

$$M_{AD} = \frac{S_{AD}}{\sum_A S} \cdot M$$

令

$$\mu_{ij} = \frac{S_{ij}}{\sum_A S} \tag{12-22}$$

于是,各杆分配弯矩可写成:

$$M_{ij} = \mu_{ij} \cdot M \tag{12-23}$$

考虑到实际结构中分配弯矩总是与不平衡力矩反向,上式改为:

$$M_{ij} = \mu_{ij} \cdot (-M)$$

式中,μ_{ij} 称为分配系数,其中下标 i 表示杆的近端,j 表示杆的远端。因此,计算分配弯矩的文字表达式为:

分配弯矩 = (-)不平衡力矩 × 分配系数

由分配系数的定义式(12-22)可知,任一杆 ij 在结点 i 的分配系数 μ_{ij} 等于杆件 ij 的转动刚度与汇交于 i 结点各杆转动刚度之和的比值。各杆端的分配系数与施加于结点上的外力矩无关,只依赖于各杆转动刚度的相对值。同一结点各杆分配系数之间存在如下关系:

$$\sum \mu_{ij} = 1 \tag{12-24}$$

(3) 传递系数

在图 12-30 中,不平衡力矩加于结点 A 上,结点 A 产生转角 θ_A,使各杆近端产生分配弯矩,同时也将近端产生的分配弯矩传递给各杆的远端,使杆件的远端产生一个远端弯矩,称为传递弯矩。根据位移法可得:

$$M_{AB} = 4i_{AB}\theta_A, \quad M_{BA} = 2i_{AB}\theta_A, \quad \frac{M_{BA}}{M_{AB}} = 0.5 = C_{AB}$$

$$M_{AC} = 3i_{AC}\theta_A, \quad M_{CA} = 0, \quad \frac{M_{CA}}{M_{AC}} = 0 = C_{AC}$$

$$M_{AD} = 4i_{AD}\theta_A, \quad M_{DA} = -i_{DA}\theta_A, \quad \frac{M_{DA}}{M_{AD}} = -1 = C_{AD}$$

C_{ij} 称为传递系数。传递系数表示近端有转角时,远端传递弯矩与近端分配弯矩的比值。传递系数 C 随远端的支撑情况不同而不同:

① 远端固定:$C = 0.5$;
② 远端铰支:$C = 0$;
③ 远端滑动:$C = -1$。

即

$$M_{ji}^C = M_{ij} C_{ij} \tag{12-25}$$

12.3.2 力矩分配法的基本原理

力矩分配法是直接求解杆端弯矩的一种渐进法,它适用于无侧移刚架和连续梁。如图

12-31a)左图所示的无侧移连续梁,只有一个刚结点,在荷载作用下,梁的变形情况如虚线所示。刚结点 B 转动了一个角度 φ_B,在结点 B 处,AB 杆 B 端的杆端弯矩为 M_{BA},BC 杆 B 端的弯矩为 M_{BC},如图 12-31a)右图所示,取结点 B 为隔离体,可知杆端弯矩 M_{BA} 和 M_{BC} 应该平衡。

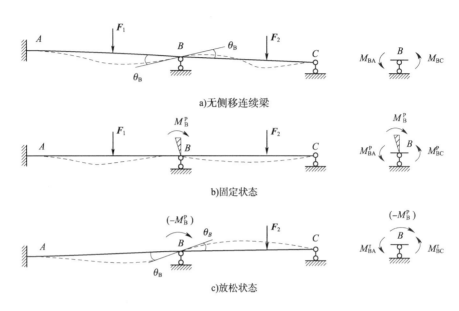

图 12-31 力矩分配法

用力矩分配法计算此连续梁时,首先在刚结点 B 处附加控制转动刚臂,将结点固定起来,如图 12-31b)左图所示,称为固定状态。这时,AB 杆视为两端固定的单跨超静定梁,BC 杆视为一端固定一端铰支的超静定梁。他们的杆端弯矩即是固端弯矩 M_{BA}^P、M_{BC}^P,可由表格 12-1 查得。此时,在附加刚臂中产生了作用于刚结点 B 的约束反力矩,用 M_B^P 表示,并规定顺时针转向为正方向。取结点 B 为隔离体,如图 12-31b)右图所示,由:

$$\sum M_B(F) = 0 \tag{12-26}$$
$$M_B^P = M_{BA}^P + M_{BC}^P \tag{12-27}$$

此式表明,结点固定时,附加刚臂上的反力矩等于汇交于该结点处各杆端固端弯矩的代数和,这一反力矩称为结点上的不平衡力矩。

当加了刚臂后,结点 B 被固定,如图 12-31b)中结构各杆的固端弯矩并不等于原结构中各杆的杆端弯矩。为了使结构还原为原结构,必须消除附加刚臂对结点 B 的影响,即放松约束使结构 B 转动 φ_B 角,这相当于在结点 B 施加一个与不平衡力矩大小相等、转向相反的外力矩。如图 12-31c)所示为放松状态。

结构在放松结点 B 的过程,就是将结点 B 处作用的反向不平衡力矩($-M_B^P$)分配给杆端,同时结点 B 也会产生相应的转角 φ_B。各杆的分配力矩为:

$$M'_{BA} = \mu_{BA}(-M_B^P) \tag{12-28}$$
$$M'_{BC} = \mu_{BC}(-M_B^P) \tag{12-29}$$

同时,各杆的远端也获得传递力矩,分别为:

$$M_{AB}^C = C_{BA} M'_{BA} \tag{12-30}$$
$$M_{CB}^C = C_{BC} M'_{BC} \tag{12-31}$$

综上所述,可以把力矩分配法的基本思路概括为"固定"和"放松"。通过固定结点,把原结构改造成几个单跨超静定梁的组合体。此时各杆端有固端弯矩,而在被固定的结点出现不平衡力矩,此不平衡力矩暂时由附加刚臂提供。放松结点让其转动,使结构恢复到原来的状态。这个过程相当于在结点上又加上了一个反号不平衡力矩($-M_B^P$)。于是,不平衡力矩被抵消,结点获得平衡,即固定状态和放松状态的叠加就是结构的原始状态。此时,反号不平衡力矩将按分配系数分配给各杆的近端,最后结构固定状态时的固端弯矩与放松状态时的分配力矩和传递弯矩叠加,就可求得原结构中各杆的杆端弯矩。

12.3.3 连续梁和无侧移刚架的力矩分配法算例

对于多结点的连续梁和无结点线位移刚架,其计算方法与单结点的结构相同,只是计算有一个反复的过程。计算时首先松开某一个结点,该结点在反向不平衡力矩作用下发生一个转角,因而产生分配弯矩和传递弯矩,该结点分配传递后平衡。这时要重新固定该结点,然后松开其相邻的结点进行分配再平衡,这时相邻的结点经分配平衡后会传递一个传递弯矩,使已经平衡的结点又重新不平衡。此时,需要再次放松分配,重新将新的不平衡弯矩反向分配再次平衡。如此反复,直至传递的不平衡力矩小到可以忽略不计为止。整个分配平衡传递过程需要列表进行。

【例题12-8】 图12-32所示为多跨连续梁,试用力矩分配法绘制其弯矩图。

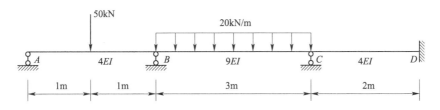

图12-32 例题12-8图

【解】 (1)计算由荷载产生的固端弯矩。结点B、C为分配结点,加刚臂约束住结点,则由荷载产生的固端弯矩为:

$$M_{AB}^P = 0, M_{BA}^P = \frac{3Pl}{16} = 18.75 \text{kN} \cdot \text{m}$$

$$M_{BC}^P = -\frac{ql^2}{12} = -15 \text{kN} \cdot \text{m}, M_{CB}^P = -M_{BC}^P = 15 \text{kN} \cdot \text{m}$$

$$M_{CD}^P = M_{DC}^P = 0$$

(2)计算分配系数。令$EI = 1$,有:

$$S_{BA} = 3i = 3 \times \frac{4 \times 1}{2} = 6, \quad S_{CD} = 4i = 4 \times \frac{4 \times 1}{2} = 8$$

$$S_{BC} = S_{CB} = 4i = 4 \times \frac{9 \times 1}{3} = 12$$

$$\mu_{BA} = \frac{S_{BA}}{S_{BA} + S_{BC}} = \frac{6}{6+12} = 0.333, \mu_{BC} = \frac{S_{BC}}{S_{BA} + S_{BC}} = \frac{12}{6+12} = 0.666$$

$$\mu_{CB} = \frac{S_{CB}}{S_{CB} + S_{CD}} = \frac{12}{8+12} = 0.6, \mu_{CD} = \frac{S_{CD}}{S_{CD} + S_{CB}} = \frac{8}{8+12} = 0.4$$

(3)计算弯矩值。过程见表12-2。

表 12-2 例题 12-8 的力矩分配计算过程

杆　端	AB	BA	BC	CB	CD	DC
分配系数	0	0.33	0.667	0.6	0.4	0
固端弯矩	0	+18.75	−15	+15	0	0
结点 C 弯矩分配传递			−4.5　←	−9	−6　→	−3
结点 B 弯矩分配传递	0	+0.25	+0.5　→	+0.25		
结点 C 弯矩分配传递			−0.07　←	−0.15	−0.1　→	−0.05
结点 B 弯矩分配传递		+0.02	+0.05	0		
最终弯矩	0	+19.02	−19.02	+6.100	−6.10	−3.05

（4）绘制弯矩图。根据结果绘制弯矩图,如图 12-33 所示。

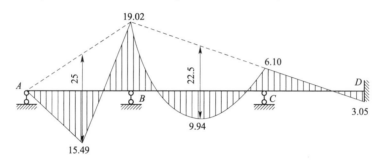

图 12-33　弯矩图

【例题 12-9】 作图 12-34 所示刚架的弯矩图。

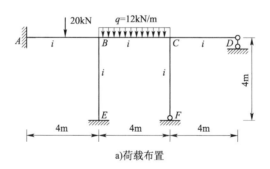

a) 荷载布置

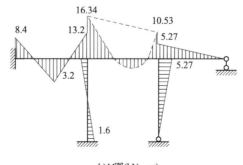

b) M 图(kN·m)

图 12-34　例题 12-9 图

【解】 (1)计算由荷载产生的固端弯矩。结点 B、C 为分配结点,约束结点后,由荷载产生的固端弯矩为:

$$M_{AB}^P = -\frac{Pl}{8} = -\frac{20 \times 4}{8} = -10\text{kN} \cdot \text{m}, M_{BA}^P = +10\text{kN} \cdot \text{m}$$

$$M_{BC}^P = -\frac{ql^2}{12} = -16\text{kN} \cdot \text{m}, M_{CB}^P = -M_{BC}^P = 15\text{kN} \cdot \text{m}$$

其余固端弯矩皆为零

(2)计算转动刚度和分配系数。

$$S_{BA} = 4i = 4, S_{BC} = 4i = 4, S_{BE} = 4i = 4$$
$$S_{CD} = 3i = 3, S_{CF} = 3i = 3, S_{CB} = 4i = 4$$
$$\mu_{BA} = \mu_{BC} = \mu_{BE} = 0.333$$
$$\mu_{CB} = 0.4, \mu_{CD} = 0.3, \mu_{CF} = 0.3$$

(3)计算弯矩值。过程见表 12-3。

例题 12-9 的力矩分配计算过程　　　　　　　　表 12-3

节　点	E	A	B			C			D	F
杆端	EB	AB	BA	BE	BC	CB	CF	CD	DC	FC
分配系数			0.333	0.333	0.333	0.4	0.3	0.3		
固端弯矩	0	−10	+10	0	−16	+16	0	0	0	0
结点 C 分配传递					−3.2	−6.4	−4.8	−4.8	0	0
结点 B 分配传递	+1.53	+1.53	+3.06	+3.06	+3.06	+1.53				
结点 C 分配传递					−0.31	−0.62	−0.47	−0.47		
结点 B 分配传递	+0.05	+0.05	+0.1	+0.1	+0.1					
最终弯矩	+0.6	−8.4	+13.17	+3.17	−16.34	+10.53	−5.27	−5.27	0	0

(4)绘制弯矩图。根据结果绘制弯矩图,如图 12-34 所示。

单 元 小 结

(1)超静定结构。实际工程中,不少结构都是超静定结构。此类结构的支座反力和截面内力不能完全由静力平衡方程确定。从几何构造方面分析,超静定结构是有多余约束的几何不变体系。

(2)超静定次数。从几何组成方面来看,超静定次数是指超静定结构中多余约束的个数;从静力平衡方面来看,超静定次数就是运用平衡方程分析计算结构未知力时所缺少的平衡方程的个数。

(3)力法基本原理。力法是分析超静定结构最基本的方法。力法的解题途径是以结构的未知支座反力或截面的未知内力作为基本未知量,按位移协调条件列方程求解,再根据平衡条件求解其他截面内力。

(4)力法计算步骤。可归纳如下:
①确定原结构的超静定次数,选择合适的基本结构。

②根据基本结构建立力法典型方程。

③作基本结构的单位弯矩图和荷载弯矩图。

④用图乘法计算力法方程中的系数和自由项。对于曲杆或变截面杆则不能用图乘法,这时必须列出弯矩方程,用位移公式进行积分求解。

⑤将计算出的系数和自由项代入力法方程,求解多余未知力。

⑥算出多余未知力后,可用叠加法绘制原结构的最后弯矩图,然后根据弯矩图,用平衡条件求剪力图和轴力图。

(5)位移法基本原理。思路是以结点位移作为基本未知量,设法求出结点位移,然后根据结点位移反求杆端内力,由杆端内力绘出超静定结构的内力图。

(6)结点角位移和结点线位移的数目。

(7)等截面直杆的转角位移方程。用位移法计算超静定结构时,可将超静定结构看作是几个单跨超静定梁。常见单跨超静定梁在杆端位移和荷载影响下杆端弯矩的计算公式,称作等截面直杆的转角位移方程,也称杆端弯矩方程。

(8)力矩分配法。这是在位移法基础上发展起来的解超静定结构的实用方法。用力矩分配法无须解联立方程组,而是直接考虑结构的受力状态,采用渐进解法。先求出近似解,然后逐步加以修正,最后趋近于精确解。力矩分配法适用于求解连续梁和无结点线位移的刚架。

(9)转动刚度。转动刚度表示杆端抵抗转动的能力,它在数值上等于迫使杆端产生单位转角时需要施加的力矩。杆端的转动刚度以 S 表示。

(10)分配弯矩。使结点产生转角的力矩,称为该结点将要分配的力矩 M(也称不平衡弯矩)。由于结点转角而引起连接此结点的各杆近端产生抵抗这一转动的力矩,称为各杆的分配力矩。

(11)传递弯矩。不平衡力矩加于结点上,结点产生转角,使各杆近端产生分配弯矩,同时也将近端产生的分配弯矩传递给各杆的远端,使杆件的远端产生一个远端弯矩,称为传递弯矩。

(12)力矩分配法的基本思路。可以概括为"固定"和"放松"。通过固定结点,把原结构改造成几个单跨超静定梁的组合体。此时各杆端有固端弯矩,而在被固定的结点出现不平衡力矩,此不平衡力矩暂时由附加刚臂提供。放松结点让其转动,使结构恢复到原来的状态。这个过程相当于在结点上又加上了一个反号不平衡力矩($-M_B^P$)。于是,不平衡力矩被抵消,结点获得平衡,即固定状态和放松状态的叠加就是结构的原始状态。此时,反号不平衡力矩将按分配系数分配给各杆的近端,最后结构固定状态时的固端弯矩与放松状态时的分配力矩和传递弯矩叠加,就可求得原结构中各杆的杆端弯矩。

自 我 检 测

12-1 试判断图 12-35 所示结构的超静定次数。

12-2 试用力法计算图 12-36 所示的超静定梁。

12-3 确定图 12-37 所示结构用位移法计算时的未知量。

12-4 试用位移法计算图 12-38 所示结构内力,并作内力图。

12-5 已知 EI 为常数 C,试用力矩分配法计算图 12-39 所示连续梁,并绘制弯矩图。

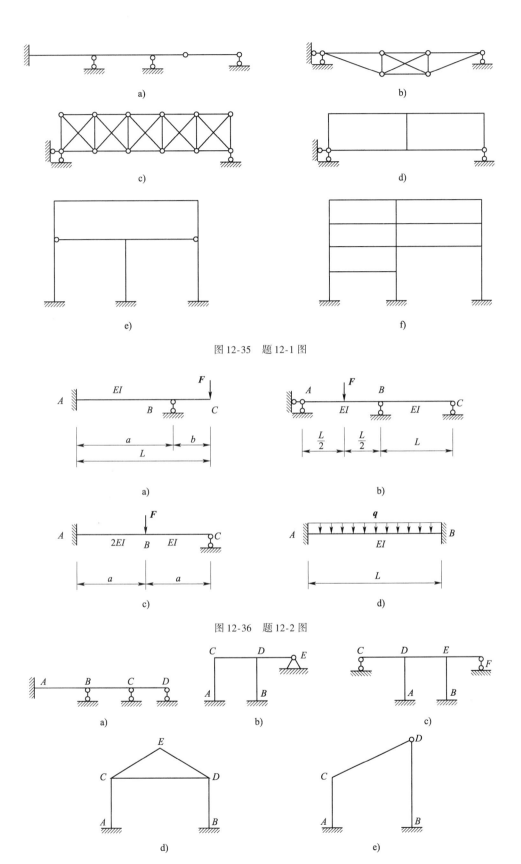

图 12-35 题 12-1 图

图 12-36 题 12-2 图

图 12-37 题 12-3 图

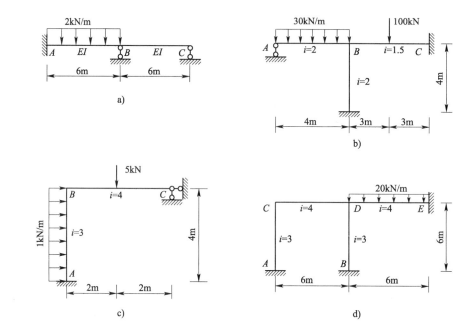

图 12-38 题 12-4 图

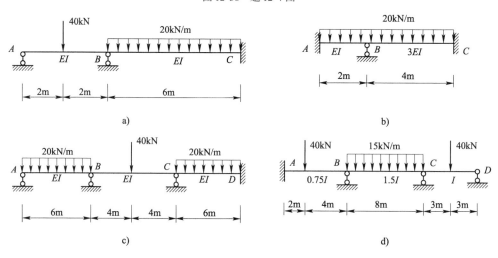

图 12-39 题 12-5 图

12-6 试用力矩分配法计算图 12-40 所示刚架,并绘制弯矩图。

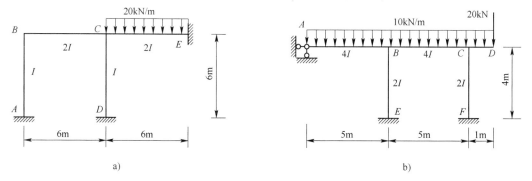

图 12-40

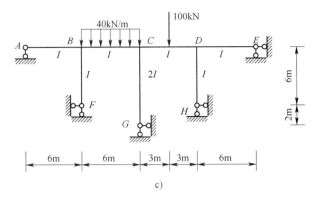

c)

图 12-40 题 12-6 图

单元 13 影响线及其应用

单元学习任务：

1. 掌握影响线的概念。
2. 用静力法作静定梁的影响线。
3. 利用影响线求内力最值、最不利活荷载位置。
4. 简支梁的内力包络图和绝对最大弯矩。

13.1 影响线的概念

前面几单元我们讨论了各类静定结构的内力和位移计算问题，它们有着共同的特征，即所承受的荷载都是固定的(大小、方向、作用点都不随时间发生变化)，所以结构支座反力及某截面内力也是唯一的。但在实际工程中，不少的结构既要承受固定荷载作用，还要承受移动荷载的作用。例如，桥梁要承受汽车、火车等移动荷载作用(图13-1)，吊车梁上的吊车轮压荷载。在移动荷载作用下，结构的支座反力和截面内力将随荷载位置的移动而变化。移动荷载作用下的结构设计中，我们必须求出变化中的支座反力和截面内力的最大值，作为设计和验算的依据。

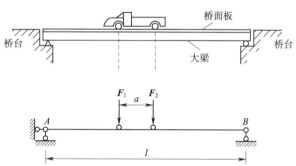

图 13-1 移动荷载作用下的梁

为此我们首先需要解决的问题是单位荷载移动时支座反力和截面内力的变化规律。

不同反力和不同截面内力变化规律是不同的，即使是同一截面，不同的截面内力(弯矩和剪力)变化规律也不同。例如图 13-2 所示两个桥墩之间，一辆车从左往右移动时，左侧的桥墩受力 R_A 在逐步减少，当汽车移动到 A、1、2、3、B 各等分点时，左侧桥墩受力分别为汽车总重力的 1 倍、3/4 倍、2/4 倍、1/4 倍和 0 倍。如果以横坐标表示汽车的位置，以纵坐标表示左侧桥墩受力，将各点用曲线联结起来，这样所得的图形为左侧桥墩受力随汽车位置移动的变化规律。如果我们把汽车的重力视为 $P=1$，这一图形又称为桥墩受力 R_A 的影响线图形，如图 13-3 所示。

据此，我们列出影响线的定义如下：当一个单位竖向集中荷载 $P=1$ 沿结构移动时，表示结构某一量值（支座反力和截面内力）变化规律的图形称为该量值的影响线图形。

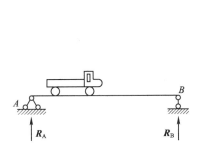

图 13-2 移动荷载图示

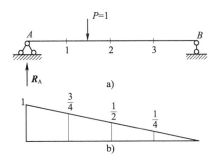

图 13-3 支座反力影响线

13.2 静力法作简支静定梁的支座反力和截面内力影响线

绘制影响线的方法有 2 种：静力法和机动法，本节介绍静力法。

用静力法绘制影响线，就是以单位移动荷载 $P=1$ 的位置 x 为变量，利用静力平衡方程列出某指定量值与荷载位置 x 之间的关系式，该关系式称为影响线方程。利用影响线方程即可绘出影响线图形。

13.2.1 支座反力影响线

现在要绘制简支梁支座反力 R_A 的影响线，设单位集中荷载 $P=1$ 在简支梁 AB 上移动［图 13-4a)］，取 A 为坐标原点，x 轴朝右为正方向，以 x 表示荷载 $P=1$ 的横坐标；设反力朝上为正，以 B 为力矩中心，取全梁为隔离体，由力矩平衡方程（顺时针力矩＝逆时针力矩）得：

$$R_A l = P(l-x) \tag{13-1}$$

$$R_A = \frac{P(l-x)}{l} = \frac{l-x}{l} \quad (0 \leqslant x \leqslant l) \tag{13-2}$$

式(13-2)就是 R_A 的影响线方程，它是 x 的一次函数。故 R_A 影响线必为一段直线，用两端点竖坐标连线可得影响线图形。

A 点：$x=0$，$R_A=1$。

B 点：$x=l$，$R_A=0$。

现绘制图形如图 13-4b)所示。绘制影响线图形时，通常规定正值的竖坐标绘制在基线的上方。

根据影响线的定义，R_A 影响线中的任意竖坐标即代表当荷载 $P=1$ 作用于该处时反力 R_A 的大小。例如，图中的 Y_k 即代表 $P=1$ 作用在 K 点时支座反力 R_A 的大小。

同样道理，为了绘制 R_B 的影响线，我们以 B 为力矩中心，取全梁为隔离体，由力矩平衡方程（顺时针力矩＝逆时针力矩）得：

$$R_B l = Px \tag{13-3}$$

$$R_B = \frac{Px}{l} = \frac{x}{l} \quad (0 \leqslant x \leqslant l) \tag{13-4}$$

式(13-4)就是 R_B 的影响线方程,可见 R_B 影响线也是一段直线,用两端点竖坐标连线可得影响线图形。

A 点: $x=0, R_B=0$。

B 点: $x=l, R_B=1$。

现绘制图形如图 13-4c)所示。

在作影响线时,通常规定单位荷载 $P=1$(不带任何单位),由此可知支座反力影响线坐标也是不带单位的。但今后利用量值的影响线图形研究实际荷载的影响时,必须乘以实际荷载所对应的单位。

13.2.2 剪力的影响线

设要绘制简支梁截面 C[图 13-5a)]的剪力影响线。仍选取 A 为坐标原点,以 x 表示荷载 $P=1$ 的位置,当 $P=1$ 在 AC 段移动,我们取截面 C 右侧为隔离体,并以绕隔离体顺时针方向转的剪力为正方向剪力,由 $\sum Y=0$(向上指的力 = 向下指的力),得:

$$Q_C + R_B = 0 \tag{13-5}$$

$$Q_C = -R_B = -\frac{x}{l} \qquad (0 \leqslant x \leqslant a) \tag{13-6}$$

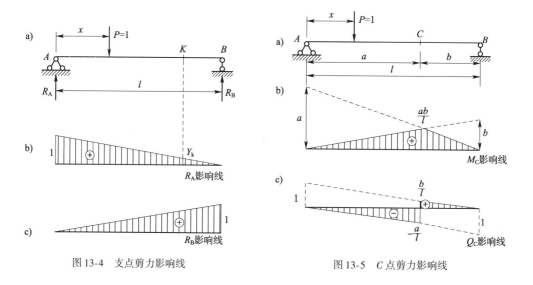

图 13-4 支点剪力影响线　　　　图 13-5 C 点剪力影响线

这表明,在 AC 段,Q_C 的影响线与 R_B 的影响线相同,但符号相反。由此,只要将 R_B 的影响线反号并截取 AC 段,即可得到 Q_C 影响线的左段直线,如图 13-5c)所示。

当 $P=1$ 在 CB 段移动时,我们取截面 C 左侧为隔离体,由 $\sum Y=0$(向上指的力 = 向下指的力)得:

$$Q_C = R_A = \frac{x}{l} \qquad (a < x \leqslant l) \tag{13-7}$$

这表明,在 CB 段,Q_C 的影响线与 R_A 的影响线相同,由此,只要在 R_A 的影响线上截取 CB 段,即可得到 Q_C 影响线的右段直线,如图 13-5c)所示。

显然 Q_C 影响线是由两段互相平行的直线所组成,图形在 C 截面处有突变。当荷载 $P=1$ 位于截面 C 稍左,那么所产生的剪力 $Q_C = -a/l$,当荷载 $P=1$ 位于 C 截面稍右,那么所产生的

剪力 $Q_C = b/l$,其突变值为 $b/l - (-a/l) = 1$。当 $P = 1$ 作用在 AC 段任一点,C 截面存在负方向剪力,当 $P = 1$ 作用在 CB 段任一点,C 截面存在正方向剪力,当 $P = 1$ 正好作用在 C 点时,C 截面的剪力不能确定。剪力影响线的竖标是无量纲的。

13.2.3　弯矩的影响线

现要绘制简支梁截面 C 的弯矩影响线。仍以 A 为坐标原点[图 13-5b)],当荷载 $P = 1$ 在 AC 段移动时,取 C 截面以右部分为隔离体,并规定使梁的下侧纤维受拉为正(左顺右逆为正),由力矩平衡方程 $\sum M_C = 0$(顺时针力矩 = 逆时针力矩)得:

$$M_C = R_B b = \frac{x}{l} b \qquad (0 \leqslant x \leqslant a) \tag{13-8}$$

由此可知,M_C 影响线在 AC 段为一段直线,两端点弯矩分别为:

A 点:$x = 0, M_C = 0$。

B 点:$x = a, M_C = \dfrac{ab}{l}$。

连接这两点竖坐标,得到 M_C 影响线的左直线,如图 13-5b)所示。

当 $P = 1$ 在 CB 段移动时,上面求得的影响线方程已经不再适用。此时可取截面 C 以左为隔离体,依据力矩平衡方程 $\sum M_C = 0$(顺时针力矩 = 逆时针力矩)得:

$$M_C = R_A a = \frac{l-x}{l} a \qquad (a \leqslant x \leqslant l) \tag{13-9}$$

由此可知,M_C 影响线在 CB 段也为一段直线,两端点弯矩分别为:

A 点:$x = a, M_C = \dfrac{ab}{l}$。

B 点:$x = l, M_C = 0$。

连接这两点竖坐标,得到 M_C 影响线的右直线,如图 13-5b)所示。

由上所知,M_C 影响线由左右两段直线组成一个三角形。两条直线的交点就是三角形的顶点,正好和 C 截面的位置相对应,其竖坐标为 ab/l,弯矩影响线竖坐标的单位为长度单位 m。

13.2.4　内力影响线图和内力图的区别

前面两节,我们讨论了影响线的定义,以及单跨静定梁支座反力、截面内力影响线的绘制方法。这里要特别注意的是,不要把内力影响线图与内力图的概念混淆起来。为了说明他们的区别,现以简支梁为例对它们进行比较。

如图 13-6 所示,a)图表示简支梁在 C 点作用有集中荷载 P 时的弯矩图,b)图表示简支梁 C 截面的弯矩影响线。从外形上看,两图非常相似,但他们的含义截然不同,图中纵横坐标所表示的含义也完全不同。图 13-6a)是弯矩图,表示简支梁在集中荷载 P 作用下各截面弯矩的分布规律,其横坐标表示截面的位置,纵坐标表示在固定荷载 P 作用下,该截面的弯矩大小。如图 13-6a)中,D 点的纵坐标 y_D 表示 C 截面作用有固定荷载 P 时截面 D 的弯矩大小 $M_D = y_D$。图 13-6b)是 M_C 影响线,表示 C 截面弯矩随单位移动荷载 $P = 1$ 位置移动的变化规律;其横坐标表示荷载 $P = 1$ 的作用位置,纵坐标表示荷载 $P = 1$ 作用到该点时,C 截面的弯矩大小。如图 13-6b)中 D 点纵坐标 y_D 表示单位荷载 $P = 1$ 作用于 D 截面时,C 截面的弯矩大小 $M_C = y_D$。读者在学习时,应注意他们有本质的区别。

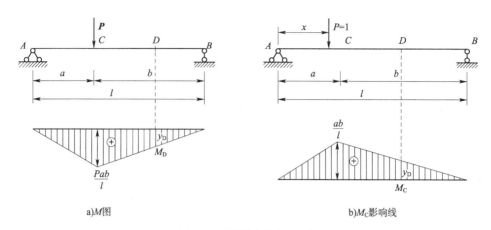

a) M图　　　　　　　　　　b) M_C影响线

图 13-6　影响线与内力图比较

13.3　机动法作静定梁的影响线

机动法是以虚位移原理(又称虚功原理)为依据的。虚位移原理指出,刚体体系承受一个力系的作用处于平衡状态的充分必要条件是:在任何微小的虚位移中,力系所做的虚功总和为0。所谓虚位移,必须是符合约束条件的微小位移。

13.3.1　机动法基本原理

下面以绘制图 13-7a)所示外伸梁支座 A 的反力 R_A 影响线为例,说明机动法作影响线的原理和步骤。

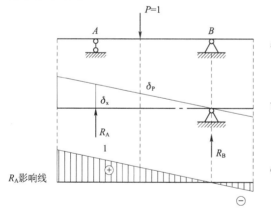

图 13-7　机动法绘制影响线

为了求出 R_A,将支座 A 去掉,代以未知力 R_A,这样原结构便成为具有一个自由度的几何可变体系,这个体系在 R_B、P 和 R_A 共同作用下维持平衡。然后我们驱动这个几何可变体系发生微小的虚位移,如图 13-7b)所示,A 点发生虚位移 δ_x,力 P 作用点相应的虚位移为 δ_P,根据虚位移原理,各力所做的虚功总和应等于零,列出方程如下:

$$R_A \delta_x + P \delta_P = 0 \qquad (13\text{-}10)$$

$$R_A = -\frac{P\delta_P}{\delta_x} = -\frac{\delta_P}{\delta_x} \qquad (13\text{-}11)$$

当 $P=1$ 移动时,δ_P 随着 x 变化,是荷载位置参数 x 的函数。而 δ_x 则与 x 无关,是一个常数,可以任意给定。为了分析方便,我们取 $\delta_x=1$,则上式可变为:

$$R_A = -\frac{\delta_P}{\delta_x} = -\delta_P \qquad (13\text{-}12)$$

式(13-12)中,δ_P 为虚位移图形中相应于单位荷载 $P=1$ 作用点位置的竖标;R_A 为当单位荷载在不同位置时,支座 A 的反力数值。

式(13-12)表明 $\delta_x=1$ 时荷载虚位移 δ_P 的图形反映了 R_A 的变化规律,反力 R_A 的影响线

完全可以由虚位移 δ_P 的图形来代替,只是正负号相反。由于规定 δ_P 与荷载方向一致为正,即 δ_P 向下为正,R_A 与 δ_P 互为反号关系,所以 R_A 的影响线就是以向上为正。这种绘制影响线的方法就是机动法。

此方法具有普遍性,现在总结用机动法绘制影响线的步骤如下:
(1)解除与所求量值相对应的约束,代之以正方向约束反力。
(2)使机构沿所求量值的正方向发生虚拟单位位移,即绘制虚拟位移图。
(3)在位移图上绘制纵坐标及其正负号,就得到该量值的影响线。

13.3.2 机动法作简支梁的量值影响线

(1)弯矩的影响线

如图 13-8 所示,如果要做 C 截面的弯矩影响线,去掉与 M_C 相对应的转动约束,把 C 点变成可动铰结点,同时沿 M_C 正方向补充一对力偶,如图 13-8b)所示。驱动杆 AC 和杆 CB 沿着 M_C 方向发生相对单位转角位移 1,得到如图 13-8c)所示的虚拟位移图,即为 M_C 影响线图。由于 $\delta_x = \alpha + \beta = 1$,据此可求出 C 点的虚位移数值为 ab/l。

(2)剪力的影响线

现在绘制 C 截面的剪力影响线,去掉相对应的约束,把 C 截面变成定向约束,同时补充一对正方向剪力(左上右下为正),如图 13-8d)所示。驱动杆 AC 和杆 CB 沿着 F_{SC} 正方向发生相对单位位移 1,得到如图 13-8e)所示的虚拟位移图,就是 F_{SC} 的剪力影响线图。由于 C 点是定向约束,只能在竖向滑移,因此,C 点左右两侧梁段的位移保持平行,C 点影响线的数值可以根据这个条件求出,如图 13-8e)所示。

13.4 影响线的应用

影响线的应用主要有两个方面:一是利用影响线求结构在固定荷载作用下某量值的数值;二是利用影响线确定最不利荷载位置,即结构某量值 S 达到最值(最大负值又称最小值和最大正值)时的荷载位置。只要所求某量值的最不利荷载位置一经确定,其最大值就可求出。

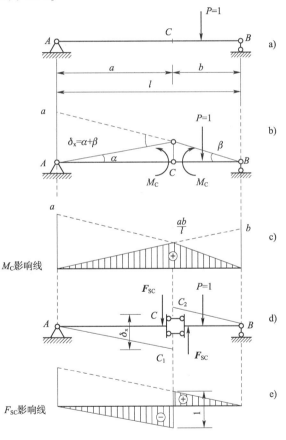

图 13-8 机动法绘制影响线

13.4.1 用影响线求量值

实际工程中最常见的移动荷载有集中荷载和分布荷载两种,下面就两种荷载情况分别加以介绍。

(1)集中荷载

由于影响线反映的是单位荷载 $P=1$ 作用下量值的大小,因此,当荷载不等于 1 时,求某量值只需将相应的影响线数值乘以荷载的大小(含单位)即可。当多个集中荷载同时作用,则只需将每个荷载分别计算后再叠加即可。如果作用在结构上的实际荷载是一组集中荷载 P_1、P_2、$\cdots$、P_n,他们的位置已知如图 13-9 所示,现在来计算这些荷载对某处某量值 S 所产生的总影响。y_1、y_2、$\cdots$、y_n 分别为各相应荷载作用点的竖标,则有 P_1 对 S 值的贡献等于 P_1y_1,P_2 对 S 值的贡献等于 P_2y_2,P_n 对 S 值的贡献等于 P_ny_n。根据叠加原理,可知结构在这组集中荷载作用之下 S 量值为:

$$S = P_1y_1 + P_2y_2 + \cdots + P_ny_n = \sum_{i=1}^{n} P_iy_i \tag{13-13}$$

应用式(13-13)时,要注意影响线竖标的正负号,如在图 13-9 中,y_1 为负值,y_2 和 y_n 为正值。

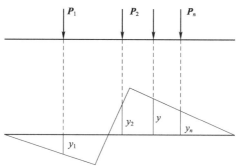

图 13-9 集中荷载下影响线的应用

(2)分布荷载

已知某量值 S 的影响线上作用有分布荷载 q_x 如图 13-10 所示,现将分布荷载沿其长度分成许多无穷小的微段 dx,则每一微段 dx 上的荷载 $q_x dx$ 都可以作为一集中荷载,故在 ab 区段内分布荷载所产生的量值 S 为:

$$S = \int_a^b y_x q_x dx \tag{13-14}$$

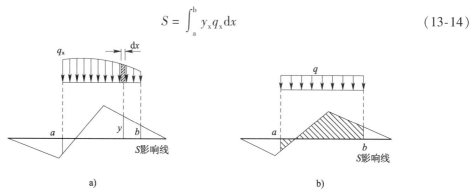

图 13-10 分布荷载下影响线的应用

若 q_x 为均布荷载 q,则式(13-14)成为:

$$S = \int_a^b y_x q dx = q \int_a^b y_x dx = qA \tag{13-15}$$

式(13-15)表明:在均布荷载作用下产生的作用效应量值等于该均布荷载范围所对应的影响线面积乘以均布荷载集度 q。但应注意,在计算面积 W 时,若影响线有正有负,如图 13-10 所示,则应为正负面积的代数和。

【例题 13-1】 试利用 F_{SC} 影响线计算图 13-11 所示简支梁在图示荷载作用下 F_{SC} 的数值。

【解】 作 F_{SC} 影响线并求出有关的竖标值,如图 13-11 所示,根据叠加原理,可以算得:

$$F_{SC} = P_D y_D + qA$$

$$= 20 \times 10^3 \times 0.4 + 10 \times 10^3 \times \left(\frac{0.6 + 0.2}{2} \times 2 - \frac{0.2 + 0.4}{2} \times 1\right)$$

$$= 13 \times 10^3 \text{N} = 13 \text{kN}$$

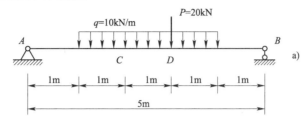

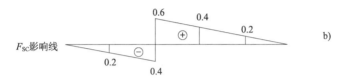

图 13-11 例题 13-1 图

所得结果为正值,代表所产生实际剪力方向与正方向一致。此结果与用材料力学的方式按平衡条件求出的 F_{SC} 数值一致,请读者自行校核。

13.4.2 用影响线确定最不利荷载位置

当移动荷载是任意断续布置的均布荷载,如兵营列队、货物等,由式 $S = qA$ 可知,其最不利荷载位置是:求最大正值 S_{max} 时,在影响线正号部分布满荷载,求最大负值 S_{min} 时,在影响线负号部分布满荷载,如图 13-12 所示。

当移动荷载是集中荷载时,由 $S = Py$ 可知,其最不利荷载位置是:这个集中荷载作用在影响线的最大坐标处用以求最大正值 S_{max},如图 13-13 所示,或作用在影响线的最小竖标处用以求最大负值 S_{min}。

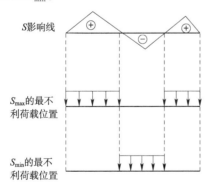

图 13-12 均布荷载的最不利荷载位置

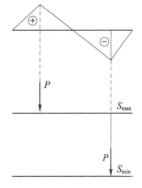

图 13-13 集中荷载的最不利荷载位置

工程上多为集中荷载群,一般称为一组集中荷载,如火车车轮压力、汽车车队车轮压力、吊车组等,其最不利荷载位置的确定一般要困难些,可分两步进行:①求出使 S 达到极值时的所有荷载位置,此位置称为荷载的临界位置;②从荷载临界位置中确定最不利荷载位置,也就是从 S 的所有极值(极大、极小)中选出最值(最大和最小)。

下面仅就影响线为三角形的情形讨论荷载临界位置的判别方法。

图 13-14a) 所示为一组集中荷载,荷载组移动时,其间距和数值保持不变。图 13-14b) 所示为某量值的三角形影响线,左段直线倾角为 α,右段直线倾角为 β(以逆时针方向为正方向,所以 α 为正,β 为负)。取坐标轴 x 向右为正,y 向上为正。设荷载组处于图示位置时所产生的量值用 S_1 表示,根据叠加原理,则:

$$S_1 = P_1 y_1 + P_2 y_2 + \cdots + P_i y_i + \cdots + P_n y_n \qquad (13\text{-}16)$$

式中,y_1、y_2、y_n 分别是各集中荷载所对应的影响线竖标。

当整个荷载组向右移动一段微小距离 Δx 时,相应的量值 S_2 为:

$$S_2 = P_1(y_1 + \Delta y_1) + P_2(y_2 + \Delta y_2) + \cdots + P_i(y_i + \Delta y_i) + \cdots + P_n(y_n + \Delta y_n) \qquad (13\text{-}17)$$

式(13-17)中,Δy_i 表示 P_i 所对应的影响线竖标增量。

故 S 的增量为:

$$\Delta S = S_2 - S_1 = P_1 \Delta y_1 + P_2 \Delta y_2 + \cdots + P_i \Delta y_i + \cdots + P_n \Delta y_n \qquad (13\text{-}18)$$

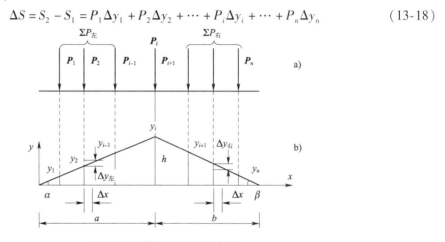

图 13-14 荷载临界位置的确定

在影响线为同一直线的部分,各竖标的增量都是相等的,对于图 13-14 所示情况,有:

$$\Delta y_1 = \Delta y_2 = \cdots = \Delta y_i = \Delta x \cdot \tan\alpha = \Delta x \frac{h}{a} \qquad (13\text{-}19)$$

$$\Delta y_{i+1} = \Delta y_{i+2} = \cdots = \Delta y_n = \Delta x \cdot \tan\beta = \Delta x \frac{h}{b} \qquad (13\text{-}20)$$

于是 ΔS 可以写成:

$$\Delta S = (P_1 + P_2 + \cdots + P_i) \frac{h}{a} \Delta x - (P_{i+1} + P_{i+2} + \cdots + P_n) \frac{h}{b} \Delta x \qquad (13\text{-}21)$$

由于影响线是由折线组成的,荷载组是由集中力组成的,导数 $\dfrac{\mathrm{d}S}{\mathrm{d}x}$ 不会是连续函数,因此 S 的极值应发生在 $\dfrac{\mathrm{d}S}{\mathrm{d}x}$ 改变符号处。这一极值条件可用增量 ΔS 是否改变符号来判定,即当 ΔS 变号时,则 S 出现极值。

由式(13-21)可知,当没有集中荷载经过影响线的顶点时,ΔS 是一个不变的常数,要使 ΔS 变号,只有在某一个荷载从一段折线移向另一段折线的情况下才有可能发生,这就需要这个荷载越过影响线的顶点。由此得出结论,只有荷载组中某一个荷载位于影响线顶点时,才有可能是临界位置。但这不是充分条件,因为荷载越过影响线的顶点虽然能使 ΔS 的大小发生改变,但并不一定使 ΔS 改变符号进而使 S 产生极值。只有那种处于影响线顶点又能使 ΔS 改变

符号的荷载才会使 S 产生极值,这一荷载称为临界荷载,以 P_{cr} 表示。与此相应的荷载位置即为临界位置。

显然当 P_{cr} 位于影响线顶点时,它应满足如下极值条件:①当由 $\Delta S>0$ 变为 $\Delta S \leqslant 0$ 时,或者由 $\Delta S=0$ 变为 $\Delta S<0$ 时,S 为极大值;②当由 $\Delta S<0$ 变为 $\Delta S \geqslant 0$ 时,或者由 $\Delta S=0$ 变为 $\Delta S>0$ 时,S 为极小值。

当求极大值时,根据式(13-21),可以将上述极值条件表示为:

$$(P_1+P_2+\cdots+P_{cr})\frac{h}{a}\Delta x - (P_{cr+1}+P_{cr+2}+\cdots+P_n)\frac{h}{b}\Delta x \geqslant 0 \tag{13-22}$$

$$(P_1+P_2+\cdots+P_{cr-1})\frac{h}{a}\Delta x - (P_{cr}+P_{cr+1}+\cdots+P_n)\frac{h}{b}\Delta x \leqslant 0 \tag{13-23}$$

若以 $P_{左}$ 表示 P_{cr} 左方荷载的合力,$P_{右}$ 表示 P_{cr} 右方荷载的合力,则上面两个不等式可以写为:

$$\frac{R_{左}+P_{cr}}{a} \geqslant \frac{R_{右}}{b} \tag{13-24}$$

$$\frac{R_{左}}{a} \leqslant \frac{R_{右}+P_{cr}}{b} \tag{13-25}$$

这两个不等式就是判定临界荷载的依据,称为三角形影响线临界荷载判别式。经过几次计算,就可以确定临界荷载。

在一般情况下,临界位置可能不止一个,这就需要将与各临界位置相应的 S 极值求出,然后从其中选出最大值和最小值,而其相应的荷载位置即为最不利荷载位置。为了减少试算次数,事先大致估计最不利荷载位置,其原则是:把数量大、排在中间、排列密集的荷载放在影响线最大的竖标附近。

【例题 13-2】 试求图 13-15 所示的简支梁在图示吊车荷载作用下截面 C 的最大弯矩。已知 $P_1=P_2=478.5 \text{kN}, P_3=P_4=324.5 \text{kN}$。

【解】 先作出 M_C 影响线,为三角形。经过观察,P_2、P_3 很可能是临界荷载,现分别按上式进行验算。

首先,将 P_2 放置于 C 点,如图 13-15b)所示,有:

$$\frac{478.5+478.5}{6} > \frac{324.5}{6}$$

$$\frac{478.5}{6} < \frac{478.5+324.5}{6}$$

符合极值出现条件,此位置是临界位置。
相应的 M_C 量值为:

$M_C = 478.5 \times (0.375+3.0) + 324.5 \times 2.275 = 2353.2 \text{kN} \cdot \text{m}$

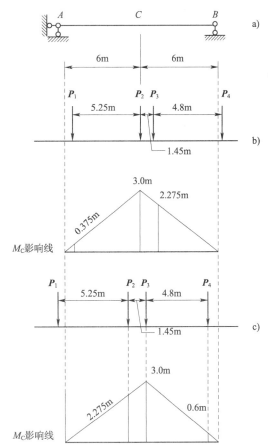

图 13-15 利用影响线求最大弯矩

其次,将 P_3 放置于 C 点,如图 13-15c)所示,有:

$$\frac{478.5+324.5}{6} > \frac{324.5}{6}$$

$$\frac{478.5}{6} < \frac{324.5+324.5}{6}$$

由此可知,符合极值出现条件,此位置也是临界位置,相应的 M_C 量值为:

$$M_C = 478.5 \times 2.275 + 324.5 \times (3.0+0.6) = 2256.8 \text{kN} \cdot \text{m}$$

比较上述计算结果,可知将 P_2 置于 C 点时为最不利位置,M_C 的最大值为 2353.2kN·m。

13.5 简支梁的内力包络图和绝对最大弯矩

13.5.1 简支梁的内力包络图

将结构杆件各截面的最大、最小(或最大负值)内力值按照同一比例标在图上,连成曲线,则这种曲线图形称为内力包络图。内力包络图实际上表达了各截面内力变化的上下限,是结构实际设计计算的重要依据。从图上能清楚地看出各截面某一内力的最大、最小值变化规律,还可以找出该内力的绝对最大值以及它所在的截面位置。梁的内力包络图有两种:弯矩包络图和剪力包络图。

下面以图 13-16 所示简支梁在集中荷载群(两台桥式吊车)作用下弯矩包络图的绘制为例加以说明。只要将梁分成若干份(通常 10 份),对每一个等分点所在截面利用影响线求出最大值,用竖标标出,连成曲线,即可得到简支梁的弯矩包络图,如图 13-16 所示。

同理,可作吊车梁的剪力包络图,如图 13-17 所示,因各等分点截面的剪力影响线都将产生最大剪力和最小剪力,故剪力包络图有两根曲线。

13.5.2 绝对最大弯矩

弯矩包络图中的最大竖标称为绝对最大弯矩,它是该简支梁各截面所有最大弯矩中的最大值,是设计等截面简支梁的重要依据。

解决绝对最大弯矩问题要比解决最不利荷载位置问题复杂,因为它有两个未知参数,即产生绝对最大弯矩的截面位置以及相应于此截面的最不利荷载位置。下面介绍工程上常用的一种计算绝对最大弯矩的方法。因为简支梁任一截面弯矩影响线为三角形,所以其顶点就在该截面的竖线上,而最不利荷载位置总是发生在某一临界荷载 P_{cr} 之下,这一结论同样适用于绝对最大弯矩。

当某一荷载被确定为临界荷载时,怎样判断它所占据的位置呢?

图 13-18 所示为一简支梁,移动荷载 P_1、P_2、P_3 的大小和间距不变,在梁上移动。设某一集中荷载为临界荷载 P_{cr},以 x 表示 P_{cr} 与支座 A 之间的距离,R 表示梁上全部荷载的合力,a 表示合力 R 与 P_{cr} 之间的距离。

由 $\sum M_B = 0$,得到:

$$R_A = \frac{R}{l}(l-x-a) \tag{13-26}$$

P_{cr} 作用点的弯矩为:

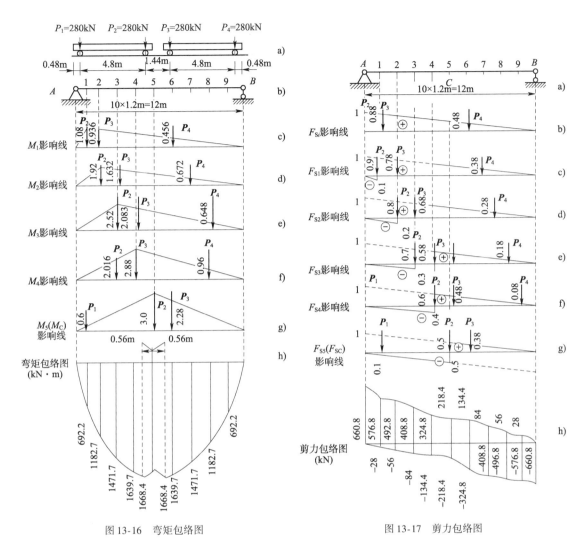

图 13-16 弯矩包络图

图 13-17 剪力包络图

$$M = R_A x - M_{cr}^0 = \frac{R}{l}(l-x-a)x - M_{cr}^0 \quad (13-27)$$

式(13-27)中 M_{cr}^0 表示 P_{cr} 左边的荷载对 P_{cr} 作用点力矩之和,是与 x 无关的常数。

由 $\dfrac{dM}{dx}=0$,得:

$$\frac{R}{l}(l-2x-a) = 0 \quad (13-28)$$

$$x = \frac{l}{2} - \frac{a}{2} \quad (13-29)$$

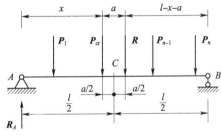

图 13-18 绝对最大弯矩的计算

经整理后:

$$M = \frac{R}{4l}(l-a)^2 - M_{cr}^0 \quad (13-30)$$

由 $x = l/2 - a/2$ 可知,临界荷载 P_{cr} 应该与荷载的合力 R 对称地放在简支梁中点的两边,如图 13-18 所示,计算时,必须注意 R 应该是梁上的实际荷载的合力。在安排 P_{cr} 与 R 的位置时,有些荷载可能在梁上或离开梁上,应该重新计算合力 R 的数值和位置。

临界荷载 P_{cr} 位置确定后,此时 P_{cr} 作用点的弯矩 M 是极值弯矩,比较各个荷载作用点的极值弯矩,选择其中最大的一个,就是绝对最大弯矩。不过当荷载的数目较多时,这样做比较麻烦。因此,在实际计算中,可以预先估计出绝对最大弯矩的临界荷载,而不必一一进行比较。因为绝对最大弯矩通常总是发生在梁的中点附近,故可以设想,使梁的中点发生最大弯矩的临界荷载也就是发生绝对最大弯矩的临界荷载。经验证明,这种设想一般情况下都是与实际相符的。

【例题 13-3】 求图 13-19a)所示简支梁的绝对最大弯矩。

【解】 (1)求出使跨中截面 C 发生最大弯矩的临界弯矩。为此,作出 M_C 影响线,如图 13-19b)所示,其中较大的 P_2、P_3 可能是临界荷载。当 P_2 在截面 C 时,求出 M_C 影响线相应的竖标。

$$M_{C\max} = 40 \times 0.75 + 80 \times 2.75 = 250 \text{kN} \cdot \text{m}$$

当 P_3 在 C 截面时,梁上荷载只有 P_3,则:

$$M_{C\max} = 90 \times 2.75 = 247.5 \text{kN} \cdot \text{m}$$

因为 P_2、P_3 是使截面 C 发生最大弯矩的临界荷载,两者相差不多,所以都有可能是产生绝对最大弯矩的临界荷载。

(2)当 P_2 为绝对最大弯矩的临界荷载时,即 P_2 与梁上全部荷载的合力 R 对称地布置于梁中点 C 的两侧。此时,P_2 位于 C 的左边,梁上的荷载有 3 个,如图 13-19c)所示。

合力:

$$R = 40 + 80 + 90 = 210 \text{kN}$$

合力 R 至 P_2 的距离:

$$a = \frac{90 \times 6 - 40 \times 4}{210} = 1.8 \text{m}$$

$$M = \frac{R}{4l}(l-a)^2 - M_{cr}^0$$

$$= \frac{210}{4 \times 11}(11 - 1.8)^2 - 40 \times 4$$

$$= 244 \text{kN} \cdot \text{m}$$

P_2 距离 A 点的距离:

$$x = \frac{11 - 1.8}{2} = 4.6 \text{m}$$

此弯矩值比跨中最大弯矩 $M_{C\max} = 250 \text{kN} \cdot \text{m}$ 小,显然不是绝对最大。

(3)当 P_3 为绝对最大弯矩的临界荷载时,即 P_3 与梁上全部荷载的合力 R 对称地布置于梁中点 C 的两侧。此时,P_3 位于 C 的右边,梁上的荷载只有 2 个,如图 13-19d)所示。

合力:

$$R = 80 + 90 = 170 \text{kN}$$

合力 R 至 P_3 的距离:

$$a = \frac{80 \times 6}{170} = 2.82 \text{m}$$

此时,R 距离 A 点的距离:

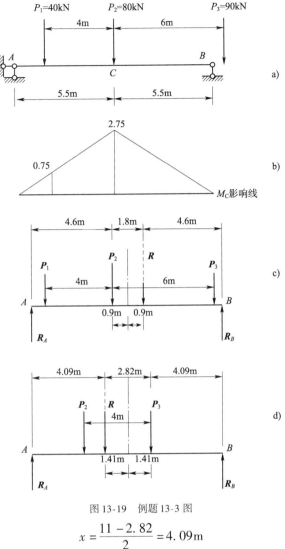

图 13-19 例题 13-3 图

$$x = \frac{11 - 2.82}{2} = 4.09 \text{m}$$

注意此时 a 取负值：

$$M = \frac{R}{4l}(l-a)^2 - M_{\text{cr}}^0$$
$$= \frac{170}{4 \times 11}(11+2.82)^2 - 80 \times 6$$
$$= 257.9 \text{kN} \cdot \text{m}$$

可见，该梁的绝对最大弯矩是 257.9kN·m。

单 元 小 结

本单元主要介绍了针对移动活载时桥涵设计所必需的影响线内容。

(1) 影响线的概念。当一个单位竖向集中荷载 $P=1$ 沿结构移动时，表示结构某一量值（支座反力和截面内力）变化规律的图形称为该量值的影响线图形。

(2) 静力法作影响线。用静力法绘制影响线，就是以单位移动荷载 $P=1$ 的位置 x 为变量,利用静力平衡方程,列出某指定量值与荷载位置 x 之间的关系式,该关系式称为影响线方程。利用影响线方程即可绘出影响线图形。

(3)机动法作静定梁的影响线。此方法具有普遍性,步骤如下:

① 解除与所求量值相对应的约束,代之以正方向约束反力。

② 使机构沿所求量值的正方向发生虚拟单位位移,即绘制虚拟位移图。

③ 在位移图上绘制纵坐标及其正负号,就得到该量值的影响线。

(4)影响线的应用。主要有两个方面:一是利用影响线求结构在固定荷载作用下某量值的数值;二是利用影响线确定最不利荷载位置,即结构某量值 S 达到最值(最大负值又称最小值和最大正值)时的荷载位置。只要所求某量值的最不利荷载位置一经确定,其最大值就可求出。

(5)内力包络图。将结构杆件各截面的最大、最小(或最大负值)内力值按照同一比例标在图上,连成曲线,则这种曲线图形称为内力包络图。内力包络图实际上表达了各截面内力变化的上下限,是结构实际设计计算的重要依据。

(6)绝对最大弯矩。弯矩包络图中的最大竖标称为绝对最大弯矩,它是该简支梁各截面所有最大弯矩中的最大值,是设计等截面简支梁的重要依据。

自 我 检 测

13-1 试用静力法作图 13-20 所示结构中指定量值影响线。

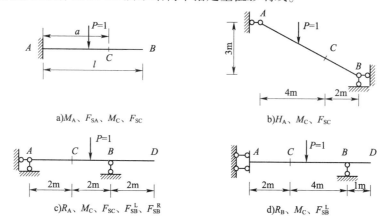

a) M_A、F_{SA}、M_C、F_{SC}
b) H_A、M_C、F_{SC}
c) R_A、M_C、F_{SC}、F_{SB}^L、F_{SB}^R
d) R_B、M_C、F_{SB}^L

图 13-20 题 13-1 图

13-2 试用影响线求图 13-21 所示结构中指定量值。

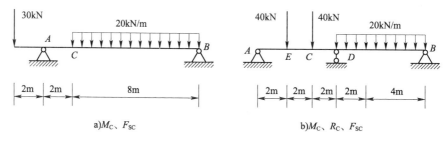

a) M_C、F_{SC}
b) M_C、R_C、F_{SC}

图 13-21 题 13-2 图

13-3 试求图 13-22 所示简支梁在移动荷载作用下截面 C 的最大弯矩、最大正剪力和最大负剪力。

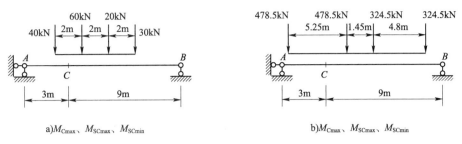

图 13-22 题 13-3 图

13-4 试求图 13-23 所示简支梁在移动荷载作用下所有截面中的绝对最大弯矩。

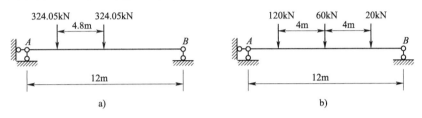

图 13-23 题 13-4 图

附录Ⅰ　材料力学试验

万能材料试验机(附图Ⅰ-1)也叫万能拉力机或电子拉力机。DEW-30独立的液压伺服加载系统,高精度宽频电液伺服阀,确保系统高精高效、低噪声、快速响应;采用独立的液压夹紧系统,确保系统低噪声平稳运行,且试验过程中试样被牢固夹持,不打滑。万能材料试验机是采用微机控制全数字宽频电液伺服阀,驱动精密液压缸,微机控制系统对试验力、位移、变形进行多种模式的自动控制,完成对试样的拉伸、压缩、抗弯试验,符合国家标准《金属材料—拉伸试验—第1部分:室温试验方法》(GB/T 228.1—2010)的要求及其他标准要求。

附图Ⅰ-1

万能材料试验机可测试的项目:

1. 一般项目

(1)拉伸应力;(2)拉伸强度;(3)扯断强度;(4)扯断伸长率;(5)定伸应力;(6)定应力伸长率;(7)定应力力值;(8)撕裂强度;(9)任意点力值;(10)任意点伸长率;(11)抽出力;(12)黏合力及取峰值计算值;(13)压力试验;(14)剪切剥离力试验;(15)弯曲试验;(16)拔出力穿刺力试验。

2. 特殊测试项目

(1)弹性系数即弹性杨氏模量。

定义:同相位的法向应力分量与法向应变之比。为测定材料刚性之系数,其值越高,材料越强韧。

(2)比例限:荷重在一定范围内与伸长可以维持成正比之关系,其最大应力即为比例限。

(3)弹性限:为材料所能承受而不呈永久变形之最大应力。

(4)弹性变形:除去荷重后,材料的变形完全消失。

(5)永久变形:除去荷重后,材料仍残留变形。

(6)屈服点:材料拉伸时,变形增快而应力不变,此点即为屈服点。屈服点分为上、下屈服点,一般以上屈服点作为屈服点。屈服:荷重超过比例限,与伸长不再成正比,荷重会突降,然后在一段时间内,上下起伏,伸长发生较大变化,这种现象叫作屈服。

(7)屈服强度:拉伸时,永久伸长率达到某一规定值之荷重,除以平行部原断面积,所得之商。

(8)弹簧K值:与变形同相位的作用力分量与形变之比。

(9)有效弹性和滞后损失:在万能材料试验机上,以一定的速度将试样拉伸到一定的伸长率或规定的负荷时,测定试样收缩时恢复的功和伸张时消耗的功之比的百分数,即为有效弹性;测定试样伸长、收缩时所损失的能与伸长时所消耗的功之比的百分数,即为滞后损失。

试验一 拉 伸 试 验

一、试验目的

(1)测定低碳钢(Q235)的屈服极限 σ_s、强度极限 σ_b、延伸率 δ、断面收缩率 ψ。
(2)测定铸铁的强度极限 σ_b。
(3)观察低碳钢拉伸过程中的各种现象(如屈服、强化、颈缩等),并绘制拉伸曲线。
(4)熟悉试验机和其他有关仪器的使用。

二、试验设备、材料

(1)万能材料试验机;(2)游标卡尺;(3)低碳钢和铸铁拉伸试件。

三、万能试验机简介

具有拉伸、压缩、弯曲及剪切等各种静力试验功能的试验机称为万能材料试验机。万能材料试验机一般都由两个基本部分组成。
(1)加载部分。利用一定的动力和传动装置强迫试件发生变形,从而使试件受到力的作用,即对试件加载。
(2)测控部分。指示试件所受荷载大小及变形情况。

四、试验步骤

1. 低碳钢拉伸试验

低碳钢的拉伸图如附图Ⅰ-2所示。
(1)用画线器在低碳钢试件上画标距及10等分刻线,量试件直径、低碳钢试件标距,并将测量结果填入附表Ⅰ-1。
(2)调整试验机,使下夹头处于适当的位置,把试件夹好。
(3)运行试验程序,加载,实时显示外力和变形的关系曲线。观察屈服现象。
(4)打印外力和变形的关系曲线,记录屈服荷载 F_s、最大荷载 F_b。
(5)取下试件,观察试件断口:凸凹状,即韧性杯状断口。测量拉断后的标距长 L_1 以及颈缩处最小直径 d_1,并将测量结果填入附表Ⅰ-2。

2. 铸铁的拉伸

试验方法及步骤与低碳钢完全相同。因为铸铁是脆性材料,观察不到屈服现象。在很小的变形下试件就突然断裂,只需记录下最大荷载 F_b 即

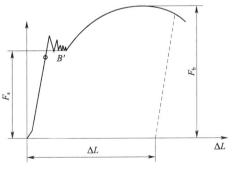

附图Ⅰ-2 低碳钢拉伸曲线

可。σ_b 的计算方法与低碳钢相同。

试验前试样尺寸 附表Ⅰ-1

材　料	标距 L_0(mm)	直径 d_0(mm)								横截面面积 A_0(mm^2)
		截面Ⅰ			截面Ⅱ			截面Ⅲ			
		(1)	(2)	平均	(1)	(2)	平均	(1)	(2)	平均	
低碳钢											
铸铁											

试验后试样尺寸和形状 附表Ⅰ-2

断裂后标距长度 L_1(mm)	断口颈缩处最小直径 d_1(mm)			断口处最小横截面面积 A_1(mm)^2
	(1)	(2)	平均	
试样断裂后简图	低碳钢			铸铁

五、试验结果及数据处理

根据试验记录,计算低碳钢拉伸时的屈服极限 $\sigma_s = \dfrac{F_s}{A_0}$,强度极限 $\sigma_b = \dfrac{F_b}{A_0}$,延伸率 $\delta = \dfrac{L_1 - L_0}{L_0} \times 100\%$,断面收缩率 $\psi = \dfrac{A_0 - A_1}{A_0} \times 100\%$ 以及铸铁拉伸时的强度极限 $\sigma_b = \dfrac{F_b}{A_0}$。

六、思考题

(1) 低碳钢拉伸时经历了哪四个阶段？
(2) 根据试验时发生的现象和试验结果,比较低碳钢和铸铁的机械性能有什么不同？

试验二　压　缩　试　验

一、试验目的

(1) 测定低碳钢的压缩屈服极限和铸铁的压缩强度极限。
(2) 观察和比较两种材料在压缩过程中的各种现象。

二、试验设备、材料

(1) 万能材料试验机;
(2) 游标卡尺;
(3) 低碳钢和铸铁压缩试件。

三、试验步骤

(1) 用游标卡尺量出试件的直径 d 和高度 h。
(2) 把试件放好,调整试验机,使上压头处于适当的位置,空隙小于10mm。

(3)运行试验程序,加载,实时显示外力和变形的关系曲线。

(4)对低碳钢试件应注意观察屈服现象,并记录下屈服荷载 F_s。其越压越扁,压到一定程度($F=40\text{kN}$)即可停止试验。对于铸铁试件,应压到破坏为止,记下最大荷载 F_b。将相关数据计入附表Ⅰ-3,绘制压缩曲线(附图Ⅰ-3)。

压 缩 试 验 结 果　　　　　　　　　　　　　　　　附表Ⅰ-3

材 料	直径(mm)	屈服荷载(kN)	最大荷载(kN)	屈服极限(MPa)	强度极限(MPa)
碳钢					
铸铁					

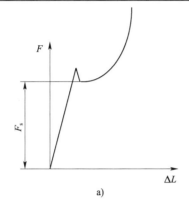
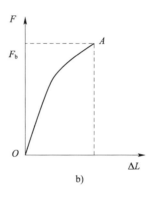

附图Ⅰ-3　低碳钢和铸铁压缩曲线

(5)取下试件,观察低碳钢试件形状为鼓状,铸铁试件沿45°~55°方向破坏。

四、试验结果及数据处理

根据试验记录,计算低碳钢压缩时的屈服极限 $\sigma_s = F_s/A_0$,铸铁压缩时的强度极限 $\sigma_b = F_b/A_0$。

五、思考题

(1)分析铸铁破坏的原因,并与其拉伸时做比较。
(2)放置压缩试样的支承垫板底部都制作成球形,为什么?
(3)为什么铸铁试样被压缩时,破坏面常发生在与轴线成45°~55°的方向上?
(4)试比较塑性材料和脆性材料在压缩时的变形及破坏形式有什么不同?
(5)低碳钢和铸铁在拉伸与压缩时的力学性质有什么不同?

试验三　拉伸时低碳钢弹性模量 E 的测定

一、试验目的

测定低碳钢的弹性模量 E。

二、试验设备

(1)电子万能试验机;(2)单向引伸计;(3)游标卡尺;(4)低碳钢拉伸试件。

三、试验原理与方法

1. 试验原理

在比例极限内测定弹性常数,应力与应变服从胡克定律,其关系式为:

$$\sigma = E\varepsilon$$

上式中的比例系数 E 称为材料的弹性模量。则:

$$E = \frac{\sigma}{\varepsilon} = \frac{P}{A_0 \dfrac{\Delta L}{L_0}} = \frac{PL_0}{\Delta L A_0}$$

为了验证胡克定律并消除测量中可能产生的误差,一般采用增量法。所谓增量法就是把欲加的最终荷载分成若干等份,逐级加载来测量试件的变形。如附图Ⅰ-4所示,设试件横截面积为 A_0,引伸计的标距为 L_0,各级荷载增加量相同,并等于 ΔP,各级伸长的增加量为 ΔL,则:

$$E_i = \frac{\Delta P L_0}{A_0 (\Delta L)_i}$$

式中,下标 i 为加载级数($i = 1, 2, \cdots, n$);ΔN 为每级荷载的增加量。

由试验可以发现:在各级荷载增量 ΔP 相等时,相应地由引伸计测出的伸长增加量 ΔL 也基本相等,这不仅验证了胡克定律,而且还有助于我们判断试验过程是否正常。若各次测出的 ΔL 相差很大,则说明试验过程存在问题,应及时进行检查。

2. 加载方案的拟订

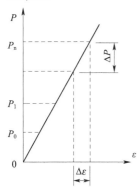

附图Ⅰ-4 增量法示意图

采用增量法拟订加载方案时,通常要考虑以下情况:

(1)最大荷载的选取应保证试件最大应力值不能大于比例极限,但也不能小于它的一半,一般取屈服荷载的 70%~80%,故通常取最大荷载 $P_{\max} = 0.8 P_s$。

(2)至少有 4~6 级加载,每级加载后应使引伸计的读数有明显的变化。

四、试验步骤和数据处理

(1)用游标卡尺测量试样的直径和标距,并记录。

在试件的标距范围内测量试件 3 个横截面处的截面直径,在每个截面上分别取两个相互垂直的方向各测量一次直径。取 6 次测量的平均值作为原始直径 d_0,并据此计算试件的横截面积 A_0。测量标距时,要用游标卡尺测量 3 次,并取 3 次测量结果的平均值作为试件的原始长度 l_0。

(2)做试验,把相应数据填入附表Ⅰ-4。

试 验 数 据　　　　　　　　　　　　　附表Ⅰ-4

荷　　载	变 形 量	差　　值

(3)按表格中计算出的每级荷载作用下的变形增加量,根据 $E_i = \dfrac{\Delta P L_0}{A_0 (\Delta L)_i}$ 计算每级荷载作用下的弹性常数 E_i,再把每级荷载作用下得到的 E_i 求平均值:

$$E = \dfrac{\sum_{i=1}^{n} E_i}{n}$$

上式中的 n 为加载级数。根据试验结果,E 为弹性模量的最终试验结果。

五、思考题

(1)测定 E 值时,最大荷载如何确定?为什么应力不能超过比例极限?
(2)计算 E 值时,为什么用 ΔP 而不直接使用每次的加载值?增量法的作用是什么?

试验四 剪 切 试 验

对于以剪断为主要破坏形式的零件,进行强度计算时,引用了受剪面上工作剪应力均匀分布的假设,并且除剪切外,不考虑其他变形形式的影响。这当然不符合实际情况,为了尽量降低此种理论与实际不符的影响,作了如下规定:这类零件材料的抗剪强度必须在与零件受力条件相同的情况下进行测定。此种试验,叫作直接剪切试验。

一、试验目的与要求

测定低碳钢的剪切强度极限 τ_b,观察试样破坏情况。

二、试验设备和仪器

(1)微机控制电子万能试验机;(2)剪切器;(3)游标卡尺。

三、试验原理与方法

将圆柱形剪切试样插入剪切器,用万能材料试验机对剪切器施加荷载 F,随着荷载 F 的增加,受剪面处的材料经过弹性、屈服等阶段,最后沿受剪面发生剪断裂。取出剪断了的三段试样,可以观察到两种现象。一种现象是这三段试样略带些弯曲,如附图 I-5 所示。这种现象表明,尽管试样是剪断的,但试样承受的作用却不是单纯的剪切,而是既有剪切也有弯曲,不过以剪切为主。另一种现象是断口明显的区分为两部分:平滑光亮部分与纤维状部分。断口的平滑光亮部分是在屈服过程中形成的,在这个过程中,受剪面两侧的材料有较大的相对滑移却没有分离,滑移出来的部分与剪切器是密合接触的,因而磨成了光亮面。断口的纤维部分是在剪断裂发生的瞬间形成的,在此瞬间,由于受剪面两侧材料又有较大的相对滑移,未分离的截面面积已缩减到不能再继续承担外力,于是产生了突然性的剪断裂。剪断裂是滑移型断裂,纤维状断口正是这种断裂的特征。

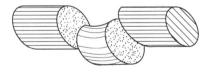

附图 I-5

四、试验步骤

(1)测量试样截面尺寸。测量部位应在受剪面附近,用游标卡尺在两个互相垂直的方向上各测量一次,取其平均值为该处直径,用所测得的直径 d 计算横截面积 A,将所得的数据记录在试验报告的表格中,并输入计算机。

(2)安装剪切器及试样,进行剪切试验并读取最大荷载。将剪切支座放置到工作台上,剪切块放置在剪切支座之间,试样从中间插入。上压头用紧固螺钉紧固在下移动横梁上。打开送油阀,使工作台上升,移动剪切支座,使上压头对准活动剪切块,开始进行剪切试验。加载直到试样剪断,读取最大荷载 F_b。

(3)试验完毕,做好常规的清理工作,填写试验数据。

五、强度指标计算

剪切强度极限:

$$\tau_b = \frac{F_b}{A} \quad (\text{MPa})$$

六、试验注意事项

(1)避免损伤试验机的卡板与夹头。

(2)为保证试验顺利进行,试验时要选择正确的试验条件,严禁随意改动计算机的软件配置。

附录 Ⅱ 截面的几何性质

工程中的各种杆件,其横截面都是具有一定几何形状的平面图形,而杆件的强度、刚度和稳定性不仅与材料性能和加载方式有关,而且与构件截面的几何性质有关。例如:在拉压杆的正应力和变形计算中用到了杆件的横截面面积,在扭转剪应力及扭转角的计算中用到了极惯性矩以及抗扭截面模量等。在弯曲变形的讨论中,还会用到截面的形心、惯性矩和静矩等一些与截面的几何形状和尺寸有关的几何量,这些几何量统称为平面图形的几何性质。

一、静矩和形心

1. 静矩的定义

选取任意平面图形,设其面积为 A,在图形所在平面内选取直角坐标系 Oyz,如附图 Ⅱ-1 所示。在坐标 (y,z) 处,取微面积 dA,我们把微面积 dA 与坐标 y 的乘积称为微面积 dA 对 z 轴的静矩,记为 dS_z,即

$$dS_z = ydA$$

截面上所有微面积对 z 轴的静矩之和称为整个截面对 z 轴的静矩,记为 S_z。同理,可以定义整个截面对 y 轴的静矩,即

$$\left. \begin{array}{l} S_z = \int_A y dA \\ S_y = \int_A z dA \end{array} \right\} \quad (\text{Ⅱ-1})$$

静矩也称为面积矩,它的量纲是长度的三次方,常用单位是 m^3 或 mm^3。

2. 形心与静矩关系

设 x_C、y_C 为形心坐标,则根据合力之矩定理:

$$\left. \begin{array}{l} S_x = Ay_C \\ S_y = Ax_C \end{array} \right\} \quad (\text{Ⅱ-2})$$

或

$$\left. \begin{array}{l} x_C = \dfrac{S_y}{A} = \dfrac{\int_A x dA}{A} \\ y_C = \dfrac{S_x}{A} = \dfrac{\int_A y dA}{A} \end{array} \right\} \quad (\text{Ⅱ-3})$$

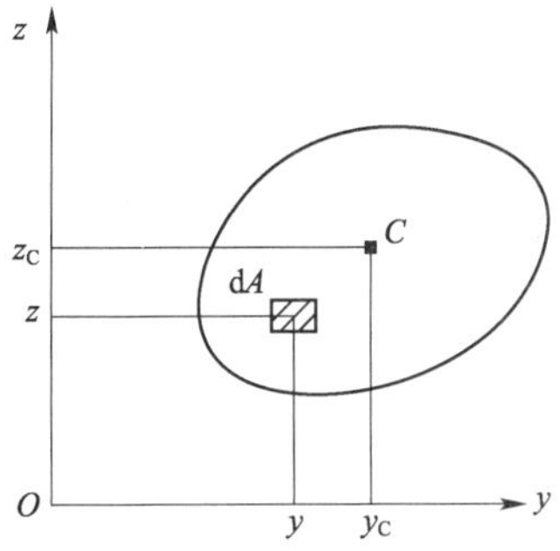

附图 Ⅱ-1

这就是图形形心坐标与静矩之间的关系。

根据上述定义可以看出:

(1) 静矩与坐标轴有关,同一平面图形对于不同的坐标轴有不同的静矩。静矩的值可能为正,可能为负,也可能等于零。对于通过形心的坐标轴,图形对其静矩等于零。

(2) 如果已经计算出静矩,就可以确定形心的位置;反之,如果已知形心位置,则可计算图

形的静矩。

实际计算中,对于简单的、规则的图形,其形心位置可以直接判断。例如,矩形、正方形、圆形、正三角形等的形心位置是显而易见的。对于组合图形,则先将其分解为若干个简单图形(可以直接确定形心位置的图形),然后由式(Ⅱ-2)分别计算它们对于给定坐标轴的静矩,并求其代数和,再利用式(Ⅱ-3),即可得组合图形的形心坐标。即

$$\left.\begin{array}{l} S_x = A_1 y_{C1} + A_2 y_{C2} + \cdots + A_n y_{Cn} = \sum_{i=1}^{n} A_i y_{Ci} \\ S_y = A_1 x_{C1} + A_2 x_{C2} + \cdots + A_n x_{Cn} = \sum_{i=1}^{n} A_i x_{Ci} \end{array}\right\} \quad (\text{Ⅱ-4})$$

$$\left.\begin{array}{l} x_C = \dfrac{S_y}{A} = \dfrac{\sum_{i=1}^{n} A_i x_{Ci}}{\sum_{i=1}^{n} A_i} \\ y_C = \dfrac{S_x}{A} = \dfrac{\sum_{i=1}^{n} A_i y_{Ci}}{\sum_{i=1}^{n} A_i} \end{array}\right\} \quad (\text{Ⅱ-5})$$

二、惯性矩和惯性积的概念

任意平面图形如附图Ⅱ-1所示,其面积为 A,在其上取微面积 dA,设该微元在 Oyz 坐标系中的坐标为 (y,z)。定义下列积分:

$$I_y = \int_A z^2 dA, \qquad I_z = \int_A y^2 dA, \qquad I_{yz} = \int_A yz dA \qquad (\text{Ⅱ-6})$$

其中,I_y 和 I_z 分别称为截面图形对 y 轴和 z 轴的惯性矩,I_{yz} 称为截面图形对 y 轴和 z 轴的惯性积,I_y、I_z、I_{yz} 的量纲均为长度的四次方。I_y 和 I_z 恒为正值;I_{yz} 可为正值或负值,且若 y、z 轴中有一根为对称轴,则惯性积 I_{yz} 为零。

三、惯性半径的概念

$$i_y = \sqrt{\dfrac{I_y}{A}}, i_z = \sqrt{\dfrac{I_z}{A}} \qquad (\text{Ⅱ-7})$$

上式分别为截面图形对 y 轴和对 z 轴的惯性半径。

四、极惯性矩的概念

若以 ρ 表示微面积 dA 到坐标原点 O 的距离(附图Ⅱ-1),则定义图形对坐标原点 O 的极惯性矩为:

$$I_\rho = \int_A \rho^2 dA \qquad (\text{Ⅱ-8})$$

因为:

$$\rho^2 = y^2 + z^2$$

所以,极惯性矩与(轴)惯性矩间有如下关系:

$$I_\rho = \int_A (y^2 + z^2) dA = I_y + I_z \qquad (\text{Ⅱ-9})$$

则图形对任意两个互相垂直轴的惯性矩之和,等于它对该两轴交点的极惯性矩。

五、平行移轴公式

同一平面图形对于相互平行的两对直角坐标轴的惯性矩或惯性积并不相同,如果其中一对轴是图形的形心轴(y_C, z_C)时,如附图Ⅱ-2所示,可得到如下平行移轴公式:

$$\left.\begin{array}{l} I_y = I_{yC} + a^2 A \\ I_z = I_{zC} + b^2 A \\ I_{yz} = I_{yCzC} + abA \end{array}\right\} \quad (\text{Ⅱ-10})$$

式中,(b, a)是平面图形的形心坐标,A是平面图形的面积。

式(Ⅱ-10)表明:同一平面图形对所有相互平行的坐标轴的惯性矩中,对形心轴的惯性矩最小。在使用惯性积移轴公式时应注意 a、b 的正负号。

几种常见图形的面积、形心、惯性矩见附表Ⅱ-1。

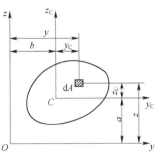

附图Ⅱ-2

几种常见图形的面积、形心、惯性矩   附表Ⅱ-1

序号	图 形	面 积	形心位置	惯 性 矩
1	矩形	$A = bh$	$z_C = \dfrac{b}{2}$ $y_C = \dfrac{h}{2}$	$I_z = \dfrac{bh^3}{12}$ $I_y = \dfrac{hb^3}{12}$
2	直角三角形	$A = \dfrac{bh}{2}$	$z_C = \dfrac{b}{3}$ $y_C = \dfrac{h}{3}$	$I_z = \dfrac{bh^3}{36}$ $I_{z1} = \dfrac{bh^3}{12}$
3	圆形	$A = \dfrac{\pi D^2}{4}$	$z_C = \dfrac{D}{2}$ $y_C = \dfrac{D}{2}$	$I_z = I_y = \dfrac{\pi D^4}{64}$
4	圆环	$A = \dfrac{\pi (D^2 - d^2)}{4}$	$z_C = \dfrac{D}{2}$ $y_C = \dfrac{D}{2}$	$I_z = I_y = \dfrac{\pi (D^4 - d^4)}{64}$
5	半圆 $D=2R$	$A = \dfrac{\pi R^2}{2}$	$y_C = \dfrac{4R}{3\pi}$	$I_z = \left(\dfrac{1}{8} - \dfrac{8}{9\pi^2}\right)\pi R^4$ $I_y = \dfrac{\pi R^4}{8}$

附录Ⅲ 热轧型钢(GB/T 706—2008)

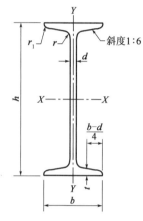

附图Ⅲ-1 工字钢截面图
h-高度;b-腿宽度;d-腰厚度;t-平均腿厚度;r-内圆弧半径;r_1-腿端圆弧半径

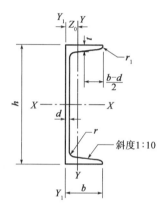

附图Ⅲ-2 槽钢截面图
h-高度;b-腿宽度;d-腰厚度;t-平均腿厚度;r-内圆弧半径;r_1-腿端圆弧半径;Z_0-YY轴与y_1Y_1轴间距

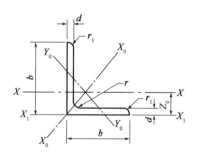

附图Ⅲ-3 等边角钢截面图
b-边宽度;d-边厚度;r-内圆弧半径;r_1-边端圆弧半径;Z_0-重心距离

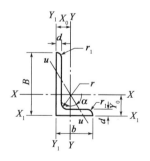

附图Ⅲ-4 不等边角钢截面图
B-长边宽度;b-短边宽度;d-边厚度;r-内圆弧半径;r_1-边端圆弧半径;X_0-重心距离;Y_0-重心距离

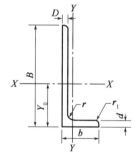

附图Ⅲ-5 L型钢截面图
B-长边宽度;b-短边宽度;D-长边厚度;d-短边厚度;r-内圆弧半径;r_1-边端圆弧半径;Y_0-重心距离

附表Ⅲ-1

工字钢截面尺寸、截面面积、理论质量及截面特性

型号	截面尺寸(mm)						截面面积 (cm^2)	理论质量 (kg/m)	惯性矩(cm^4)		惯性半径(cm)		截面模数(cm^3)	
	h	b	d	t	r	r_1			I_x	I_y	i_x	i_y	W_x	W_y
10	100	68	4.5	7.6	6.5	3.3	14.345	11.261	245	33.0	4.14	1.52	49.0	9.72
12	120	74	5.0	8.4	7.0	3.5	17.818	13.987	436	46.9	4.95	1.62	72.7	12.7
12.6	126	74	5.0	8.4	7.0	3.5	18.118	14.223	488	46.9	5.20	1.61	77.5	12.7
14	140	80	5.5	9.1	7.5	3.8	21.516	16.890	712	64.4	5.76	1.73	102	16.1
16	160	88	6.0	9.9	8.0	4.0	26.131	20.513	1 130	93.1	6.58	1.89	141	21.2
18	180	94	6.5	10.7	8.5	4.3	30.756	24.143	1 660	122	7.36	2.00	185	26.0
20a	200	100	7.0	11.4	9.0	4.5	35.578	27.929	2 370	168	8.16	2.12	237	31.5
20b	200	102	9.0	11.4	9.0	4.5	39.578	31.069	2 500	169	7.96	2.06	250	33.1
22a	220	110	7.5	12.3	9.5	4.8	42.128	33.070	3 400	225	8.99	2.31	309	40.9
22b	220	112	9.5	12.3	9.5	4.8	46.528	36.524	3 570	239	8.78	2.27	325	42.7
24a	240	116	8.0	13.0	10.0	5.0	47.741	37.477	4 570	280	9.77	2.42	381	48.4
24b	240	118	10.0	13.0	10.0	5.0	52.541	41.245	4 800	297	9.57	2.38	400	50.4
25a	250	116	8.0	13.0	10.0	5.0	48.541	38.105	5 020	280	10.2	2.40	402	48.3
25b	250	118	10.0	13.0	10.0	5.0	53.541	42.030	5 280	309	9.94	2.40	423	52.4
27a	270	122	8.5	13.7	10.5	5.3	54.554	42.825	6 550	345	10.9	2.51	485	56.6
27b	270	124	10.5	13.7	10.5	5.3	59.954	47.064	6 870	366	10.7	2.47	509	58.9
28a	280	122	8.5	13.7	10.5	5.3	55.404	43.492	7 110	345	11.3	2.50	508	56.6
28b	280	124	10.5	13.7	10.5	5.3	61.004	47.888	7 480	379	11.1	2.49	534	61.2
30a	300	126	9.0	14.4	11.0	5.5	61.254	48.084	8.950	400	12.1	2.55	597	63.5
30b	300	128	11.0	14.4	11.0	5.5	67.254	52.794	9 400	422	11.8	2.50	627	65.9
30c	300	130	13.0	14.4	11.0	5.5	73.254	57.504	9 850	445	11.6	2.46	657	68.5

续上表

型号	h	b	d	t	r	r_1	截面面积 (cm^2)	理论质量 (kg/m)	惯性矩 (cm^4) I_x	I_y	惯性半径 (cm) i_x	i_y	截面模数 (cm^3) W_x	W_y
32a	320	130	9.5	15.0	11.5	5.8	67.156	52.717	11 100	450	12.8	2.62	692	70.8
32b		132	11.5	15.0	11.5	5.8	73.556	57.741	11 600	502	12.6	2.61	726	76.0
32c		134	13.5	15.0	11.5	5.8	79.956	62.765	12 200	544	12.3	2.61	760	81.2
36a	360	136	10.0	15.8	12.0	6.0	76.480	60.037	15 800	552	14.4	2.69	875	81.2
36b		138	12.0	15.8	12.0	6.0	83.680	65.689	16 500	582	14.1	2.64	919	84.3
36c		140	14.0	15.8	12.0	6.0	90.880	71.341	17 300	612	13.8	2.60	962	87.4
40a	400	142	10.5	16.5	12.5	6.3	86.112	67.598	21 700	660	15.9	2.77	1 090	93.2
40b		144	12.5	16.5	12.5	6.3	94.112	73.878	22 800	692	15.6	2.71	1 140	96.2
40c		145	14.5	16.5	12.5	6.3	102.112	80.158	23 900	727	15.2	2.65	1 190	99.6
45a	450	150	11.5	18.0	13.5	6.8	102.446	80.420	32 200	855	17.7	2.89	1 430	114
45b		152	13.5	18.0	13.5	6.8	111.446	87.485	33 800	894	17.4	2.84	1 500	118
45c		154	15.5	18.0	13.5	6.8	120.446	94.550	35 300	938	17.1	2.79	1 570	122
50a	500	158	12.0	20.0	14.0	7.0	119.304	93.654	46 500	1 120	19.7	3.07	1 860	142
50b		160	14.0	20.0	14.0	7.0	129.304	101.504	48 600	1 170	19.4	3.01	1 940	146
50c		162	16.0	20.0	14.0	7.0	139.304	109.354	50 600	1 220	19.0	2.96	2 080	151
55a	550	166	12.5	21.0	14.5	7.3	134.185	105.335	62 900	1 370	21.6	3.19	2 290	164
55b		168	14.5	21.0	14.5	7.3	145.185	113.970	65 600	1 420	21.2	3.14	2 390	170
55c		170	16.5	21.0	14.5	7.3	156.185	122.605	68 400	1 480	20.9	3.08	2 490	175
56a	560	166	12.5	21.0	14.5	7.3	135.435	106.316	65 600	1 370	22.0	3.18	2 340	165
56b		168	14.5	21.0	14.5	7.3	146.635	115.108	68 500	1 490	21.6	31.6	2 450	174
56c		170	16.5	21.0	14.5	7.3	157.835	123.900	71 400	1 560	21.3	3.16	2 550	183
63a	630	176	13.0	22.0	15.0	7.5	154.658	121.407	93 900	1 700	24.5	3.31	2 980	193
63b		178	15.0	22.0	15.0	7.5	167.258	131.298	98 100	1 810	24.2	3.29	3 160	204
63c		180	17.0	22.0	15.0	7.5	179.858	141.189	102 000	1 920	23.8	3.27	3 300	214

注：表中 r、r_1 的数据用于孔型设计，不作交货条件。

槽钢截面尺寸、截面面积、理论质量及截面特性

附表Ⅲ-2

型号	截面尺寸 (mm)						截面面积 (cm^2)	理论质量 (kg/m)	惯性矩 (cm^4)			惯性半径 (cm)		截面模数 (cm^3)		重心距离 (cm)
	h	b	d	t	r	r_1			I_x	I_y	I_{y1}	i_x	i_y	W_x	W_y	Z_0
5	50	37	4.5	7.0	7.0	3.5	6.928	5.438	26.0	8.30	20.9	1.94	1.10	10.4	3.55	1.35
6.3	63	40	4.8	7.5	7.5	3.8	8.451	6.634	50.8	11.9	28.4	2.45	1.19	16.1	4.50	1.36
6.5	65	40	4.3	7.5	7.5	3.8	8.547	6.709	55.2	12.0	28.3	2.54	1.19	17.0	4.59	1.38
8	80	43	5.0	8.0	8.0	4.0	10.248	8.045	101	16.6	37.4	3.15	1.27	25.3	5.79	1.43
10	100	48	5.3	8.5	8.5	4.2	12.748	10.007	198	25.6	54.9	3.95	1.41	39.7	7.80	1.52
12	120	53	5.5	9.0	9.0	4.5	15.362	12.059	346	37.4	77.7	4.75	1.56	57.7	10.2	1.62
12.6	126	53	5.5	9.0	9.0	4.5	15.692	12.318	391	38.0	77.1	4.95	1.57	62.1	10.2	1.59
14a	140	58	6.0	9.5	9.5	4.8	18.516	14.535	564	53.2	107	5.52	1.70	80.5	13.0	1.71
14b	140	60	8.0	9.5	9.5	4.8	21.316	16.733	609	61.1	121	5.35	1.69	87.1	14.1	1.67
16a	160	63	6.5	10.0	10.0	5.0	21.962	17.24	866	73.3	144	6.28	1.83	108	16.3	1.80
16b	160	65	8.5	10.0	10.0	5.0	25.162	19.752	935	83.4	161	6.10	1.82	117	17.6	1.75
18a	180	68	7.0	10.5	10.5	5.2	25.699	20.174	1270	98.6	190	7.04	1.96	141	20.0	1.88
18b	180	70	9.0	10.5	10.5	5.2	29.299	23.000	1370	111	210	6.84	1.95	152	21.5	1.84
20a	200	73	7.0	11.0	11.0	5.5	28.837	22.637	1780	128	244	7.86	2.11	178	24.2	2.01
20b	200	75	9.0	11.0	11.0	5.5	32.837	25.777	1910	144	268	7.64	2.09	191	25.9	1.95
22a	220	77	7.0	11.5	11.5	5.8	31.846	24.999	2390	158	298	8.67	2.23	218	28.2	2.10
22b	220	79	9.0	11.5	11.5	5.8	36.246	28.453	2570	176	326	8.42	2.21	234	30.1	2.03
24a	240	78	7.0	12.0	12.0	6.0	34.217	26.860	3050	174	325	9.45	2.25	254	30.5	2.10
24b	240	80	9.0	12.0	12.0	6.0	39.017	30.628	3280	194	355	9.17	2.23	274	32.5	2.03
24c	240	82	11.0	12.0	12.0	6.0	43.817	34.396	3510	213	388	8.96	2.21	293	34.4	2.00
25a	250	78	7.0	12.0	12.0	6.0	34.917	27.410	3370	176	322	9.82	2.24	270	30.6	2.07
25b	250	80	9.0	12.0	12.0	6.0	39.917	31.335	3530	196	353	9.41	2.22	282	32.7	1.98
25c	250	82	11.0	12.0	12.0	6.0	44.917	35.250	3690	218	384	9.07	2.21	295	35.9	1.92

续上表

型号	截面尺寸（mm）						截面面积（cm²）	理论质量（kg/m）	惯性矩（cm⁴）			惯性半径（cm）		截面模数（cm³）		重心距离（cm）
	h	b	d	t	r	r_1			I_x	I_y	I_{y1}	i_x	i_y	W_x	W_y	Z_0
27a	270	82	7.5	12.5	12.5	6.2	39.284	30.838	4360	215	393	10.5	2.34	323	35.5	2.13
27b	270	84	9.5	12.5	12.5	6.2	44.684	35.077	4690	239	428	10.3	2.31	347	37.7	2.06
27c	270	86	11.5	12.5	12.5	6.2	50.084	39.316	5020	261	467	10.1	2.28	372	39.8	2.03
28a	280	82	7.5	12.5	12.5	6.2	40.034	31.427	4760	218	388	10.9	2.33	340	35.7	2.10
28b	280	84	9.5	12.5	12.5	6.2	45.634	35.823	5130	242	428	10.6	2.20	366	37.9	2.02
28c	280	86	11.5	12.5	12.5	6.2	51.234	40.219	5500	268	463	10.4	2.29	393	40.3	1.95
30a	300	85	7.5	13.5	13.5	6.8	43.902	34.463	6050	260	467	11.7	2.43	403	41.1	2.17
30b	300	87	9.5	13.5	13.5	6.8	49.902	39.173	6500	289	515	11.4	2.41	433	44.0	2.13
30c	300	89	11.5	13.5	13.5	6.8	55.902	43.883	6950	316	560	11.2	2.38	463	46.4	2.09
32a	320	88	8.0	14.0	14.0	7.0	48.513	38.083	7600	305	552	12.5	2.50	475	46.5	2.24
32b	320	90	10.0	14.0	14.0	7.0	54.913	43.107	8140	336	593	12.2	2.47	509	49.2	2.16
32c	320	92	12.0	14.0	14.0	7.0	61.313	48.131	8690	374	643	11.9	2.47	543	52.6	2.09
36a	360	96	9.0	16.0	16.0	8.0	60.910	47.814	11900	455	818	14.0	2.73	660	63.5	2.44
36b	360	98	11.0	16.0	16.0	8.0	68.110	53.466	12700	497	880	13.6	2.70	703	66.9	2.37
36c	360	100	13.0	16.0	16.0	8.0	75.310	59.118	13400	536	948	13.4	2.67	746	70.0	2.34
40a	400	100	10.5	18.0	18.0	9.0	75.068	58.928	17600	592	1070	15.3	2.81	879	78.8	2.49
40b	400	102	12.5	18.0	18.0	9.0	83.068	65.208	18600	640	114	15.0	2.78	932	82.5	2.44
40c	400	104	14.5	18.0	18.0	9.0	91.068	71.488	19700	688	1220	14.7	2.75	986	86.2	2.42

注：表中 r、r_1 的数据用于孔型设计，不作交货条件。

附表Ⅲ-3

等边角钢截面尺寸、截面积、理论质量及截面特性

型号	截面尺寸 (mm)			截面面积 (cm^2)	理论质量 (kg/m)	外表面积 (m^2/m)	惯性矩 (cm^4)				惯性半径 (cm)			截面模数 (cm^3)			重心距离 (cm)
	b	d	r				I_x	I_{x1}	I_{x0}	I_{y0}	i_x	i_{x0}	i_{y0}	W_x	W_{x0}	W_{y0}	Z_0
2	20	3	3.5	1.132	0.889	0.078	0.40	0.81	0.63	0.17	0.59	0.75	0.39	0.29	0.45	0.20	0.60
	20	4	3.5	1.459	1.145	0.077	0.50	1.09	0.78	0.22	0.58	0.73	0.38	0.36	0.55	0.24	0.64
2.5	25	3	3.5	1.432	1.124	0.098	0.82	1.57	1.29	0.34	0.76	0.95	0.49	0.46	0.73	0.33	0.73
	25	4	3.5	1.859	1.459	0.097	1.03	2.11	1.62	0.43	0.74	0.93	0.48	0.59	0.92	0.40	0.76
3.0	30	3	4.5	1.749	1.373	0.117	1.46	2.71	2.31	0.61	0.91	1.15	0.59	0.68	1.09	0.51	0.85
	30	4	4.5	2.276	1.786	0.117	1.84	3.63	2.92	0.77	0.90	1.13	0.58	0.87	1.37	0.62	0.89
3.6	36	3	4.5	2.109	1.656	0.141	2.58	4.68	4.09	1.07	1.11	1.39	0.71	0.99	1.61	0.76	1.00
	36	4	4.5	2.756	2.163	0.141	3.29	6.25	5.22	1.37	1.09	1.38	0.70	1.28	2.05	0.93	1.04
	36	5	4.5	3.382	2.654	0.141	3.95	7.84	6.24	1.65	1.08	1.36	0.70	1.56	2.45	1.00	1.07
4	40	3	5	2.359	1.852	0.157	3.59	6.41	5.69	1.49	1.23	1.55	0.79	1.23	2.01	0.96	1.09
	40	4	5	3.086	2.422	0.157	4.60	8.56	7.29	1.91	1.22	1.54	0.79	1.60	2.58	1.19	1.13
	40	5	5	3.791	2.976	0.156	5.53	10.74	8.76	2.30	1.21	1.52	0.78	1.96	3.10	1.39	1.17
4.5	45	3	5	2.659	2.088	0.177	5.17	9.12	8.20	2.14	1.40	1.76	0.89	1.58	2.58	1.24	1.22
	45	4	5	3.486	2.736	0.177	6.65	12.18	10.56	2.75	1.38	1.74	0.89	2.05	3.32	1.54	1.26
	45	5	5	4.292	3.369	0.176	8.04	15.2	12.74	3.33	1.37	1.72	0.88	2.51	4.00	1.81	1.30
	45	6	5	5.076	3.985	0.176	9.33	18.36	14.76	3.89	1.36	1.70	0.8	2.95	4.64	2.06	1.33
5	50	3	5.5	2.971	2.332	0.197	7.18	12.5	11.37	2.98	1.55	1.96	1.00	1.96	3.22	1.57	1.34
	50	4	5.5	3.897	3.059	0.197	9.26	16.69	14.70	3.82	1.54	1.94	0.99	2.56	4.16	1.96	1.38
	50	5	5.5	4.803	3.770	0.196	11.21	20.90	17.79	4.54	1.53	1.92	0.98	3.13	5.03	2.31	1.42
	50	6	5.5	5.688	4.465	0.196	13.05	25.14	20.68	5.42	1.52	1.91	0.98	3.68	5.85	2.63	1.46

续上表

型号	截面尺寸(mm)			截面面积(cm²)	理论质量(kg/m)	外表面积(m²/m)	惯性矩(cm⁴)				惯性半径(cm)			截面模数(cm³)			重心距离(cm)
	b	d	r				I_x	I_{x1}	I_{x0}	I_{y0}	i_x	i_{x0}	i_{y0}	W_x	W_{x0}	W_{y0}	Z_0
5.6	56	3	6	3.343	2.624	0.221	10.19	17.56	16.14	4.24	1.75	2.20	1.13	2.48	4.08	2.02	1.48
		4		4.390	3.446	0.220	13.18	23.43	20.92	5.46	1.73	2.18	1.11	3.24	5.28	2.52	1.53
		5		5.415	4.251	0.220	16.02	29.33	25.42	6.61	1.72	2.17	1.10	3.97	6.42	2.98	1.57
		6		6.420	5.040	0.220	18.69	35.25	29.66	7.73	1.71	2.15	1.10	4.68	7.49	3.40	1.61
		7		7.404	5.812	0.219	21.23	41.23	33.63	8.82	1.69	2.13	1.09	5.36	8.49	3.80	1.64
		8		8.367	6.568	0.219	23.63	47.24	37.37	9.89	1.68	2.11	1.09	6.03	9.44	4.16	1.68
6	60	5	6.5	5.829	4.576	0.236	19.89	36.05	31.57	8.21	1.85	2.33	1.19	4.59	7.44	3.48	1.67
		6		6.914	5.427	0.235	23.25	43.33	36.89	9.60	1.83	2.31	1.18	5.41	8.70	3.98	1.70
		7		7.977	6.262	0.235	26.44	50.65	41.92	10.96	1.82	2.29	1.17	6.21	9.88	4.45	1.74
		8		9.020	7.081	0.235	29.47	58.02	46.66	12.28	1.81	2.27	1.17	6.98	11.00	4.88	1.78
6.3	63	4	7	4.978	3.907	0.248	19.03	33.35	30.17	7.89	1.96	2.46	1.26	4.13	6.78	3.29	1.70
		5		6.143	4.822	0.248	23.17	41.73	36.77	9.57	1.94	2.45	1.25	5.08	8.25	3.90	1.74
		6		7.288	5.721	0.247	27.12	50.14	43.03	11.20	1.93	2.43	1.24	6.00	9.66	4.46	1.78
		7		8.412	6.603	0.247	30.87	58.60	48.96	12.79	1.92	2.41	1.23	6.88	10.99	4.98	1.82
		8		9.515	7.469	0.247	34.46	67.11	54.56	14.33	1.90	2.40	1.23	7.75	12.25	5.47	1.85
		10		11.657	9.151	0.246	41.09	84.31	54.85	17.33	1.88	2.36	1.22	9.39	14.56	6.36	1.93
7	70	4	8	5.570	4.372	0.275	26.39	45.74	41.80	10.99	2.18	2.74	1.40	5.14	8.44	4.17	1.86
		5		6.875	5.397	0.275	32.21	57.21	51.08	13.31	2.16	2.73	1.39	6.32	10.32	4.95	1.91
		6		8.150	6.406	0.275	37.77	68.73	59.93	15.61	2.15	2.71	1.38	7.48	12.11	5.67	1.95
		7		9.424	7.398	0.275	43.09	80.29	68.35	17.82	2.14	2.69	1.38	8.59	13.81	6.34	1.99
		8		10.667	8.373	0.274	48.17	91.92	76.37	19.98	2.12	2.68	1.37	9.58	15.43	6.98	2.03

续上表

型号	截面尺寸 (mm) b	d	r	截面面积 (cm²)	理论质量 (kg/m)	外表面积 (m²/m)	惯性矩 (cm⁴) I_x	I_{x1}	I_{x0}	I_{y0}	惯性半径 (cm) i_x	i_{x0}	i_{y0}	截面模数 (cm³) W_x	W_{x0}	W_{y0}	重心距离 (cm) Z_0
7.5	75	5	9	7.412	5.818	0.295	39.97	70.56	63.30	16.63	2.33	2.92	1.50	7.32	11.94	5.77	2.04
		6		8.797	6.905	0.294	46.95	84.55	74.38	19.51	2.31	2.90	1.49	8.64	14.02	6.67	2.07
		7		10.160	7.976	0.294	53.57	98.71	84.96	22.18	2.30	2.89	1.48	9.93	16.02	7.44	2.11
		8		11.503	9.030	0.294	59.96	112.97	95.07	24.86	2.28	2.88	1.47	11.20	17.93	8.19	2.15
		9		12.825	10.068	0.294	66.10	127.30	104.71	27.48	2.27	2.86	1.46	12.43	19.75	8.89	2.18
		10		14.126	11.089	0.293	71.98	141.71	113.92	30.05	2.26	2.84	1.46	13.64	21.48	9.56	2.22
8	80	5	9	7.912	6.211	0.315	48.79	85.36	77.33	20.25	2.48	3.13	1.60	8.34	13.67	6.66	2.15
		6		9.397	7.376	0.314	57.35	102.50	90.98	23.72	2.47	3.11	1.59	9.87	16.08	7.65	2.19
		7		10.860	8.525	0.314	65.58	119.70	104.07	27.09	2.46	3.10	1.58	11.37	18.40	8.58	2.23
		8		12.303	9.658	0.314	73.49	136.97	116.60	30.39	2.44	3.08	1.57	12.83	20.61	9.46	2.27
		9		13.725	10.774	0.314	81.11	154.31	128.60	33.61	2.43	3.06	1.56	14.25	22.73	10.29	2.31
		10		15.126	11.874	0.313	88.43	171.74	140.09	36.77	2.42	3.04	1.56	15.64	24.76	11.08	2.35
9	90	6	10	10.637	8.350	0.354	82.77	145.87	131.26	34.28	2.79	3.51	1.80	12.61	20.63	9.95	2.44
		7		12.301	9.656	0.354	94.83	170.30	150.47	39.18	2.78	3.50	1.78	14.54	23.64	11.19	2.48
		8		13.944	10.946	0.353	106.47	194.80	168.97	43.97	2.76	3.48	1.78	16.42	26.55	12.35	2.52
		9		15.566	12.219	0.353	117.72	219.39	186.77	48.66	2.75	3.46	1.77	18.27	29.35	13.46	2.56
		10		17.167	13.476	0.353	128.58	244.07	203.90	53.26	2.74	3.45	1.76	20.07	32.04	14.52	2.59
		12		20.306	15.940	0.352	149.22	293.76	236.21	62.22	2.71	3.41	1.75	23.57	37.12	16.49	2.67

续上表

型号	截面尺寸 (mm)			截面面积 (cm^2)	理论质量 (kg/m)	外表面积 (m^2/m)	惯性矩 (cm^4)				惯性半径 (cm)			截面模数 (cm^3)			重心距离 (cm)
	b	d	r				I_x	I_{x1}	I_{x0}	I_{y0}	i_x	i_{x0}	i_{y0}	W_x	W_{x0}	W_{y0}	Z_0
10	100	6	12	11.932	9.366	0.393	114.95	200.07	181.98	47.92	3.10	3.90	2.00	15.68	25.74	12.69	2.67
		7		13.796	10.830	0.393	131.85	233.54	208.97	54.74	3.09	3.89	1.99	18.10	29.55	14.26	2.71
		8		15.638	12.276	0.393	148.24	267.09	235.07	61.41	3.08	3.88	1.98	20.47	33.24	15.75	2.76
		9		17.462	13.708	0.392	164.12	300.73	260.30	67.95	3.07	3.86	1.97	22.79	35.81	17.18	2.80
		10		19.261	15.120	0.392	179.51	334.48	284.68	74.35	3.05	3.84	1.96	25.06	40.26	18.54	2.84
		12		22.800	17.898	0.391	208.90	402.34	330.95	86.84	3.03	3.81	1.95	29.48	46.80	21.08	2.91
		14		26.256	20.611	0.391	236.53	470.75	374.06	99.00	3.00	3.77	1.94	33.73	52.90	23.44	2.99
		16		29.627	23.257	0.390	262.53	539.80	414.16	110.89	2.98	3.74	1.94	37.82	58.57	25.63	3.06
11	110	7	12	15.196	11.928	0.433	177.16	310.64	280.94	73.38	3.41	4.30	2.20	22.05	36.12	17.51	2.96
		8		17.238	13.535	0.433	399.46	355.20	316.49	82.42	3.40	4.28	2.19	24.95	40.69	19.39	3.01
		10		21.261	16.690	0.432	242.19	444.65	384.39	59.58	3.38	4.25	2.17	30.60	49.42	22.91	3.09
		12		25.200	19.782	0.431	282.55	534.60	448.17	116.93	3.35	4.22	2.15	36.06	57.62	26.15	3.16
		14		29.056	22.809	0.431	320.71	625.16	508.01	133.40	3.32	4.18	2.14	41.31	65.31	29.14	3.24
12.5	125	8	14	19.750	15.504	0.492	297.03	521.01	470.89	123.16	3.88	4.88	2.50	32.52	53.28	25.86	3.37
		10		24.373	19.133	0.491	351.67	651.93	573.89	149.46	3.85	4.85	2.48	39.97	64.93	30.62	3.45
		12		28.912	22.696	0.491	423.16	783.42	671.44	174.88	3.83	4.82	2.46	41.17	75.96	35.03	3.53
		14		33.367	25.193	0.490	481.65	915.61	763.73	199.57	3.80	4.78	2.45	54.16	86.41	39.13	3.61
		16		37.739	29.625	0.489	537.31	1 048.62	850.98	223.65	3.77	4.75	2.43	60.93	96.28	42.95	3.68

续上表

型号	截面尺寸 (mm)				截面面积 (cm²)	理论质量 (kg/m)	外表面积 (m²/m)	惯性矩 (cm⁴)				惯性半径 (cm)			截面模数 (cm³)			重心距离 (cm)
	b		d	r				I_x	I_{x1}	I_{x0}	I_{y0}	i_x	i_{x0}	i_{y0}	W_x	W_{x0}	W_{y0}	Z_0
14	140		10	14	27.373	21.488	0.551	514.65	915.11	817.27	212.04	4.34	5.46	2.78	50.58	82.56	39.20	3.82
			12		32.512	25.522	0.551	603.68	1099.28	958.79	248.57	4.31	5.43	2.76	59.80	96.85	45.02	3.90
			14		37.557	29.490	0.550	688.81	1284.22	1093.55	284.06	4.28	5.40	2.75	68.75	110.47	50.45	3.98
			16		42.539	33.393	0.549	770.24	1470.07	1221.81	318.67	4.26	5.36	2.74	77.46	123.42	55.55	4.06
15	150		8	14	23.750	18.644	0.592	521.37	899.55	827.49	215.25	4.69	5.90	3.01	47.35	78.02	38.14	3.99
			10		29.373	23.058	0.591	637.50	1125.09	1012.79	262.21	4.66	5.87	2.99	58.35	95.49	45.51	4.08
			12		34.912	27.405	0.591	748.85	1351.26	1189.97	307.73	4.63	5.84	2.97	69.04	112.19	52.38	4.15
			14		40.367	31.688	0.590	855.64	1578.25	1359.30	351.98	4.60	5.80	2.95	79.45	128.16	58.83	4.23
			15		43.063	33.804	0.590	907.39	1692.10	1441.09	373.69	4.59	5.78	2.95	84.56	135.87	61.90	4.27
			16		45.739	35.905	0.589	958.08	1806.21	1521.02	395.14	4.58	5.77	2.94	89.59	143.40	64.89	4.31
16	160		10	16	31.502	24.729	0.630	779.53	1365.33	1237.30	321.76	4.98	5.27	3.20	66.70	109.36	52.76	4.31
			12		37.441	29.391	0.630	915.58	1639.57	1455.68	377.49	4.95	6.24	3.18	78.98	128.67	60.74	4.39
			14		43.296	33.987	0.629	1048.36	1914.68	1555.02	431.70	4.92	6.20	3.16	90.95	147.17	68.24	4.47
			16		49.057	38.518	0.629	1175.09	2190.82	1855.57	484.59	4.89	6.17	3.14	102.63	164.89	75.31	4.55
18	180		12	16	42.241	33.159	0.710	1321.35	2332.80	2100.10	542.61	5.59	7.05	3.58	100.82	165.00	78.41	4.89
			14		48.896	38.383	0.709	1514.48	2723.48	2407.42	621.53	5.56	7.02	3.56	116.25	189.14	88.38	4.97
			16		55.467	43.542	0.709	1700.99	3115.29	2703.37	698.60	5.54	6.98	3.55	131.13	212.40	97.83	5.05
			18		61.055	48.634	0.708	1875.12	3502.43	2988.24	762.01	5.50	6.94	3.51	145.64	234.78	105.14	5.13

续上表

型号	截面尺寸 (mm)			截面面积 (cm^2)	理论质量 (kg/m)	外表面积 (m^2/m)	惯性矩 (cm^4)				惯性半径 (cm)			截面模数 (cm^3)			重心距离 (cm)
	b	d	r				I_x	I_{x1}	I_{x0}	I_{y0}	i_x	i_{x0}	i_{y0}	W_x	W_{x0}	W_{y0}	Z_0
20	200	14	18	54.642	42.894	0.788	2 103.55	3 734.10	3 343.26	863.83	6.20	7.82	3.98	144.70	236.40	111.82	5.45
		16		62.013	48.680	0.788	2 366.15	4 270.39	3 760.89	971.41	6.18	7.79	3.56	163.65	265.93	123.96	5.54
		18		69.301	54.401	0.787	2 620.64	4 808.13	4 164.54	1 076.74	6.15	7.75	3.94	182.22	294.48	135.52	5.62
		20		76.505	60.056	0.787	2 867.30	5 347.51	4 554.55	1 180.04	6.12	7.72	3.93	200.42	322.06	146.55	5.69
		24		90.661	71.168	0.785	3 338.25	6 457.16	6 294.97	1 381.53	6.07	7.64	3.90	236.17	374.41	165.65	5.87
22	220	16	21	68.564	53.901	0.866	3 187.36	5 581.62	5 063.73	1 310.99	6.81	8.59	4.37	199.55	325.51	153.81	6.03
		18		75.752	60.250	0.866	3 534.30	6 395.93	5 615.32	1 453.27	6.79	8.55	4.35	222.37	350.97	168.29	6.11
		20		84.756	65.533	0.855	3 871.49	7 112.04	6 150.08	1 592.90	6.76	8.52	4.34	244.77	356.34	182.15	6.18
		22		92.676	72.751	0.855	4 199.23	7 830.19	6 668.37	1 730.10	6.73	8.48	4.32	266.78	428.60	195.45	6.25
		24		100.512	78.902	0.864	4 517.83	8 550.57	7 170.55	1 865.11	6.70	8.45	4.31	288.39	460.94	208.21	6.33
		26		108.264	84.987	0.864	4 827.58	9 273.39	7 656.98	1 998.17	6.68	8.41	4.30	300.62	492.21	220.49	6.41
25	250	18	24	87.842	68.565	0.985	5 268.22	9 379.11	8 369.04	2 167.41	7.74	9.76	4.97	290.12	473.42	224.03	6.84
		20		97.045	76.180	0.984	5 779.34	10 426.97	9 181.94	2 376.74	7.72	9.73	4.95	319.66	519.41	242.85	6.92
		24		115.201	90.433	0.983	6 763.93	12 529.74	10 742.67	2 785.19	7.65	9.66	4.92	377.34	607.70	278.38	7.07
		26		124.154	97.461	0.982	7 238.08	13 586.18	11 491.83	2 984.84	7.53	9.62	4.90	406.50	650.05	295.19	7.15
		28		133.022	104.422	0.982	7 700.60	14 643.62	12 219.39	3 181.81	7.61	9.58	4.89	433.22	691.23	311.42	7.22
		30		141.807	111.318	0.981	8 151.80	15 706.30	12 927.26	3 376.34	7.58	9.55	4.88	460.51	731.28	327.12	7.30
		32		150.508	118.149	0.981	8 592.01	15 770.41	13 615.32	3568.71	7.56	9.51	4.87	487.39	770.20	342.33	7.37
		35		163.402	128.271	0.980	9 232.44	18 374.96	14 611.15	3 853.72	7.52	9.45	4.85	526.97	826.53	354.30	7.48

注：截面图中的 $r_1 = 1/3d$ 及表中 r 的数据用于孔型设计，不作交货条件。

不等边角钢截面尺寸、截面面积、理论质量及截面特性

附表Ⅲ-4

型号	截面尺寸 (mm) B	b	d	r	截面面积 (cm^2)	理论质量 (kg/m)	外表面积 (m^2/m)	惯性矩 (cm^4) I_x	I_{x1}	I_y	I_{y1}	I_z	惯性半径 (cm) i_x	i_y	i_z	截面模数 (cm^3) W_x	W_y	W_z	$\tan\alpha$	重心距离 (cm) X_0	Y_0
2.5/1.6	25	16	3	3.5	1.162	0.912	0.080	0.70	1.56	0.22	0.43	0.14	0.78	0.44	0.34	0.43	0.19	0.16	0.392	0.42	0.86
			4		1.499	1.176	0.079	0.88	2.09	0.27	0.59	0.17	0.77	0.43	0.34	0.55	0.24	0.20	0.381	0.46	1.86
3.2/2	32	20	3		1.492	1.171	0.102	1.53	3.27	0.46	0.82	0.28	1.01	0.55	0.43	0.72	0.30	0.25	0.382	0.49	0.90
			4		1.939	1.522	0.101	1.93	4.37	0.57	1.12	0.35	1.00	0.54	0.42	0.93	0.39	0.32	0.374	0.53	1.08
4/2.5	40	25	3	4	1.890	1.484	0.127	3.08	5.39	0.93	1.59	0.56	1.28	0.70	0.54	1.15	0.49	0.40	0.385	0.59	1.12
			4		2.467	1.936	0.127	3.93	8.53	1.18	2.14	0.71	1.36	0.69	0.54	1.49	0.63	0.52	0.381	0.63	1.32
4.5/2.8	45	28	3	5	2.149	1.687	0.143	445	9.10	1.34	2.23	0.80	1.44	0.79	0.61	1.47	0.62	0.51	0.383	0.64	1.37
			4		2.806	2.203	0.143	5.69	12.13	1.70	3.00	1.02	1.42	0.78	0.60	1.91	0.80	0.66	0.380	0.68	1.47
5/3.2	50	32	3	5.5	2.431	1.908	0.161	6.24	12.49	2.02	3.31	1.20	1.60	0.91	0.70	1.84	0.82	0.68	0.404	0.73	1.51
			4		3.177	2.494	0.160	8.02	16.65	2.58	4.45	1.53	1.59	0.90	0.69	2.39	1.06	0.87	0.402	0.77	1.60
5.6/3.6	56	35	3	6	2.743	2.153	0.181	8.88	17.54	2.92	4.70	1.73	1.80	1.03	0.79	2.32	1.05	0.87	0.408	0.80	1.65
			4		3.590	2.818	0.180	11.45	23.39	3.76	6.33	2.23	1.79	1.02	0.79	3.03	1.37	1.13	0.408	0.85	1.78
			5		4.415	3.466	0.180	13.86	29.25	4.49	7.94	2.67	1.77	1.01	0.78	3.71	1.65	1.36	0.404	0.88	1.82
6.3/4	63	40	4	7	4.058	3.185	0.202	16.49	33.30	5.23	8.53	3.12	2.02	1.14	0.88	3.87	1.70	1.40	0.398	0.92	1.87
			5		4.993	3.920	0.202	20.02	41.63	6.31	10.85	3.76	2.00	1.12	0.87	4.74	2.07	1.71	0.395	0.95	2.04
			6		5.908	4.638	0.201	23.36	49.98	7.29	13.12	4.34	1.96	1.11	0.86	5.59	2.43	1.99	0.393	0.99	2.08
			7		6.802	5.339	0.201	26.53	58.07	8.24	15.47	4.97	1.98	1.10	0.86	6.40	2.78	2.29	0.389	1.03	2.12
7/4.5	70	45	4	7.5	4.547	3.570	0.226	23.17	45.92	7.55	12.26	4.40	2.26	1.29	0.98	4.86	2.17	1.77	0.410	1.02	2.15
			5		5.609	4.403	0.225	27.95	57.10	9.13	15.39	5.40	2.23	1.28	0.98	5.92	2.65	2.19	0.407	1.06	2.24
			6		6.647	5.218	0.225	32.54	58.35	10.62	18.58	6.35	2.21	1.26	0.98	6.95	3.12	2.59	0.404	1.09	2.28
			7		7.657	6.011	0.225	37.22	79.99	12.01	21.84	7.16	2.20	1.25	0.97	8.03	3.57	2.94	0.402	1.13	2.32

263

续上表

型号	截面尺寸 (mm)				截面面积 (cm²)	理论质量 (kg/m)	外表面积 (m²/m)	惯性矩 (cm⁴)					惯性半径 (cm)			截面模数 (cm³)			$\tan\alpha$	重心距离 (cm)	
	B	b	d	r				I_x	I_{x1}	I_y	I_{y1}	I_z	i_x	i_y	i_z	W_x	W_y	W_z		X_0	Y_0
7.5/5	75	50	5	8	6.125	4.808	0.245	34.86	70.00	12.61	21.04	7.41	2.39	1.44	1.10	6.83	3.30	2.74	0.435	1.17	2.35
			6		7.250	5.699	0.245	41.12	84.30	14.70	25.37	8.54	2.38	1.42	1.08	8.12	3.88	3.19	0.435	1.21	2.40
			8		9.467	7.431	0.244	52.39	112.50	18.53	34.23	10.87	2.35	1.40	1.07	10.52	4.99	4.10	0.429	1.29	2.44
			10		11.590	9.098	0.244	62.71	140.80	21.96	43.43	13.10	2.33	1.38	1.05	12.79	6.04	4.99	0.423	1.36	2.52
8/5	80	50	5	8	6.375	5.005	0.255	41.96	85.21	12.82	21.06	7.66	2.56	1.42	1.10	7.78	3.32	2.74	0.388	1.14	2.60
			6		7.560	5.935	0.255	49.49	102.53	14.95	25.41	8.85	2.56	1.41	1.08	9.25	3.91	3.20	0.387	1.18	2.55
			7		8.724	6.848	0.255	56.16	119.33	46.96	29.82	10.18	2.54	1.39	1.08	10.58	4.48	3.70	0.384	1.21	2.69
			8		9.867	7.745	0.254	62.83	136.41	18.85	34.32	11.38	2.52	1.38	1.07	11.92	5.03	4.16	0.381	1.25	2.73
9/5.6	90	56	5	9	7.212	5.661	0.287	60.45	121.32	18.32	29.53	10.98	2.90	1.59	1.23	9.92	4.21	3.49	0.385	1.25	2.91
			6		8.557	6.717	0.286	71.03	145.59	21.42	35.58	12.90	2.88	1.58	1.23	11.74	4.95	4.13	0.384	1.29	2.95
			7		9.880	7.756	0.286	81.01	169.60	24.36	41.71	14.67	2.86	1.57	1.22	13.49	5.70	4.72	0.382	1.33	3.00
			8		11.183	8.779	0.286	91.03	194.17	27.15	47.93	16.34	2.85	1.56	1.21	15.27	6.41	5.29	0.380	1.36	3.04
10/6.3	100	63	6	10	9.617	7.550	0.320	99.06	199.71	30.94	50.50	18.42	3.21	1.79	1.38	14.64	6.35	5.25	0.394	1.43	3.24
			7		11.111	8.722	0.320	113.45	233.00	35.26	59.14	21.00	3.20	1.78	1.38	16.88	7.29	6.02	0.394	1.47	3.28
			8		12.534	9.878	0.319	127.37	266.32	39.39	67.88	23.50	3.18	1.77	1.37	19.08	8.21	6.78	0.391	1.50	3.32
			10		15.467	12.142	0.319	153.81	333.06	47.12	85.73	28.33	3.15	1.74	1.35	23.32	9.98	8.24	0.387	1.58	3.40
10/8	100	80	6	10	10.637	8.350	0.354	107.04	199.83	61.24	102.58	31.65	3.17	2.40	1.72	15.19	10.16	8.37	0.627	1.97	2.95
			7		12.301	9.656	0.354	122.73	233.20	70.08	119.98	35.17	3.16	2.39	1.72	17.52	11.71	9.60	0.626	2.01	3.0
			8		13.944	10.946	0.353	137.92	266.61	78.58	137.37	40.58	3.14	2.37	1.71	19.81	13.21	10.80	0.625	2.05	3.04
			10		17.167	13.476	0.353	166.87	333.63	94.65	172.48	49.10	3.12	2.35	1.69	24.24	16.12	13.12	0.622	2.13	3.12

续上表

型号	截面尺寸 (mm)				截面面积 (cm²)	理论质量 (kg/m)	外表面积 (m²/m)	惯性矩 (cm⁴)				惯性半径 (cm)			截面模数 (cm³)			$\tan\alpha$	重心距离 (cm)	
	B	b	d	r				I_x	I_{x1}	I_y	I_{y1}	I_z	i_x	i_y	i_z	W_x	W_y	W_z		X_0	Y_0
11/7	110	70	6	10	10.637	8.350	0.354	133.37	265.78	42.92	69.08	25.36	3.54	2.01	1.54	17.85	7.90	6.53	0.403	1.57	3.53
			7		12.301	9.656	0.354	153.00	310.07	49.01	80.82	28.95	3.53	2.00	1.53	20.60	9.09	7.50	0.402	1.61	3.57
			8		13.944	10.945	0.353	172.04	354.39	54.87	92.70	32.45	3.51	1.98	1.53	23.30	10.25	8.45	0.401	1.65	3.62
			10		17.167	13.476	0.353	208.39	443.13	65.88	116.83	39.20	3.48	1.96	1.51	28.54	12.48	10.29	0.397	1.72	3.70
12.5/8	125	80	7	11	14.096	11.066	0.403	227.98	454.99	74.42	120.32	43.81	4.02	2.30	1.76	26.86	12.01	9.92	0.408	1.80	4.01
			8		15.989	12.551	0.403	256.77	519.99	83.49	137.85	49.15	4.01	2.28	1.75	30.41	13.56	11.18	0.407	1.84	4.06
			10		19.712	15.474	0.402	312.04	650.09	100.67	173.40	59.45	3.98	2.26	1.74	37.33	16.56	13.64	0.404	1.92	4.14
			12		23.351	18.330	0.402	364.41	780.39	116.67	209.67	69.35	3.95	2.24	1.72	44.01	19.43	16.01	0.400	2.00	4.22
14/9	140	90	8	12	18.038	14.160	0.453	365.64	730.53	120.69	195.79	70.83	4.50	2.59	1.98	38.48	17.34	14.31	0.411	2.04	4.50
			10		22.261	17.475	0.452	445.50	913.20	140.03	245.92	85.82	4.47	2.56	1.96	47.31	21.22	17.48	0.409	2.12	4.58
			12		26.400	20.724	0.451	521.59	1096.09	169.79	296.89	100.21	4.44	2.54	1.95	55.87	24.95	20.54	0.406	2.19	4.66
			14		30.456	23.908	0.451	594.10	1279.26	192.10	348.82	114.13	4.42	2.51	1.94	64.18	28.54	23.52	0.403	2.27	4.74
15/9	150	90	8	12	18.839	14.788	0.473	442.05	898.35	122.80	195.96	74.14	4.84	2.55	1.98	43.85	17.47	14.48	0.364	1.97	4.92
			10		23.261	18.260	0.472	539.24	1122.85	148.62	246.25	89.86	4.81	2.53	1.97	53.97	21.38	17.69	0.362	2.05	5.01
			12		27.600	21.666	0.471	632.08	1347.50	172.85	297.46	104.95	4.79	2.50	1.95	63.79	25.14	20.80	0.359	2.12	5.09
			14		31.856	25.007	0.471	720.77	1572.38	195.62	349.74	119.53	4.75	2.48	1.94	73.33	28.77	23.84	0.356	2.20	5.17
			15		33.952	26.652	0.471	763.62	1684.93	205.50	376.33	125.67	4.74	2.47	1.93	77.99	30.53	25.33	0.354	2.24	5.21
			16		36.027	28.281	0.470	805.51	1797.55	217.07	403.24	133.72	4.73	2.45	1.93	82.60	32.27	26.82	0.352	2.27	5.25

续上表

型号	截面尺寸(mm)				截面面积(cm^2)	理论质量(kg/m)	外表面积(m^2/m)	惯性矩(cm^4)				惯性半径(cm)			截面模数(cm^3)			$\tan\alpha$	重心距离(cm)	
	B	b	d	r				I_x	I_{x1}	I_y	I_{y1}	I_z	i_x	i_y	i_z	W_x	W_y	W_z		X_0	Y_0
16/10	160	100	10	13	25.315	19.872	0.512	668.69	1362.89	205.03	336.59	121.74	5.14	2.85	2.19	62.13	26.56	21.92	0.390	2.28	5.24
			12		30.054	23.592	0.511	784.91	1635.56	239.05	405.94	142.33	5.11	2.82	2.17	73.49	31.28	25.79	0.388	2.35	5.32
			14		34.709	27.247	0.510	896.30	1908.50	271.20	476.42	162.23	5.08	2.80	2.16	84.56	35.83	29.56	0.385	0.43	5.40
			16		29.281	30.835	0.510	1003.04	2181.79	301.60	548.22	182.57	5.05	2.77	2.16	95.33	40.24	33.44	0.382	2.51	5.48
18/11	180	110	10	14	28.373	22.273	0.571	956.25	1940.40	278.11	447.22	166.50	5.80	3.13	2.42	78.96	32.49	26.88	0.376	2.44	5.89
			12		33.712	26.440	0.571	1124.72	2328.38	325.03	538.94	194.87	5.78	3.10	2.40	93.53	38.32	31.66	0.374	2.52	5.98
			14		38.567	30.589	0.570	1285.91	2716.60	369.55	631.95	222.30	5.75	3.08	2.39	107.76	43.97	36.32	0.372	2.59	6.06
			16		44.139	34.649	0.569	1443.06	3105.15	411.85	725.46	248.94	5.72	3.06	2.38	121.64	49.44	40.87	0.369	2.67	6.14
20/12.5	200	125	12	14	37.912	29.761	0.641	1570.90	3193.85	483.16	787.74	285.79	6.44	3.57	2.74	116.73	49.99	41.23	0.392	2.83	6.54
			14		43.687	34.436	0.640	1800.97	3726.17	550.83	922.47	326.58	6.41	3.54	2.73	134.65	57.44	47.34	0.390	2.91	6.62
			16		49.739	39.045	0.639	2023.35	4258.88	615.44	1058.86	355.21	6.38	3.52	2.71	152.18	64.89	53.32	0.388	2.99	6.70
			18		55.526	43.588	0.639	2238.30	4792.00	677.19	1197.13	404.83	6.35	3.49	2.70	169.22	71.74	59.18	0.385	3.06	6.78

注:截面图中的 $r_1=1/3d$ 及表中 r 的数据用于孔型设计,不作交货条件。

L型钢截面尺寸、截面面积、理论质量及截面特性

附表Ⅲ-5

型号	截面尺寸（mm）							截面面积（cm^2）	理论质量（kg/m）	惯性矩 I_a（cm^4）	重心距离 Y_0（cm）
	B	b	D	d	r	r_1					
L250×90×9×13	250	90	9	13	15	7.5	33.4	26.2	2 190	8.64
L250×90×10.5×15	250	90	10.5	15	15	7.5	38.5	30.3	2 510	8.76
L250×90×11.5×15	250	90	11.5	16	15	7.5	41.7	32.7	2 710	8.90
L300×100×10.5×15	300	100	10.5	15	15	7.5	45.3	35.6	4 290	10.6
L300×100×11.5×16	300	100	11.5	16	15	7.5	49.0	38.5	4 630	10.7
L350×120×10.5×16	350	120	10.5	16	20	10	54.9	43.1	7 110	12.0
L350×120×11.5×18	350	120	11.5	18	20	10	60.4	47.4	7 780	12.0
L400×120×11.5×23	400	120	11.5	23	20	10	71.6	56.2	11 900	13.3
L450×120×11.5×25	450	120	11.5	25	20	10	79.5	62.4	16 800	15.1
L500×120×12.5×32	500	120	12.5	33	20	10	98.6	77.4	25 500	16.5
L500×120×13.5×35	500	120	13.5	35	20	10	105.0	82.8	27 100	16.6

参 考 文 献

[1] 龙驭球,包世华. 结构力学教程[M]. 北京:高等教育出版社,2000.
[2] 孔七一. 工程力学[M]. 3版. 北京:人民交通出版社,2008.
[3] 叶见曙. 结构设计原理[M]. 北京:人民交通出版社,2007.
[4] 李廉锟. 结构力学[M]. 3版. 北京:高等教育出版社,1996.
[5] 张美元. 工程力学简明教程(土建类)[M]. 北京:机械工业出版社,2005.
[6] 新世纪高职高专教材编审委员会. 建筑力学[M]. 大连:大连理工大学出版社,2009.
[7] 欧贵宝,朱加铭. 材料力学[M]. 哈尔滨:哈尔滨工程大学出版社,1996.
[8] 胡拔香. 工程力学实验实训指导书[M]. 成都:西南交通大学出版社,2013.
[9] 于苏民,王道远. 工程力学[M]. 北京:人民交通出版社,2013.